过程控制与自动化仪表应用与实践

主编　高珏

南京大学出版社

图书在版编目(CIP)数据

过程控制与自动化仪表应用与实践/高珏主编. —南京：南京大学出版社，2021.12

ISBN 978-7-305-25224-2

Ⅰ.①过… Ⅱ.①高… Ⅲ.①过程控制仪表 ②自动化仪表 Ⅳ.①TP273 ②TH86

中国版本图书馆CIP数据核字(2021)第258304号

出版发行 南京大学出版社
社 址 南京市汉口路22号 邮 编 210093
出 版 人 金鑫荣

书 名 过程控制与自动化仪表应用与实践
主 编 高 珏
责任编辑 吕家慧 编辑热线 025-83597482

照 排 南京开卷文化传媒有限公司
印 刷 江苏凤凰通达印刷有限公司
开 本 787 mm×1092 mm 1/16开 印张 12.25 字数 298千
版 次 2021年12月第1版 2021年12月第1次印刷
ISBN 978-7-305-25224-2
定 价 36.80元

网 址：http://www.njupco.com
官方微博：http://weibo.com/njupco
微信服务号：NJUyuexue
销售咨询热线：(025)83594756

打码可获取
本书相关资源

前　言

过程控制与自动化仪表涉及生产工艺、测控技术、自动控制、先进控制技术和计算机技术等各多个领域的理论知识，同时也是一门工程实践性很强的课程。当前开设这门课程的高校大多选用国家级规划或国家级重点教材，此类理论性较强的教材不一定适合地区性或应用型本科高校的工程实践型人才的培养。

本书的编写从生产实际需求出发、从工程实用性入手，力求有机地融合过程控制的理论、仿真与实践。内容组织时引入大量的生产过程控制案例，将 MATLAB/Simulink 作为系统分析与设计的工具，通过实践项目巩固理论知识并培养工程应用能力。

全书的章节安排和内容框架如图 0-1 所示，第 1 章介绍了过程控制的概念体系，第 2 章讲述过程控制领域常用的温度、压力、流量和物位等工艺参数的检测仪表，第 3 章讲述各类过程控制仪表及 PID 控制算法，第 4 章讲述典型的过程执行器及其应用，第 5 章讲述被控对象的特性和对象模型的建立。典型过程控制系统的四个环节介绍完毕，第 6 章讲述简单过程控制系统的设计及 PID 参数整定，第 7 章讲述的串级控制系统和第 8 章讲述的包括前馈控制、均匀控制、比值控制和分程控制在内的复杂控制系统，是从应用层面对简单控制系统的拓展，而第 9 章讲述的包含集散控制系统、现场总线控制系统和先进控制方法在内的计算机控制系统，是从技术层面对简单控制系统的升级。最后，第 10 章探讨了典型生产过程传热设备和精馏过程的控制问题。

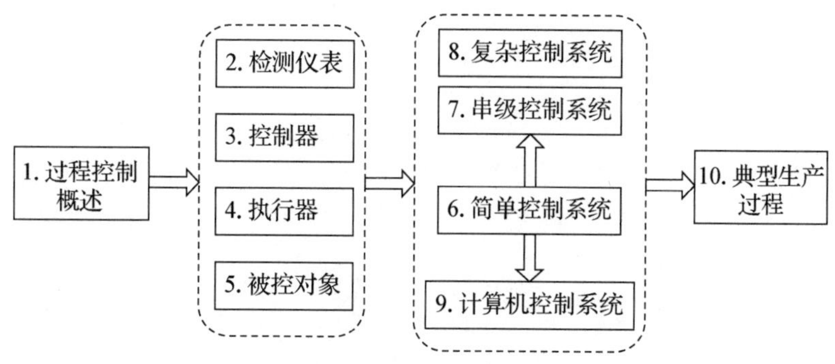

图 0-1　章节安排和内容框架

本教材适合课程设置 40～48 学时(2.5～3 学分)，其中包括 10～12 的实践学时，可供相关专业的师生和工程技术人员阅读参考。

编者水平有限，书中难免存在错误和疏漏，敬请读者指正。

目 录

第1章

认识过程控制系统

随着现代工业生产的高速发展，与连续生产过程密切相关的过程控制技术越来越受到重视。本章着重建立过程控制系统的概念体系，包括过程控制系统的表示、特点、分类、组成和性能评价，并介绍了过程控制实训系统。

1.1 由人工控制到过程控制

【微信扫码】
观看本节微课

工业生产过程是物料经过一系列加工变成产品的全部过程，通常可以分为连续生产过程和离散制造过程。

(1) 连续生产过程：通常发生在石化、冶金、发电、水处理等领域，指上道工序生产出中间品向下转移的生产方式，在制造业中称为流水作业。

(2) 离散制造过程：典型应用包括机械加工和汽车制造，通常被分解成很多加工任务来完成，产品由多个零件经过一系列非连续工序加工最终装配而成。

本书重点讨论连续生产过程，生产过程自动化通常是对温度、压力、流量、物位和成分等工艺参数进行监视和控制，促使生产过程按最优化条件进行，保障生产安全、提高产品质量。

例1-1 工业生产中常用图1-1所示的贮槽作为中间容器，从前道工序来的物料经由贮槽流入后道工序。入水量 Q_1 或出水量 Q_2 的变化会引起贮槽液位的波动，极限状况下会出现溢出或抽空。

人工控制的解决方案：由专人值守，眼睛盯着贮槽液位，根据当前的液位情况进行思考，手动改变阀的开度从而实现液位的调节。反之，当液位下降时，将手动阀关小，液位下降越快，阀也要关得越小。

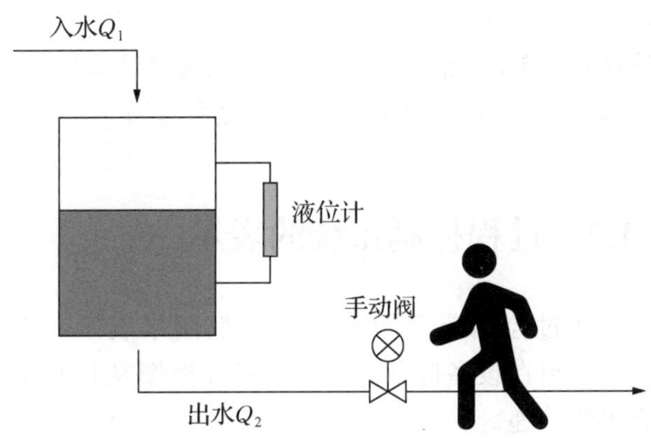

图1-1 水槽液位的人工控制

由于人工控制受到生理上的限制，在劳动强度和控制效率等方面都无法满足大规模工业生产的需要。可以用自动化仪表取代上述的人工操作，由贮槽和自动化仪表构成的过程控制系统如图 1-2 所示。液位传感器测出当前的液位值并转换成标准信号，液位控制器接收到测量信号与设定值进行比较，根据两者偏差的大小和方向，按照某种控制规律进行计算输出控制信号，调节阀随之改变开度，对贮槽液位进行控制。

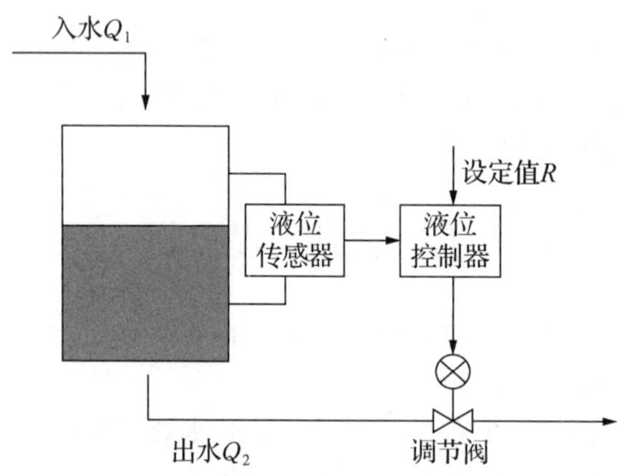

图 1-2　水槽液位的过程控制系统

对案例中的人工控制与过程控制进行比较得到表 1-1，可以发现自动化仪表具备人体器官部分功能的基础上实现了更为精准高效的控制。传感器替代眼睛进行参数测量，控制器模仿大脑进行偏差运算，执行器取代双手自动进行阀门操作。

表 1-1　两种控制方式的对比

人工控制	过程控制	完成任务
眼睛	传感器	参数测量
大脑	控制器	偏差运算
双手	执行器	阀门操作

过程控制定义

根据工业生产过程的特点，采用测量仪表、执行机构和计算机等自动化工具，应用控制理论，设计工业生产过程控制系统，实现工业生产过程自动化。

1.2　过程控制系统的表示

【微信扫码】
观看本节微课

过程控制系统可以通过控制流程图和控制方框图来表示。控制流程图从物料流的角度描述物料在设备间的进出，控制方框图从信号流的角度描述信号在各个环节间的传递。

1.2.1　控制流程图

当工业生产过程的控制方案确定后，根据工艺设计给出流程图，按照顺序标注相应的测量点、控制点、控制系统等，就形成了系统的控制流程图。按照设计标准和技术规定，用一个直径约 10 mm 的细实线圆圈表示不同安装位置的仪表。仪表的图形符号如图 1－3 所示，仪表的上半圆首字母表示被测变量，后续字母表示仪表的功能，仪表下半圆第一位数字表示工段号，后续数字表示仪表序号。

常用被测变量和仪表功能的字母代号见表 1－2。

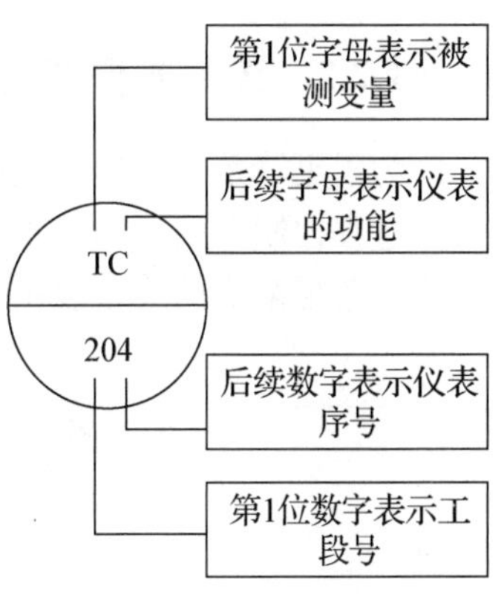

图 1－3　仪表的图形符号

表 1－2　被测变量和仪表功能的字母代号

字　母	首位字母	后续字母
A	分析	报警
C	电导率	控制(调节)
E	电压	检测元件
F	流量	
I	电流	指示
L	物位	
P	压力或真空	
T	温度	传送
R	放射性	记录或打印

图 1－4 为乙烯生产过程中脱乙烷塔的部分工艺管道及控制流程图，图中的实线表示物料流向，虚线表示信号流向，仪表都位于第二工段。进料管线上的 FR-212 表示具有指示记录功能的流量仪表，蒸汽管线上 PI-206 表示压力指示仪。塔底温度控制系统中的 TRC-210 表示具有记录动能的温度控制器，通过改变进入再沸器的加热蒸汽量来维持塔底温度恒定。塔底液位控制系统中的 LICA-202 表示一台具有指示、报警功能的液位控制器，通过改变塔底采出量来维持塔釜的液位稳定，仪表圈外标有字母 H 和 L，表示仪表具有高、低限报警功能。

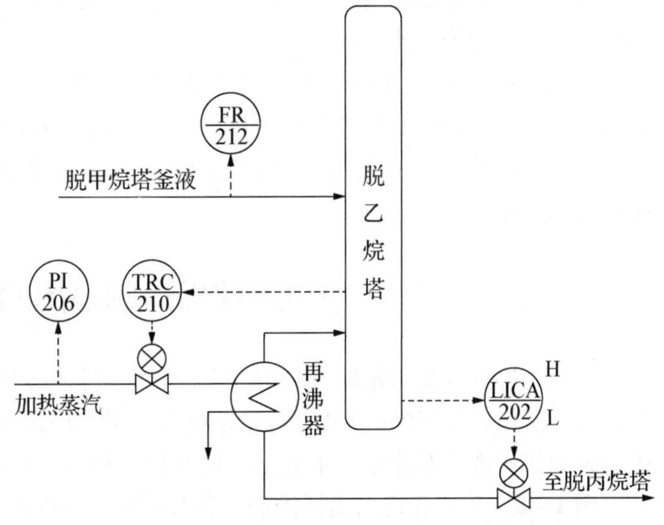

图 1－4　脱乙烷塔的部分工艺管道及控制流程图

1.2.2 控制方框图

为了更清楚地描述系统中各个环节之间的相互影响和信号流向,通常用控制方框图来表示过程控制系统。如图 1-5 所示的方框图,每个方框表示系统的一个组成环节,相互之间用一条带箭头的线条表示信号的流动。

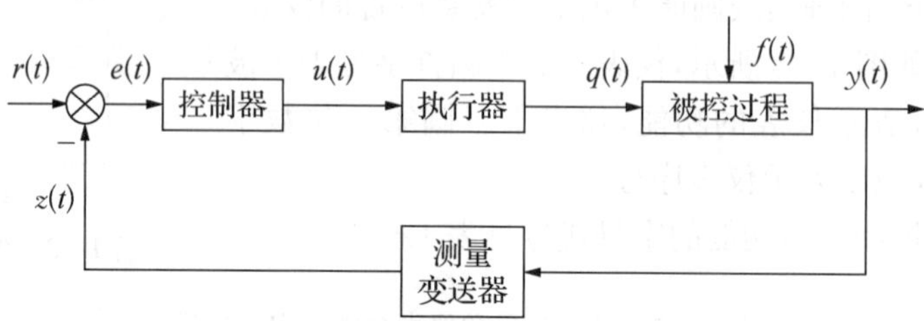

图 1-5 过程控制系统的方框图

图中信号传递过程中的符号含义说明如下:

(1) 被控变量 $y(t)$:工业生产中被控过程需要保持恒定的工艺参数。

(2) 操纵变量 $q(t)$:使被控变量达到给定值的物料或能量。

(3) 干扰变量 $f(t)$:作用于被控过程并引起被控变量发生变化的各种因素。

(4) 给定值 $r(t)$:被控变量的期望值。

(5) 测量值 $z(t)$:由测量变送器得到被控变量的当前实际值。

(6) 偏差 $e(t)$:被控变量的给定值与测量值的差值。

(7) 控制信号 $u(t)$:控制器用以驱动执行器的输出值。

过程控制系统由被控过程、测量变送器、控制器和执行器这四个环节组成:

(1) 被控过程:也称为被控对象,是需要对被控变量 $y(t)$ 进行控制的生产设备或装置。工业生产中的各种塔器、反应器、换热器、泵、压缩机、贮槽和容器是常见的被控过程,某段输送管路在特定情况下也是被控过程。

(2) 测量变送器:一般由测量元件和变送单元组成,其作用是测量被控变量,将其转换为标准信号作为测量值 $z(t)$。

(3) 控制器:也称为调节器,将工艺参数的测量值 $z(t)$ 与设定值 $r(t)$ 进行比较得到偏差 $e(t)$,并按某种控制规律进行运算得到控制信号 $u(t)$ 去操纵执行器。

(4) 执行器:通常指控制阀,接收控制信号 $u(t)$ 改变阀门的开度,进而达到改变操纵变量 $q(t)$ 的目的。

1.3 过程控制系统的分析

在分析过程控制系统时,借助控制流程图和控制方框图了解物料和信号流向,理解系统如何进行工作。常用的分析思路:确定被控变量和操纵变量,画出控制系统方框图并据此分析系统如何实现控制作用。下面结合两个例子理解如何对过程控制系统进行分析。

例 1-2 某列管式加热器控制流程如图 1-6 所示,工艺要求出口物料温度保持恒定,试画出控制方框图并分析系统如何工作。

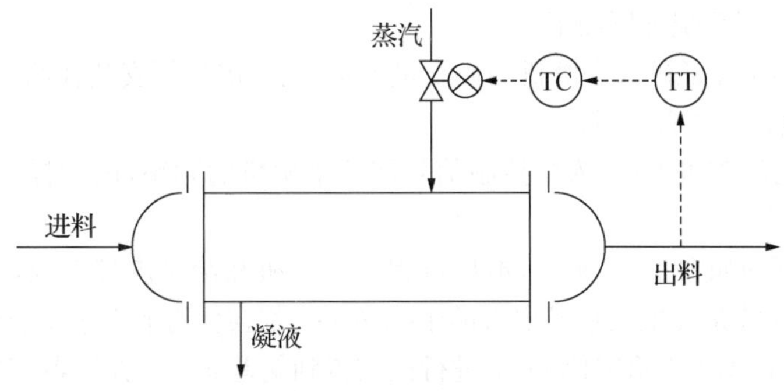

图 1-6　列管式换热器控制流程图

对应表 1-2 可知 TT 和 TC 分别表示温度变送器和温度控制器，采用上述思路对系统进行分析：

(1) 控制目的是保持出口物料温度恒定，并且温度变送器安装在出料管道上，因此被控变量 $y(t)$ 为出口物料温度。

(2) 调节阀安装在蒸汽管道上，由温度控制器的控制信号调节开度，因此操纵变量 $q(t)$ 为蒸汽流量。

(3) 控制方框图如图 1-7 所示，干扰 $f(t)$ 作用下使得被控变量 $y(t)$ 发生波动，由温度变送器 TT 测出当前值 $z(t)$ 与给定值 $r(t)$ 进行比较得到偏差 $e(t)$，温度控制器 TC 依据一定的控制规律计算出控制信号 $u(t)$，调节阀对应的改变阀门开度从而改变操纵变量 $q(t)$，循环反复工作直至偏差 $e(t)$ 在工艺允许范围之内，系统消除了干扰作用完成了自动控制。

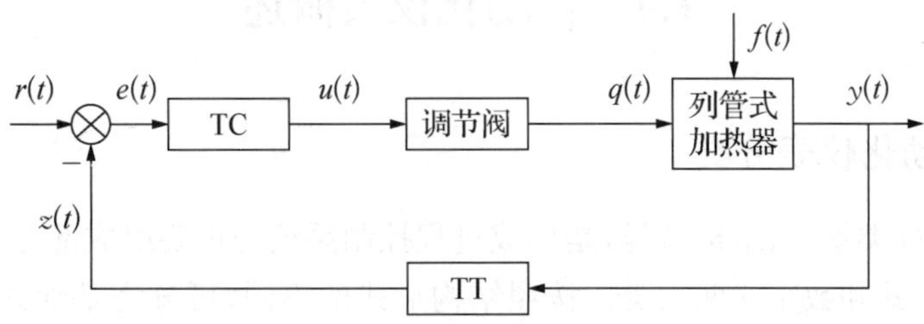

图 1-7　列管式换热器控制方框图

例 1-3　冶金行业选矿的一个生产环节如图 1-8 所示，矿石经给矿机下矿后由皮带送往去磨机，生产过程中要求矿石流量波动小从而保证产量稳定，试画出控制方框图并分析系统如何工作。

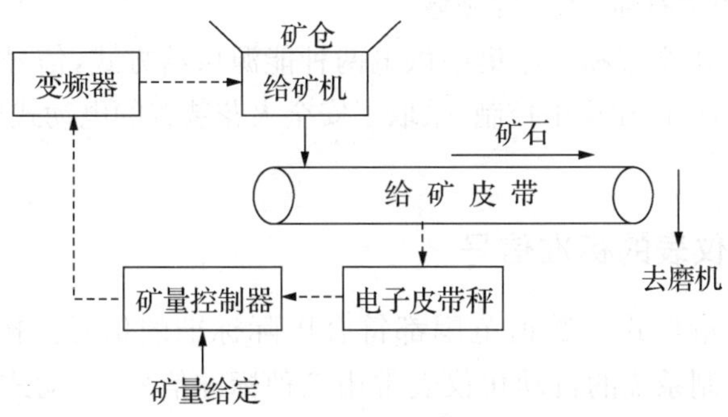

图 1-8　选矿过程的控制流程图

对选矿过程控制系统分析如下：

(1) 控制目的是保证进入去磨机的矿石量恒定，电子皮带秤安装在给矿皮带上，因此被控变量 $y(t)$ 为皮带上矿石重量。

(2) 变频器与给矿机连接，依据控制信号调节给矿机的频率，因此操纵变量 $q(t)$ 为给矿机的出矿量。

(3) 控制方框图如图 1-9 所示，被控过程由给矿机和给矿皮带组成，不论是发生在给矿机的干扰 $f_1(t)$ 或是发生在给矿皮带的干扰 $f_2(t)$ 都会使得矿石重量 $y(t)$ 发生波动，由皮带秤测出当前值 $z(t)$ 与给定值 $r(t)$ 进行比较得到偏差 $e(t)$，控制器依据一定的控制规律计算出控制信号 $u(t)$，变频器对应的调整给矿机的频率从而改变出矿量 $q(t)$，循环反复工作直至偏差 $e(t)$ 在工艺允许范围之内，系统保证了干扰作用下矿石流量的恒定。需要注意的是给矿皮带过长会导致控制作用滞后，在控制方式和控制规律选择时要考虑到这个问题。

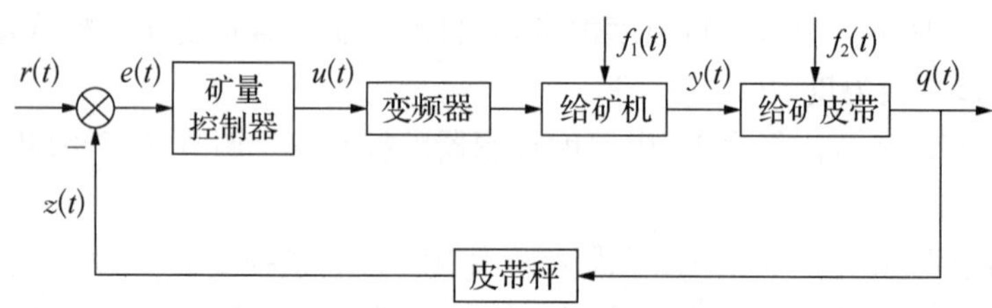

图 1-9　选矿过程的控制方框图

1.4　自动化仪表概述

1.4.1　自动化仪表分类

自动化仪表种类繁多、结构各异，是构成过程控制系统的重要组成部分。按照信号类型不同，可分为模拟式和数字式两大类。按照结构形式的不同，可分为基地式仪表、单元组合式仪表、集中/分散式仪表等。按照系统中功能的不同，可分为检测仪表、显示仪表、控制仪表、执行仪表等。按照能源形式的不同可分为液动式仪表、气动式仪表和电动式仪表等，过程控制系统中常用气动式仪表和电动式仪表。

(1) 气动式仪表：由气源供给能量，特点是结构简单、性能稳定、价格便宜，适用于防火防爆的场合，广泛应用于石油、化工等领域。

(2) 电动式仪表：由交流和直流集中供电两种能源供给方式，信号传输、变换和处理比较方便，适宜于远距离传送和集中控制，采取了安全火花装置的电动式仪表也可用于易燃易爆的危险场所。

1.4.2　自动化仪表的标准信号

标准信号是物理量形式和数值范围都符合国际标准的信号。按照国际电工委员会(IEC)的规定，过程控制系统的自动化仪表常用三种标准信号：气动式仪表输入/输出使用 0.02～0.1 MPa 的模拟气压信号；电动式仪表在 3～5 km 远距离传输时，采用 4～20 mA DC

的模拟电流信号，负载电阻为 250 Ω；电动式仪表在电气控制柜内近距离传输时，采用 1～5 V DC 的模拟电压信号。

例 1－4　某换热器的温度控制系统方框图如图 1－10 所示，系统的被控变量为出口物料温度，要求保持在 200±10 ℃，操纵变量为加热蒸汽的流量。(1) 解释图中 R、E、Q、C、F 表示的含义。(2) 说明 Z、I、P 的信号范围。(3) 说明气动执行器的输入信号 P 和输出信号 Q 各是什么物理量。

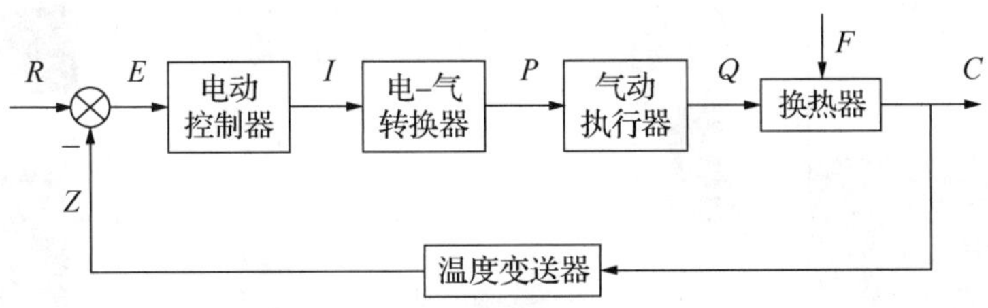

图 1－10　换热器的温度控制系统方框图

答：(1) R 是给定值，E 是偏差，Q 是操纵变量，C 是被控变量，F 是干扰变量。

(2) Z 和 I 都是信号范围为 4～20 mA DC 的标准电流信号，P 是信号范围为 0.02～0.1 MPa 的标准气压信号。

(3) 气动执行器输入信号 P 为气压控制信号，输出信号 Q 为加热蒸汽的流量。

1.4.3　仪表的安全防爆

在工业生产中，大量存在含有易燃材料的危险区域，易燃材料与空气混合成为具有火灾或爆炸危险的混合物，安装在这类场所的仪表产生的电火花具有点燃混合物的能量，则会引起火灾甚至发生爆炸。因此，安全防爆是过程控制中的一项重要环节。

自动化仪表中气动式和液动式具有良好的防爆特性，电动仪表需要应用一定的安全防爆技术。典型的防爆技术包括隔爆型和本安型，隔爆型是把设备可能点燃爆炸性气体混合物的部件全部封闭在一个外壳内，本安型是从限制电路中的能量入手，将潜在的电火花能量或热效应温度降低到可点燃规定的气体以下。

安全防爆过程控制系统如图 1－11 所示，依据安装的场所不同将自动化仪表划分为两部分，一部分是安装在控制室等安全区域的非防爆仪表，另一部分是安装在工作现场等危险区域的防爆仪表。两部分仪表通过防爆安全栅进行连接，防爆安全栅一方面在现场仪表与控制室仪表间传输信号，另一方面限制进入危险场所设备的能量。

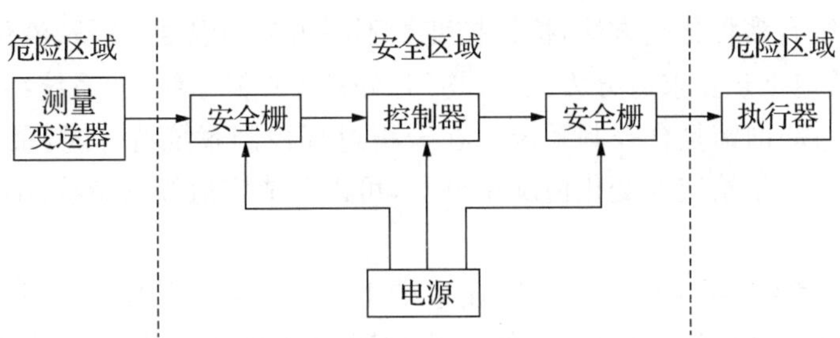

图 1－11　安全防爆过程控制系统的基本结构

例 1－5 某个差压式液位控制系统的控制流程如图 1－12 所示，系统的被控变量为储罐液位，操纵变量为出料流量。考虑以下问题：(1) 两个安全栅作用有什么不同？(2) 安全区域和危险区域中各有哪些仪表？(3) 描述控制系统的信号传输过程。

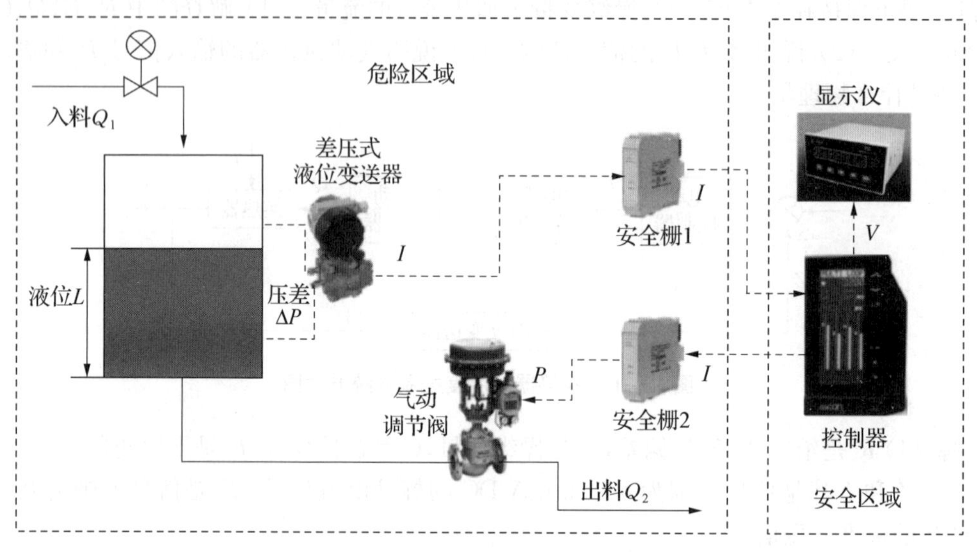

图 1－12　安全防爆过程控制系统的基本结构

答：(1) 安全栅 1 是输入安全栅，将工作现场的检测变送器信号引入控制室；安全栅 2 是输出安全栅，将控制室信号送回工作现场的执行器。

(2) 显示仪表和控制器在安全区域内，液位变送器、气动调节阀和安全栅都位于危险区域。

(3) 信号的传输过程为：储罐液位 L →差压信号 ΔP →测量值 I →控制信号 I →电压信号 P →阀门开度 $l\%$→出料流量 Q_2。液位变送器、安全栅和控制器之间是远距离传输，信号为 4～20 mA DC 的标准电流信号，显示仪和控制器之间距离较近采用 1～5 V DC 的标准电压信号，气动调节阀由 0.02～0.1 MPa 的标准气压信号去驱动，图中省略了电-气转换装置。

1.5　过程控制系统的分类和特点

1.5.1　过程控制系统的分类

过程控制系统有多种分类方法，按被控变量不同可分为温度、流量、液位、压力等控制系统；按生产过程特定工艺要求可分为比值、均匀、分程等控制系统；按系统结构的不同又可分为反馈、前馈和反馈-前馈复合控制系统。在分析过程控制系统特性时，最常遇到的是工业生产过程中的被控变量给定值变化情况来分类，可以分成定值控制系统、随动控制系统和程序控制系统。

(1) 定值控制系统：系统的特点是工业生产中工艺参数的给定值恒定不变或只能在规定的小范围内变化，控制目的是克服一切干扰的影响，使被控变量保持在期望值。例 1－1 的水槽液位控制系统、例 1－2 的换热器温度控制系统和例 1－3 的矿石重量控制系统均属于定值控制系统。

(2) 随动控制系统:该系统的特点是工艺参数的给定值是随机变化的,控制目的是克服干扰的影响,使被控变量快速而准确地跟随变化的给定值。如锅炉燃烧系统中,要求空气量随着燃料量的变化而变化,以保证燃烧的效率。第 5 章介绍的串级控制副回路也属于随动控制系统。

(3) 程序控制系统:该系统的特点是工艺参数的给定值通常是一个已知的时间函数,控制目的是使被控变量的给定值按预设程序变化。如合成纤维绵纶生产中的热化罐温度控制和机械加工中的金属热处理温度控制,设定值按升温、保温和逐次降温等程序变化,属于程序控制系统。

1.5.2　过程控制的特点

工业生产过程的控制任务和要求通过过程控制系统实现,系统由被控过程与自动化仪表组成。如图 1－13 所示,过程控制与其他控制技术的差异主要由被控过程的特点所决定。

(1) 工业生产规模、工艺要求和产品种类的不同,导致被控过程的结构形式、动态特性也复杂多样,相应的控制功能也各不相同,这就要求丰富多彩的控制方案。针对控制要求的不同,既有常规 PID 控制,也有自动适应控制、预测控制、非线性控制、智能控制等先进控制。

(2) 被控过程大多具有惯性大、时延长等特点,决定了控制过程是一个缓慢过程。通常选取表征生产过程是否正常、产品是否合格的参量(如温度、压力、流量、物位、成分等),采用定值控制尽可能减小或消除外界干扰对参量的影响,使生产过程稳定,确保产品的产量和质量,因此控制方式属于对特定参量的定值控制。

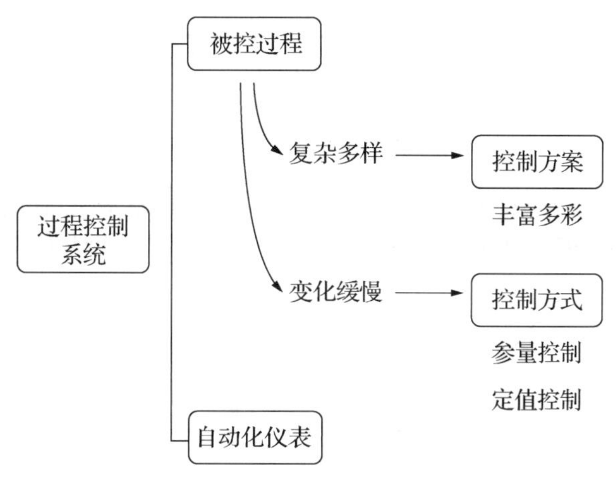

图 1－13　过程控制的特点

1.6　过程控制系统的性能评价

【微信扫码】
观看本节微课

1.6.1　系统的过渡过程

假定系统原先处于平衡状态,某一时刻干扰的作用导致被控变量发生变化,系统进入动

考虑到控制系统通常都有约束条件，不管是最大偏差还是超调量都是越小越好。

(4) 过渡时间 t_s：指系统受扰动开始，直至被控变量进入新的稳态值±5%范围内所经历的时间。过渡时间是反映系统快速性的指标，通常要求越短越好。

上述品质指标之间有时是相互矛盾的，如要求较高的静态性能指标时，可能会使系统的动态性能下降，甚至导致系统不稳定。应当根据工业生产的具体要求统筹兼顾，优先满足主要的性能品质指标。

例 1-6 某发酵过程工艺规定操作温度为 80±5 ℃，为确保生产安全，要求控制过程中超调量不超过 7%，控制系统的过渡过程曲线如图 1-17 所示。

(1) 试确定该系统的稳态误差、衰减比、超调量和过渡过程时间。

(2) 此系统是否满足工艺要求？

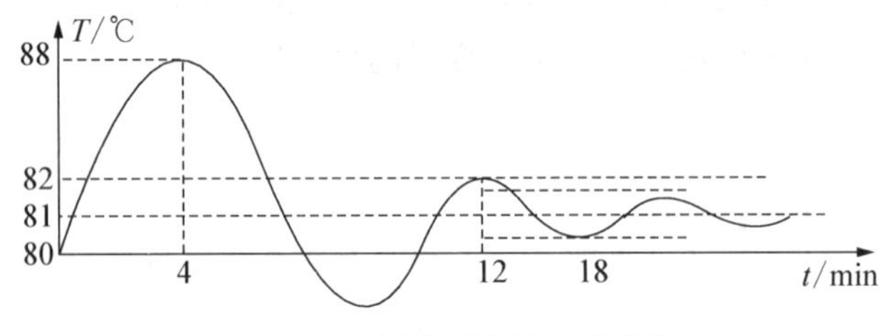

图 1-17 过渡过程的典型曲线

答：(1) 稳态误差 $e_{ss}=|r-y(\infty)|=1$ ℃；衰减比 $n=B_1/B_2=7:1$，过渡时间 $t_s=$ 18 min，超调量 $\sigma=[(y(t_p)-y(\infty))/y(\infty)]\times 100\%=8.64\%$ 。

(2) 该系统不满足题中所给的工艺要求，虽然稳态误差 $|e_{ss}|=1$ ℃ <5 ℃，衰减比 $n=7:1$ 符合 $4:1\sim10:1$ 之间，但超调量 $\sigma=8.64\%>7\%$ 。

1.7 认识过程控制实训系统

1.7.1 实训系统概述

常规的过程控制实训系统的被控对象包括上水箱、下水箱、复合加热水箱以及管道。测量变送器主要有流量变送器(FT)、液位变送器(LT)、温度变送器(TT)、压力变送器(PT)等，执行器主要有固态继电器、磁力驱动泵和阀门，实训系统的测量信号和控制信号均采用 IEC 标准信号，即电压 0～5 V 或电流 4～20 mA。控制方式可以选择位式控制、智能控制、PLC 控制、DDC 控制和计算机控制等。

以浙江力控科技有限公司的 HKGK-1 型过程控制综合实训系统为例，结构组成如图 1-18 所示，被控对象的供水分为主路和旁路。

(1) 主路：经过阀 F1-1 由磁力泵从储水箱中抽水，经过阀 F1-2 分成三个支路：阀 F1-3 支路、电动调节阀支路、阀 F1-4 及电磁阀支路，再通过阀 F1-7 向下水箱供水、阀 F1-6 向上水箱供水、阀 F1-5 向复合加热水箱的内胆供水，阀 F1-8 和阀 F1-9 调节上、下水箱的流出量。主路安装了液位/压力传感器 LT1 和 LT2、流量传感器 FT1、温度传感器 TT3。

(2) 旁路：经过阀 F2-1 由磁力泵从储水箱中抽水，先经过阀 F2-2 再通过阀 F2-4 向下水箱供水、阀 F2-3 向上水箱供水、阀 F2-5 向复合加热水箱的夹套供水。旁路安装有流量传感器 FT2、在锅炉内胆和锅炉夹套安装了温度传感器 TT1 和 TT2。

各水箱都设有溢流口，保证水箱满后不外流并顺利经溢流口流回储水箱。

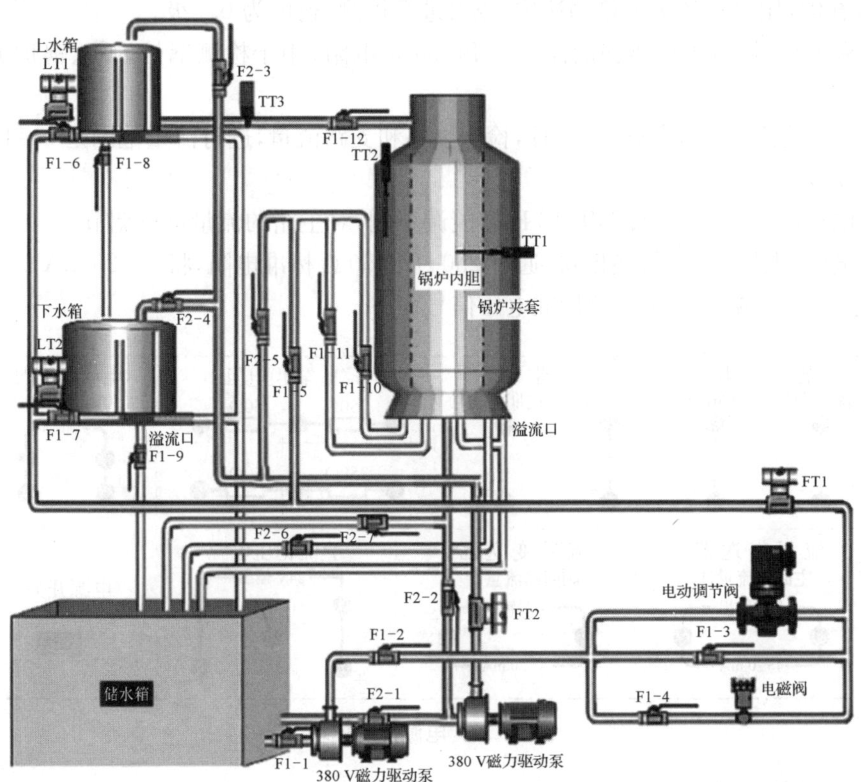

图 1-18　过程控制实训系统的结构

1.7.2　实训模块介绍

1. 电源控制模块

电源控制模块如图 1-19 所示，由交流电源控制区与三相异步电动机电源接线区所组成。

(1) 交流电源控制区：由总电源、稳压直流带能源、钥匙开关、带灯启动和停止按钮、漏电保护器、电加热器控制开关、电压表、传感器信号及转换电阻等组成。

(2) 三相异步电动机电源接线区。在此接线区一共有主泵电源 U、V、W，副泵电源 U、V、W 六个强电接线柱。可以通过电源部分进行直接启动控制，也可通过 HKGK-04 交流变频控制挂件变频启动。

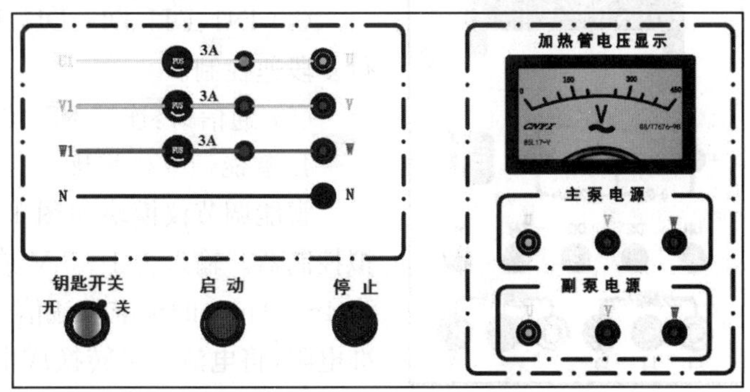

图 1-19　电源控制模块

2. 检测与执行模块

检测与执行模块如图 1-20

所示，由温度、液位/压力、流量变送器、电动调节阀、电流/电压(I/V)转换模块、24 V 直流稳压电源组成。

(1) 液位/压力变送器：采用工业扩散硅压力变送器，采用信号隔离技术，对传感器温度漂移进行补偿，用以对各级水箱的液位/压力进行检测，精度为 0.5 级。

(2) 温度变送器：采用热补偿性好的 Pt100 热电阻，用于检测锅炉内胆、锅炉夹套和上水箱出口水温。

(3) 流量变送器：采用涡轮流量计，检测主路和支路流量，进行流量范围是 0～1.2 m^3/h，精度为 0.5 级。

(4) 电动调节阀：采用 QSVP-16 K 智能调节阀，对主路的流量进行调节。

(5) 电流/电压(I/V)转换模块：通过 250 Ω 和 50 Ω 标准电阻，将 4～20 mA 标准电流信号转换成 1～5 V 或 0.2～1 V 的标准电压信号。

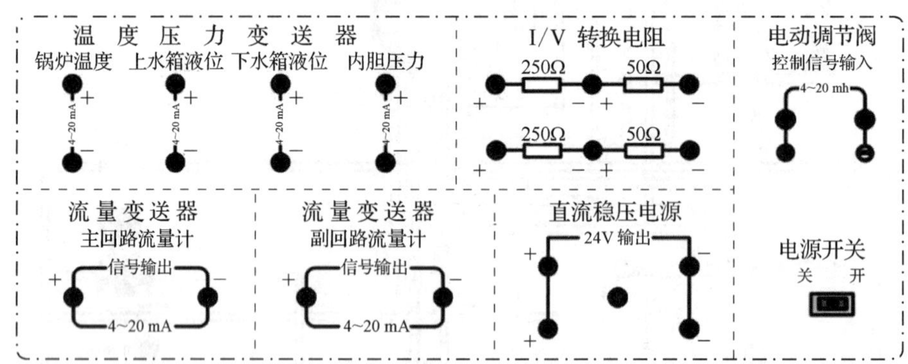

图 1-20　电源控制模块

3. 变频器控制模块

变频器为西门子 V20 型，控制模块接线端子如图 1-21 所示，功能说明如下：

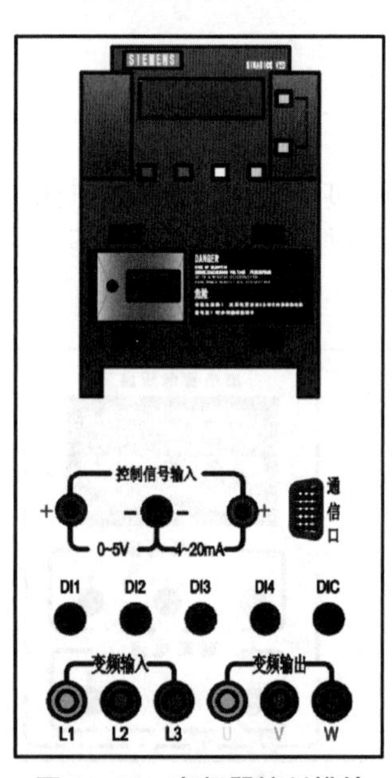

图 1-21　变频器控制模块

(1) L1、L2、L3：变频器的三个输入端，连接电源屏三相电源输出的 U/V/W。

(2) U、V、W：变频器的三个输出端，连接电源屏中的主副泵电机 U/V/W。

(3) 0～5 V 和 4～20 mA：外部电压控制信号和外部电流控制信号的输入端，“+”和“−”接信号正极和信号地。

(4) DI1、DI2、DI3、DI4、DIC：变频器数字量控制端，可以进行多段速控制。

(5) 通信口：连接 RS-485 总线，通过总线形式控制变频器。

4. 智能调节仪模块

智能调节仪模块如图 1-22 所示，型号为 AI-818，用作模拟控制器。输入为 1～5 V 或 0.2～1 V 的输入电压信号，输出为 4～20 mA 的标准电流信号。模块中配备了 250 Ω 和 50 Ω 标准电阻，将电流信号转换成电压信号。配备了串行双向通信接口 RS-485 与计算机进行通信。

5. PLC 模块

PLC 模块如图 1－23 所示，采用西门子 S7-1200 系列产品，1215C 可编程控制面板上引出 2 路模拟量输入端（AI0、AI1），2 路模拟量输出端（AQ0、AQ1），14 路开关量输入端（I0.0～I1.5），10 路开关量输出端（Q0.0～Q1.1）。

（1）CPU 为 1215C，集成 24 个数字量 I/O 点，板载 6 个高速计数器和 4 路脉冲输出；有 3 个可进行串行通信的通信模块，8 个可用于 I/O 扩展的信号模块。采用 TCP/IP 传输协议，开放式用户安全 S7 通信。配备了 SM1234 模拟量扩展模块，具有 4 路模拟量输入，2 路模拟量输出。

（2）PLC 的编程环境：使用 TIA Portal V16 软件，可以对 S7-1 200 的所有功能进行编程，CPU 通过网线电缆可进行在线编译及通信下载。

（3）上位机的监控软件：采用 MCGS 工控组态软件，可以和 PLC 实现通信，可以和 PLC 进行数据交换。

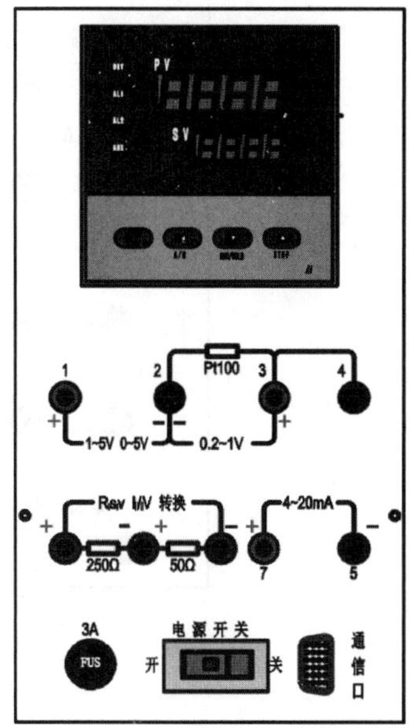

图 1－22　智能调节仪模块

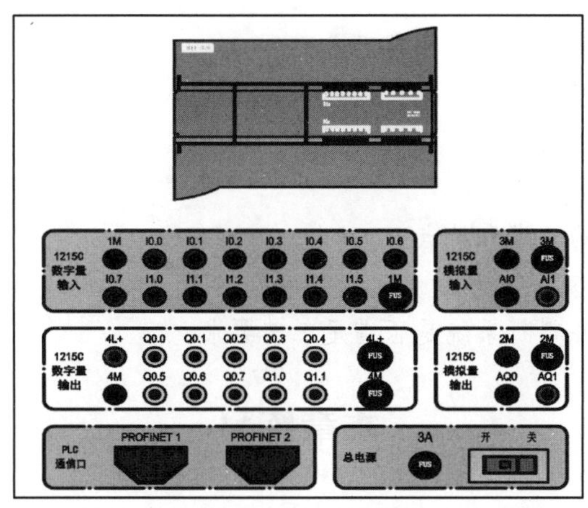

图 1－23　PLC 模块

6. 数据采集模块

数据采集模块如图 1－24 所示，包含 8 路 A/D ICP-8017（输入模块）和 4 路 D/A ICP-7024（输出）。采用外部数据采集模块的形式，其核心为带 RS-485 通信的数据采集模块和计算机算法软件。采集模块的接线端子功能说明：

（1）供电电源：面板上面 0 V 和 24 V 是模块的供电，需接至电源面板的稳压模块上。

（2）输入模块 A/D ICP-8017，共有 8 个输入端口 $A/I_0 \sim A/I_7$。

（3）输出模块 D/A ICP-7024，其中 $A/O_0 \sim A/O_3$ 为 4 个电流输出端口，$A/O_4 \sim A/O_7$ 为 4 个电压输出端口。

（4）通信口：通过 RS-485 与上位机组态连接。

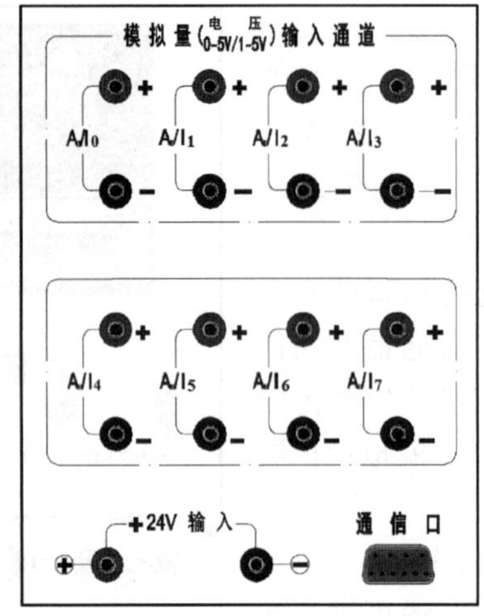

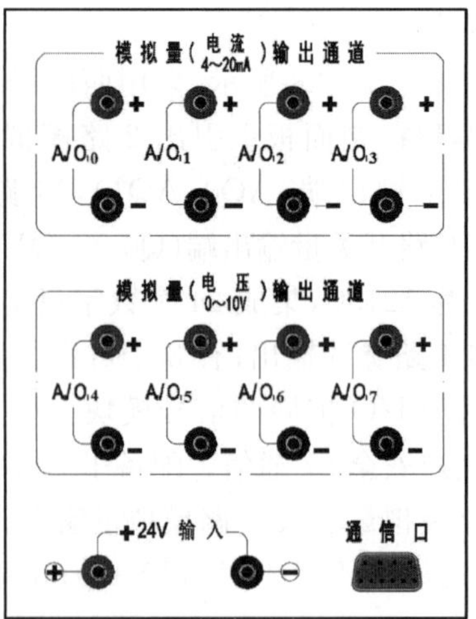

图 1－24 数据采集模块

本章知识点

(1) 过程控制系统的四个环节和常用术语。
(2) 控制系统的方框图。
(3) 控制系统的分析法。
(4) 仪表的图形符号。
(5) 过程控制系统的分类和特点。
(6) 过程控制的静态、动态和过渡过程。
(7) 计算品质指标并判断系统是否满足工艺要求。

本章练习

1. 图 1－25 为某列管式蒸汽加热器控制流程图。试分别说明图中 PI-307、TRC-303、FRC-305 所代表的意义。

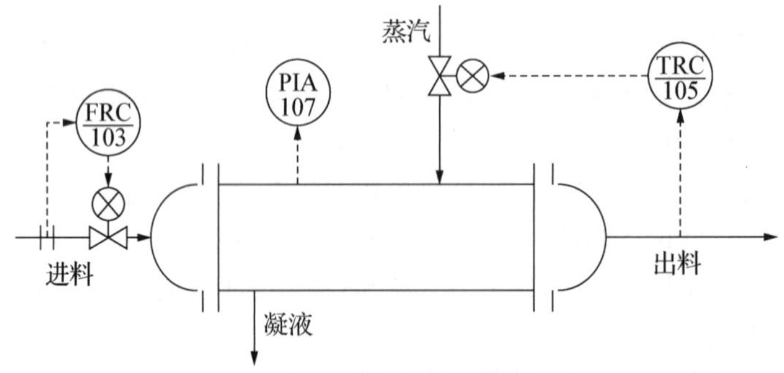

图 1－25 列管式蒸汽加热器控制流程图

2. 图 1－26 所示为一反应器温度控制系统示意图。A、B 两种物料进入反应器进行反应，通过改变进入夹套的冷却水流量来控制反应器内的温度不变。

(1) 指出该系统中的被控变量、操纵变量及可能影响被控变量的干扰是什么。

(2) 试画出该温度控制系统的方块图。

3. 某化学反应器工艺规定操作温度为 900±10 ℃。考虑安全因素，控制过程中温度偏离给定值最大不得超过 80 ℃。温度控制系统在阶跃干扰作用下的过渡过程曲线如图 1－27 所示。

(1) 求该系统的过渡过程的超调量、衰减比、余差和过渡时间。

(2) 该控制系统能否满足题中所给的工艺要求？

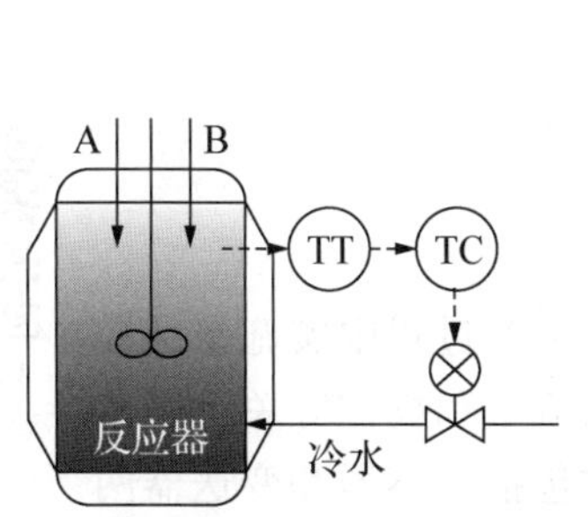

图 1－26　反应器温度控制系统示意图

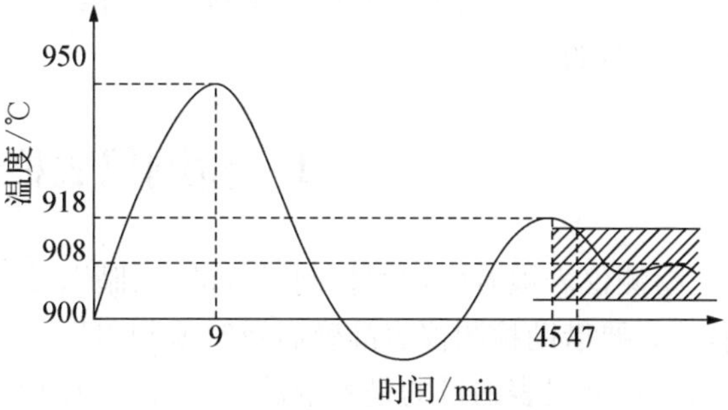

图 1－27　温度控制系统过渡过程曲线

4. 转炉是炼钢生产中的一种设备，熔融的铁水装入转炉后，通过氧枪供给转炉一定的氧气，使铁水中的碳氧化燃烧，降低铁水中的含碳量。图 1－28 为转炉氧量控制系统流程图，生产工艺要求控制供氧量和吹氧时间，以获得不同品种的钢产品。

(1) 指出该系统中被控变量、操纵变量和干扰变量各是什么。

(2) 分析系统是如何进行调节的。

5. 锅炉是化工、炼油等企业中常见的主要设备。汽包水位是影响蒸汽质量及锅炉安全的一个十分重要的参数。单锅炉汽包水位控制流程如图 1－29 所示。水位过高，会使蒸汽带液，降低了蒸汽的质量和产量，甚至会损坏后续设备。而水位过低，轻则影响汽液平衡，重则烧干锅炉甚至引起爆炸。必须要将汽包水位严格控制在一定范围内。

(1) 指出该系统中被控变量、操纵变量和干扰变量各是什么。

(2) 画出该控制系统方框图。

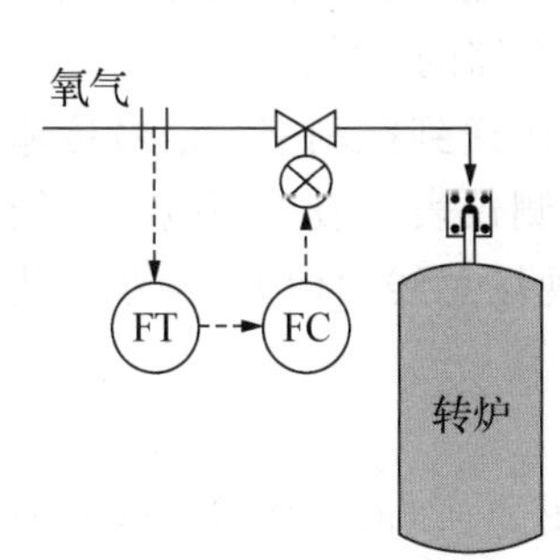

图 1－28　转炉氧量控制系统流程图

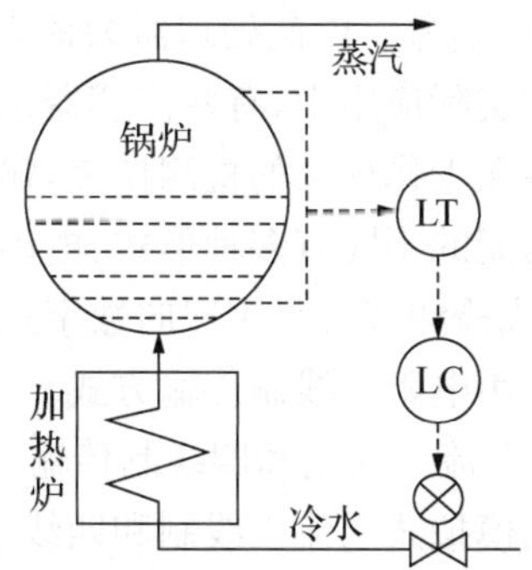

图 1－29　单锅炉汽包水位控制流程

第 2 章

过程检测仪表

在过程控制系统中，检测仪表用于感知工业生产现场的各种信息，传送给后续设备进行监视和控制。本章围绕过程控制系统中四种主要的参数：温度、压力、流量和物位，对其基本概念、选用原则和典型工程应用案例进行介绍。在选材上力求避免与《传感器技术》和《检测技术课程》的交叉和重叠。

2.1　检测仪表概述

【微信扫码】
观看本节微课

检测仪表被看作过程控制系统的“眼睛”，要对工业生产过程中实施自动控制，首先要借助检测仪表准确而及时地测出压力、温度、流量和物位等关键工艺参数。检测仪表的目的是测量被控变量的当前值，通常包括传感器和变送器两部分，检测过程如图 2－1 所示。

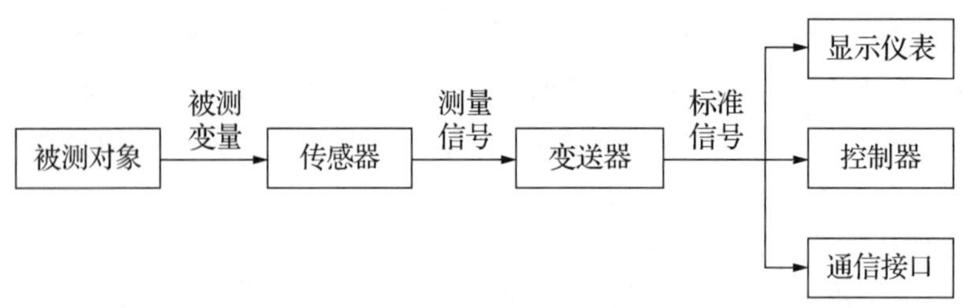

图 2－1　变量的检测过程

(1) 传感器：感受被测量的变化，转换成适于传输的电量或非电量信号，通常测量信号非常微弱，需要信号调理/转换电路对其放大和转换。

(2) 变送器：分为模拟式和数字式两类。模拟式变送器将传感器送来的检测信号进一步调制成三种标准信号，0.02～0.1 MPa 的气压信号、4～20 mA DC 的电流信号和 1～5 V DC 的电压信号。以微处理器为核心的数字式变送器将检测信号调制成数字信号。需要注意的是在实际应用中，有些传感器也包含了变送器的功能。

安装在工作现场的检测仪表，输出信号要传送到控制室。信号传输方式也随着变送器类型和功能的不同有多种形式：电动模拟式检测仪表一般采用电流二线制和四线制传输方式；数字式检测仪表采用双向数字式传输，即现场总线通信方式；在一些特定场合如热电阻测温时采用电阻三线制传输方式。

(1) 电流二线制和四线制传输

电动模拟式电流二线制和四线制传输如图 2－2(a)和图 2－2(b)所示。电流二线制直接将控制室的电源 E 和负载电阻 R_L 串联起来，两根导线同时传送电源和输出标准电流信号。二线制传输线路简单、节省电缆，电源常用 24 V DC。电流四线制的电源 E 和负载 R_L

分别用两根导线传输，形成互为独立的电源回路和检测回路。四线制电源多用 220 V AC，也可用 24 V DC。

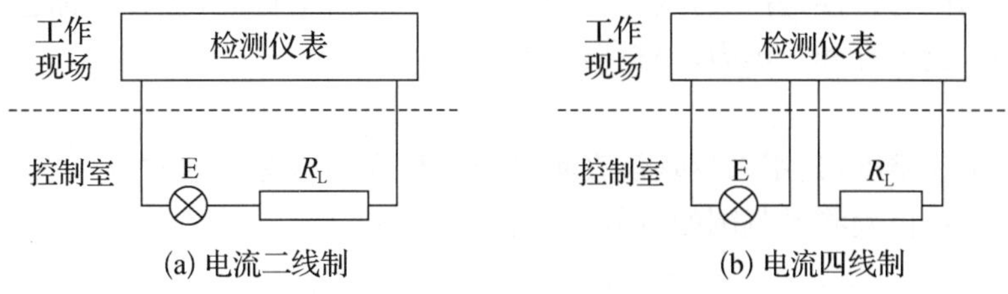

图 2-2　电动模拟式检测仪表信号传输

(2) 现场总线式传输

现场总线是新近发展起来的技术，目前广泛采用 HART 协议通信方式，即在一条通信电缆中同时传输电流信号和数字信号。HART 信号传输采用频移键控(FSK)方法，如图 2-3 所示在 4～20 mA DC 基础上叠加幅度±0.5 mA 的正弦调制波作为数字信号，1 200 Hz 代表逻辑“1”，2 200 Hz 代表逻辑“0”，因为信号相位连续，平均值为 0，不会影响电流信号的输出。

(3) 电阻三线制传输

工业用于温度测量的热电阻要安装在生产现场，要传送到控制室通常采用三线制接法。如图 2-4 所示，热电阻 R_t 一端引出一根导线，另一端引出两根导线接入电桥，利用电桥平衡原理可以消除导线电阻 r 引起的引入误差。

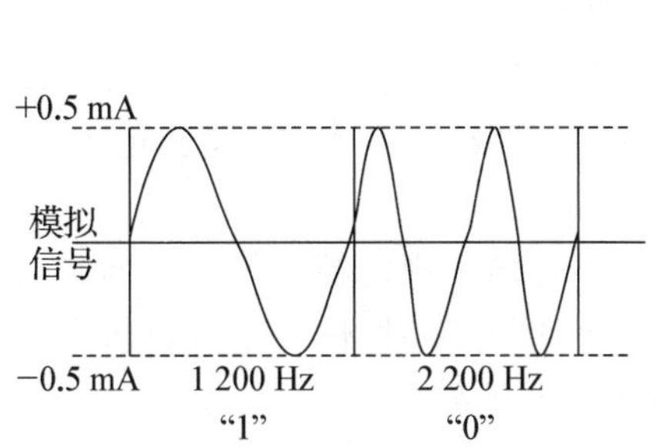

图 2-3　HART 通信信号

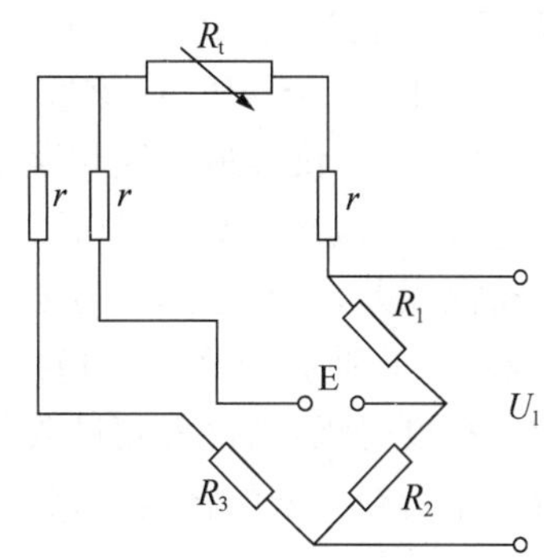

图 2-4　电阻三线制接法

当电桥平衡时可以得到：

$$R_1(R_3+r)=R_2(R_t+r) \tag{2-1}$$

通常电桥的两臂 $R_1=R_2$，代入式(2-1)可得 $R_1R_3=R_2R_t$，可见电桥平衡与导线电阻 r 无关。

2.2　检测仪表的性能指标

【微信扫码】
观看本节微课

检测仪表要求能够准确、快速和可靠的反映被控变量，它的基本特性包括固有特性与工作特性。

2.2.1 检测仪表的固有特性

检测仪表的固有特性是指其在规定条件下的输入/输出特性，主要指标包括精确度、非线性误差、变差、灵敏度和分辨力、动态误差等。

(1) 精确度

精确度也称作精度，是用来反映仪表测量准确程度的指标。通常以仪表允许出现的最大绝对误差折合成仪表测量范围的百分数来表示：

$$\delta_{m}=\frac{\Delta_{m}}{X}\times 100\% \tag{2-2}$$

式中：Δ_m 表示仪表允许的最大绝对误差，X 为仪表的量程。仪表的 δ_m 越大，精度越低，δ_m 越小，精度越高。

将 δ_m 并去掉"±"和"%"，可用来确定仪表的准确度等级，我国工业仪表规定的准确度等级包括：0.005、0.02、0.05、0.1、0.2、0.5、1.0、1.5、2.5、4.0。比如一台液位测量仪表的允许误差为±0.5%，则应当选择精度等级为 0.5 级的仪表。

例 2-1 某压力表刻度 0～100 kPa，在 50 kPa 处进行多次测量，误差分别为－0.45、0.3、0.2、－0.1 kPa，求该仪表的精度等级。

答： 测试过程中最大绝对误差 $\Delta_m=-0.45$ kPa，代入式 2-2 去掉"±"和"%"得到 0.45，但国家规定的准确度等级中没有这一级，测量过程中得到 Δ_m 超过了 0.2 级仪表所允许的最大误差，因此该压力表的精度为 0.5 级。

例 2-2 根据控制系统工艺设计要求，需要选择一个量程为 0～100 kPa 的压力表，压力检测误差小于±0.45 kPa，应该选择何种精度等级的压力表？

答： 工艺上规定仪表最大绝对误差为 $\Delta_m=\pm 0.45$ kPa，代入式(2-2)去掉"±"和"%"同样得到 0.45，数值介于 0.5 和 0.2 之间，如选择精度等级 0.5 的仪表，仪表允许误差大于工艺规定的检测误差，因此选择压力表的精度为 0.2 级。

综合例 2-1 和 2-2 可知，计算出的 Δ_m 数值不在国家规定精度等级之列时，分两种情况确定仪表精度等级：由仪表测量数据确定仪表的精度等级时，仪表精度数值要向上靠；根据工艺要求来选择仪表的精度等级时，仪表精度数值向下靠。

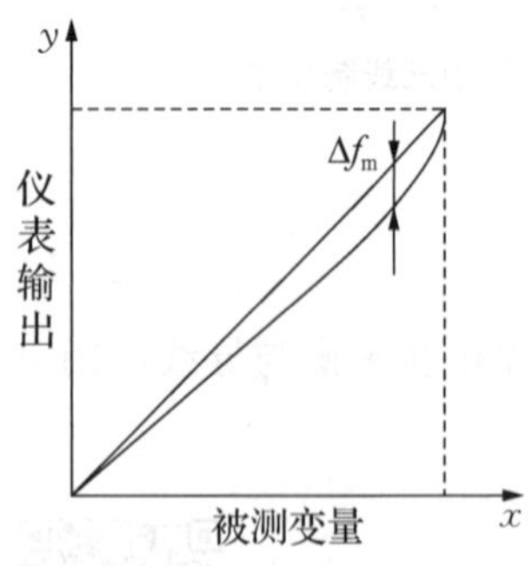

图 2-5 仪表的非线性误差

(2) 非线性误差

也称为线性度，是表征仪表的输入输出量的实测曲线与理论曲线的吻合程度。具有线性特性的检测仪表呈现均匀的刻度，便于读取和计算，但实际特性由于各种因素的影响会偏离线性关系，如图 2-5 所示。

非线性误差 δ_f 由实测曲线与理论曲线的最大偏差 Δf_m 与仪表量程 X 之比的百分数表示：

$$\delta_{f}=\frac{\Delta f_{m}}{X}\times 100\% \tag{2-3}$$

(3) 变差

变差是指在外界条件不变的情况下，用同一仪表对被测变量在仪表量程范围内进行由小到大和由大到小的测量过程时，上行程和下行程特征曲线的最大偏差，如图 2－6 所示。变差通常由传动机构的间隙、运动间的摩擦以及弹性元件弹性滞后等因素造成。

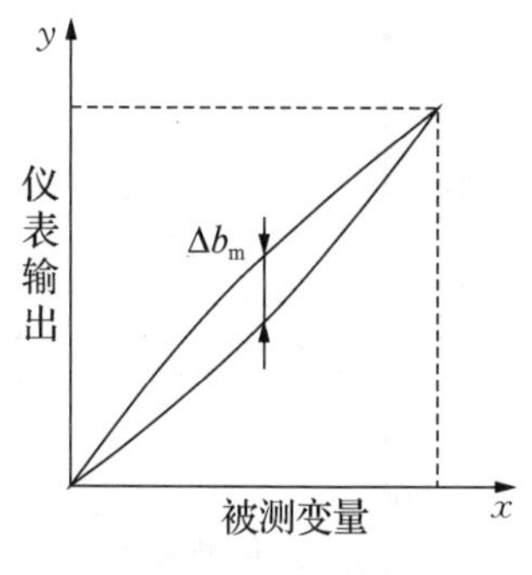

图 2－6　仪表的变差

变差 δ_b 由上行程和下行程测量最大偏差 Δb_m 与仪表量程 X 之比的百分数表示：

$$\delta_b = \frac{\Delta b_m}{X} \times 100\% \tag{2-4}$$

(4) 灵敏度和分辨力

灵敏度用于表征指针式仪表对被测量变化的灵敏程度。测量仪表的灵敏度 s 由仪表输出增量 Δy 与被测参量的变化 Δx 之比来表示：

$$\delta = \frac{\Delta y}{\Delta x} \tag{2-5}$$

分辨力又称灵敏限，是仪表输出能响应和分辨的最小输入变化量，对数字仪表而言，分辨力是数字显示仪变化一个二进制最低有效位的被测参数的变化量。如某电压表四位数字显示，最低量程为 0～1.000 V，给表的分辨力为 1 μV。

(5) 动态误差

仪表的动态误差是指被测变量在干扰作用下处于波动状态时仪表的输出值与实际值之间的差异，是由于检测元件和检测系统中各种运动惯性以及能量形式转换需要时间所造成的。动态误差通常用反应时间 T 和滞后时间 τ 来表示。反应时间 T 也称为时间常数，是衡量仪表能否尽快反映出参数变化的品质指标。滞后时间 τ 反映了能量传递的延迟，不利影响会远远超过反应时间。

综合来看，依据固有特性来选择检测仪表时如图 2－7 所示，应当从准确度、灵敏性和动态误差三个方面着手。

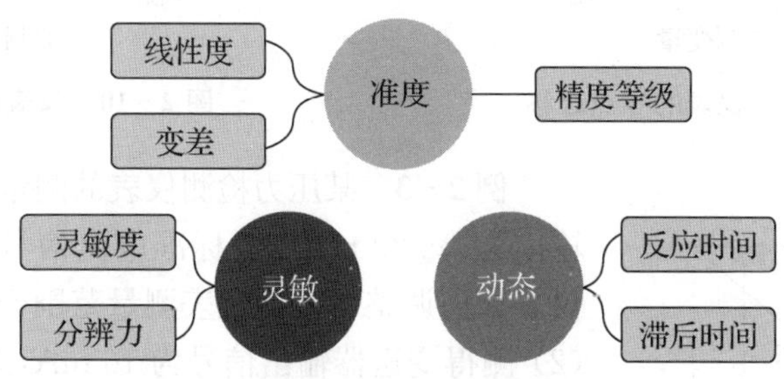

图 2－7　依据固有特性选择测量仪表

2.2.2　检测仪表的工作特性

检测仪表的工作特性指能适应被测变量和控制系统需要而具有的输入/输出特性，可以通过零点迁移和量程调整来实现。

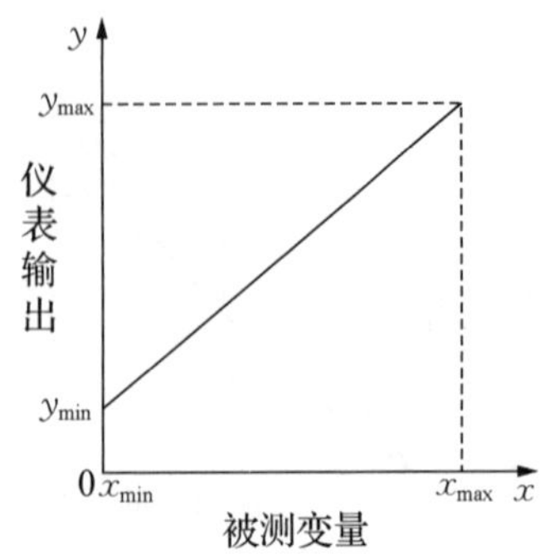

图 2-8 检测仪表的理想工作特性

(1) 理想工作特性

检测仪表的理想工作特性如图 2-8 所示，x_{max} 和 x_{min} 分别表示被测变量的最大值和最小值，y_{max} 和 y_{min} 分别为检测仪表输出信号的上限值和下限值。对于模拟式变送器,输出信号为 4～20 mA DC 标准电流或 1～5 V DC 标准电压信号。而数字式变送器,输出信号为数字信号范围的上下限。

检测仪表的一般表达式为:

$$\left(\frac{x-x_{min}}{x_{max}-x_{min}}\right)=\left(\frac{y-y_{min}}{y_{max}-y_{min}}\right) \tag{2-6}$$

式中：x 是被测变量作为仪表输入信号，y 为仪表对应的输出信号。

(2) 零点迁移和量程迁移

变送器偏离理想工作特性主要涉及零点迁移和量程迁移问题。检测仪表的零点即仪表输出下限 y_{min} 对应的被测变量的最小值 x_{min}，为了指示和计算的便利通常希望 x_{min} 为零。由于工艺条件的变化,变送器的测量范围产生平移,而量程大小没有变化,这种情况称为零点迁移。如图 2-9 所示直线 1 为无迁移情况,直线 2 向负方向平移称为“负迁移”,直线 3 向正方向平移称为“正迁移”。

量程迁移是变送器测量范围变化,使得输入/输出工作曲线的斜率发生了变化,如图 2-10 所示,量程迁移时零点不变,而量程的大小发生了变化。

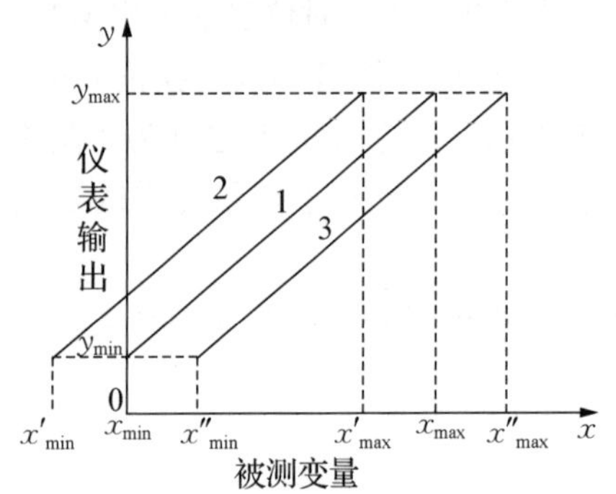

图 2-9 仪表的零点迁移

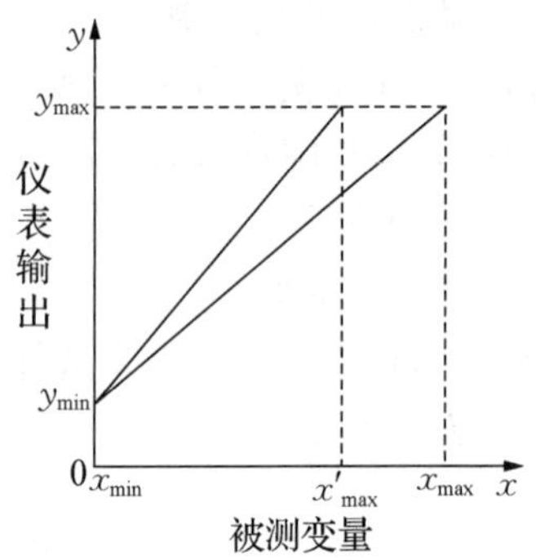

图 2-10 仪表的量程迁移

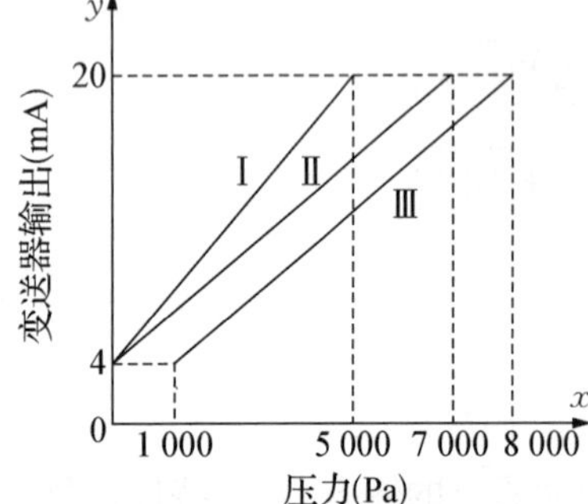

图 2-11 仪表量程调整过程

例 2-3 某压力检测仪表的测量范围为 0～5 000 Pa,输出为 4～20 mA DC 标准电流信号。要求如下:(1) 对仪表如何调整可以使仪表测量范围变为 1 000～8 000 Pa。(2) 测得变送器输出信号为 16 mA,对应仪表调整前后的压力各为多少?

答:(1) 仪表的调整过程分为两步,如图 2-11 所示。第一步进行量程迁移,将原始量程 0～5 000 Pa 调整为 0～7 000 Pa,输出量程不变依然对应输入的上下限。第二步进行零点迁移,将零点由 0 Pa 正迁移到 1 000 Pa。调整后的仪表测量为 1 000～8 000 Pa。

(2) 依据式(2－6)，变送器输出信号为 16 mA 时，调整前表示压力值 $P=(5\,000\times12)/16=3\,750$ Pa，调整后表示压力值 $P=(7\,000\times12)/16+1\,000=6\,250$ Pa，可见变送器输出信号表示的被控变量数值由仪表输入的测量范围所决定。

2.3　压力检测仪表

压力测量对于工业生产至关重要，尤其是炼油和化工生产过程中，对压力的监测影响到生产效率、产品质量和生产安全。例如氢气和氮气合成氨气时，需要在 15 MPa 或 32 MPa 的压力条件下进行；炼油厂减压蒸馏时，要在比大气压低很多的真空度进行。此外，生产过程中的温度、物位、流量等工艺参数往往与压力或差压相关联，可以通过压力或差压来进行间接测量。

2.3.1　压力检测的基本概念

工程技术中压力可表示为绝对压力、表压和真空度，其相互关系如图 2－12 所示。

(1) 绝对压力：是指相对于真空所测得的压力值，大气压力就是环境的绝对压力。

(2) 表压：类似被测压力Ⅰ大于大气压力情况下，用绝对压力Ⅰ与大气压力之差，即表压来表示当前压力。

(3) 真空度：类似被测压力Ⅱ小于大气压力情况下，用真空度，即大气压力与绝对压力Ⅱ之差，即真空度来表示当前压力。

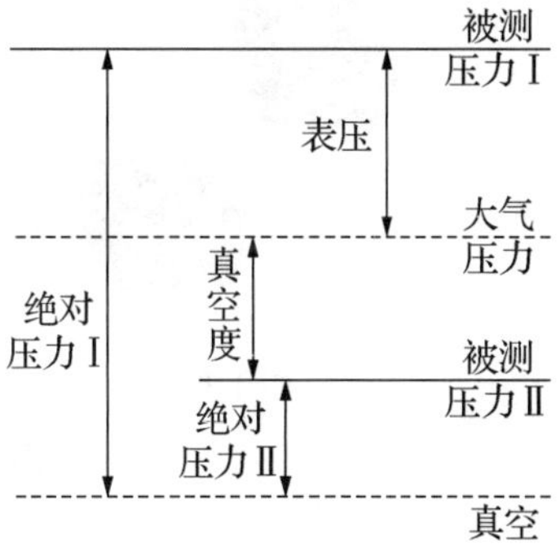

实际工业生产的设备与仪表均处于大气之中，工程上通常采用表压或真空度来表示压力大小。

图 2－12　压力表示法的相互关系

依据转换原理的不同，可以将压力检测仪表分为四类：

(1) 液柱式压力计。根据流体静力学的原理，将被测压力转换成液柱高度进行测量的，一般采用充有水或水银等液体的玻璃 U 形管或单管进行测量。

(2) 弹性式压力计。根据弹性元件受力变形的原理，将被测压力转换成位移进行测量的。常用的弹性元件有弹簧管、膜片和波纹管等。

(3) 电气式压力计。利用敏感元件将被测压力直接转换成各种电量进行测量的仪表，如电容式、电感式、电阻式、应变片式和霍尔片式等。

(4) 活塞式压力计。根据水压机液体传送压力的原理，将被测压力转换成活塞面积上所加平衡砝码的质量来进行测量。

工业生产中应用较为广泛的是弹性式和电气式压力计，常用的各类压力检测仪表如图 2－13 所示。

(a) 工业压力变送器　(b) 数字压力变送器　(c) 高温压力变送器

(d) 电容压力变送器　(e) 隔离压差变送器　(f) 本安压力变送器

(g) 微压变送器　(h) 微型探针压力计　(i) OEM压力芯片

图 2－13　工业生产中常见的压力检测仪表

2.3.2　应变片式压力检测

【微信扫码】
观看本节微课

1. 基本原理

应变片式压力传感器以金属或半导体应变片为敏感元件，依据电阻应变原理构成的。电阻应变原理可以用式(2－7)表示，被测压力作用于应变片，产生压缩应变时阻值 R 减小，而产生拉伸应变时阻值 R 增加。

$$R = \rho \frac{l}{A} \tag{2-7}$$

式中：ρ 为电阻率，A 和 l 为应变片的截面积和长度。

2. 结构和工作过程

应变片式压力传感器的剖面结构如图 2－14(a)所示，应变筒上端与外壳固定，下端与密封膜片紧密接触，两片应变片 r_1 和 r_2 用特殊黏合胶贴紧应变筒的外壁。应变片的贴放方式如图 2－14(b)所示，r_1 作为测量片沿轴向贴放；r_2 作为温度补偿片沿径向贴放。膜片受到外力作用时，r_1 产生轴向压缩应变，阻值变小；r_2 产生径向拉伸应变，阻值变大。由于压缩应变比拉伸应变要大，实际上 r_1 变化量比 r_2 变化量要大。

思考

应变片式传感器为何要用两片应变片？

答：有两方面原因：压力作用下，r_1 和 r_2 一增一减，使电桥有较大的输出；温度变化时，r_1 和 r_2 同时增减，不影响电桥的输出。

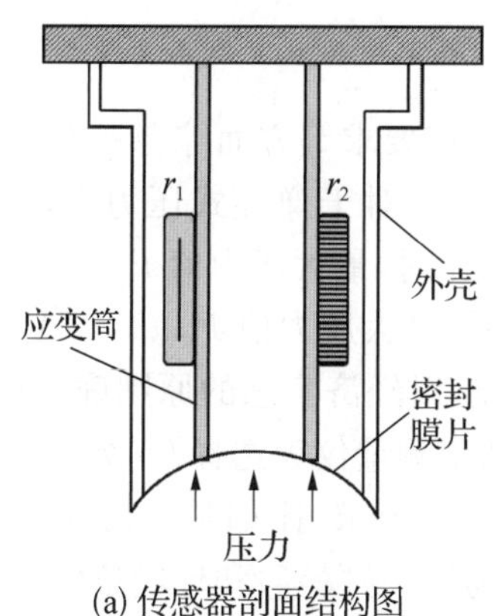

(a) 传感器剖面结构图

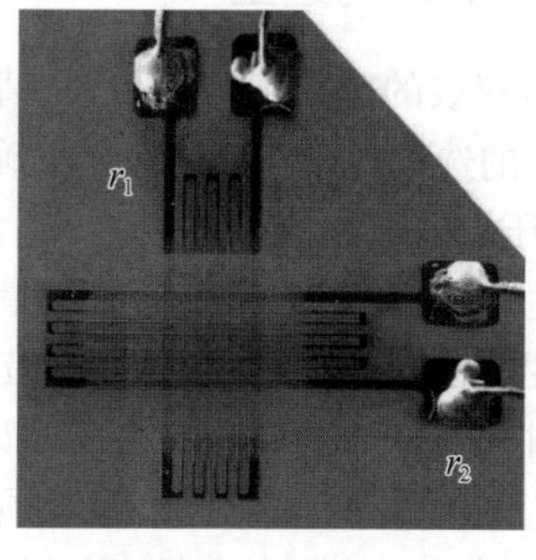

(b) 应变片贴放方式

图 2-14　应变片式压力传感器示意图

3. 信号转换

压力与应变片阻值变化呈对应关系，要搭建桥式电路将阻值变化最终转换为电压信号。桥式电路如图 2-15 所示，由应变片 r_1 和 r_2 与两个相同的固定电阻 r_3 和 r_4 组成。

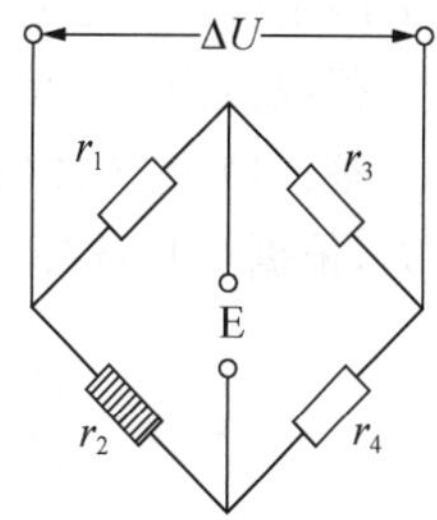

图 2-15　桥式电路

初始不受压时，$r_1=r_2=r_0$，$r_3=r_4=r$，输出电压为：

$$\Delta U=\left(-\frac{r_3}{r_3+r_4}+\frac{r_1}{r_1+r_2}\right)E=0 \qquad (2-8)$$

当应变片受压时，$r_1=r_0+\Delta r_1$，$r_2=r_0+\Delta r_2$，且 $\Delta r_1\neq\Delta r_2$，此时输出电压为：

$$\begin{aligned}\Delta U&=\left(-\frac{1}{2}+\frac{r_0+\Delta r_1}{r_0+\Delta r_1+r_0+\Delta r_2}\right)\\&=\frac{\Delta r_1-\Delta r_2}{4r_0+2\Delta r_1+2\Delta r_2}E\\&\approx\frac{\Delta r_1-\Delta r_2}{4r_0}E\end{aligned} \qquad (2-9)$$

由式(2-9)可知，应变片受压时的阻值变化与输出不平衡电压近似正比关系。应变片式压力传感器的信号变换过程如图 2-16 所示，被测压力转换成应变片的阻值变换，通过桥式电路转换成不平衡电压。

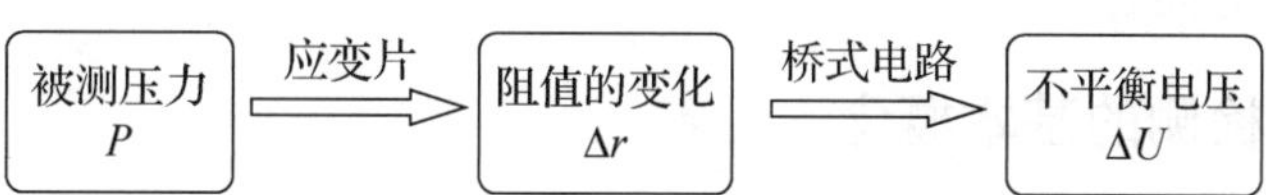

图 2-16　压力传感器的信号变换

4. 特点

应变片式传感器具有以下特点：测量范围大，当电桥直流稳压电源 E 为 10 V 时，可得 $\Delta U=5$ mV，可以测量 25 MPa 的压力；动态效应良好，传感器固有频率为 25 kHz，适用于测量快速变化的压力；精度不高，尽管测量电桥有一定的温度补偿作用，仍然具有明显的温漂和时漂，测量精度在 0.5%～1.0%。

2.3.3 压力表的选型

压力检测仪表的选择主要从量程、精度和工艺生产要求等方面综合考虑。

(1) 量程的选择：根据压力的大小确定仪表量程。对于弹性式压力表，设其满量程为 A，一般被测压力的最小值 $P_{\min}\geqslant A/3$；测量稳定压力时，最大压力值 $P_{\max}\leqslant 2A/3$；测量脉动压力时，最大压力值 $P_{\max}\leqslant A/2$；测量高压压力时，最大压力值 $P_{\max}\leqslant 3A/5$。

(2) 精度的选择：根据生产允许的最大测量误差，以经济实惠的原则确定仪表的精度等级。一般工业用仪表选择 1.5 级或 2.5 级，科研或精密测量仪表选择 05 级或 0.02 级。

(3) 工艺生产要求：仪表的选型必须满足工艺生产要求，比如是否需要远传、记录和报警；被测介质的性能(如温度高低、腐蚀性、易结晶、易燃、易爆等)和环境条件的恶劣程度(如高温、腐蚀、潮湿、振动等)对仪表是否有特殊要求。

例 2-4 有一台空压机的缓冲罐，其出口压力的变化范围为 13.5～18 MPa，工艺要求最大测量误差不超过 0.8 MPa，试选一台合适的压力表(包括测量范围、精度等级)。可供选择量程规格为 0～20 MPa、0～30 MPa、0～40 MPa。

答：(1) 先选择仪表的量程，设压力表量程为 0～A MPa，缓冲罐的出口压力可视作脉动压力，依据量程选择规则可得：

$$\begin{cases}P_{\max}\leqslant A/2\\P_{\min}\geqslant A/3\end{cases}\rightarrow 2P_{\max}\leqslant A\leqslant 3P_{\min}\rightarrow 36\leqslant A\leqslant 40.5 \tag{2-10}$$

根据题意只有 $A=40$ MPa 符合式(2-10)，因此选择仪表量程为 0～40 MPa。

(2) 工艺上规定仪表最大绝对误差为 $\Delta_{\mathrm{m}}=0.8$ MPa，代入式(2-2)得到：

$$\delta_{\mathrm{m}}=\frac{0.8}{40}\times 100\%=2.0\% \tag{2-11}$$

去掉“±”和“%”得到 2.0，数值介于 1.5 和 2.5 之间，如选择精度等级 1.5 的仪表，仪表允许误差大于工艺规定的检测误差，因此压力表的精度为 2.5 级。

2.4 流量检测仪表

在工业生产过程中，具有气体、液体或固体粉末的物料通过管道在设备之间按比例或流速进行配比或传输，参与各种反应最终制成产品。流量的测量与生产操作和控制相关，也涉及产能和经济核算等问题。

2.4.1 流量检测的基本概念

通常在过程控制中关注瞬时流量，而在计量考核时使用累计流量，两者都可以用体积或质量来表示。

(1) 瞬时流量:单位时间内流过管道横截面的流体数量。以体积表示记作 q_v，单位是 m^3/s;以质量表示记作 q_m，单位是 kg/s。

(2) 累计流量:也称为总量,在某一段时间内流过管道横截面的流体总和。以体积表示记作 Q_v，单位是 m^3;以质量表示记作 Q_m，单位是 kg。

流量检测仪表分类按测量原理不同,可将流量仪表划分为容积式,速度式、差压式和质量式四类,工业上常用的流量测量仪表如图 2－17 所示。

(a) 靶式流量计　(b) 椭圆齿轮流量计　(c) 旋翼式蒸汽流量计

(d) 防爆涡轮流量计　(e) 电磁流量计　(f) 智能旋涡流量计

图 2－17　工业上常用的流量仪表

(1) 容积式流量计:利用机械测量元件把流体连续不断地分隔成单位体积并进行累加而计量出流体总量的仪表,如腰轮流量计、椭圆齿轮流量计、刮板流量计、活塞流量计等。

(2) 速度式流量计:以测量管道内或明渠中流体的平均速度来求得流量的仪表,如涡轮流量计、涡街流量计、电磁流量计、超声波流量计等。

(3) 差压式流量计:利用伯努利方程的原理测量流量的仪表。它可以输出差压信号来反映流量的大小。如节流式流量计、均速管流量计、弯管流量计,转子式流量计可看作是一种特殊的差压式流量计。

(4) 质量流量计:测量流过流体的质量来求得质量流量,分为直接式和间接式两类。

【微信扫码】
观看本节微课

2.4.2　转子式流量计

转子式流量计原理图如 2－18 所示,它有两部分构成:

(1) 由下往上逐渐扩大的锥形管,通常是透明的玻璃管。

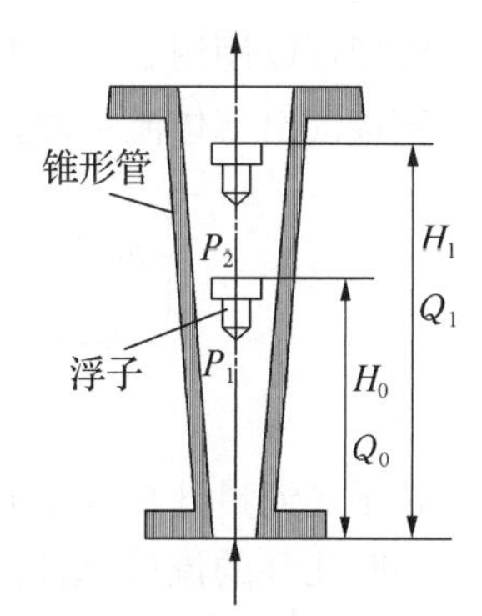

图 2－18　转子式流量计示意图

(2) 在锥形管中可以自由活动的转子。工作时,被测流体由锥形管下端进入，沿着锥形管向上运动，流过转子与锥形管的环隙，再从锥形管上端流出。

假设初始阶段流体的流量为 Q_0，转子受到向上的压力 P_1 使其浮起。当向上的压力 P_1 与沉浸在流体里转子重力（向下的压力）P_2 相等时，转子受力平衡，停留在一定的高度记作 H_0。转子的平衡条件为：

$$V(\rho_t - \rho_f)g = (P_1 - P_2)A \tag{2-12}$$

式中：V 为转子体积，ρ_t 和 ρ_f 分别为转子和流体的密度，g 为重力加速度，A 为转子最大横截面。

如果被测流体的流量增加到 Q_1，作用于转子向上的压力 P_1 增加，而转子在流体中的重力 P_2 不变，转子上升高度 h 增加。转子位置的上升，造成转子和锥形管之间的环隙增大，流通面积 S 增加。流经环隙的流体流速 v 变慢，流体作用在转子的向上压力 P_1 减小。当流体作用于转子两侧的压力 P_1 和 P_2 再次相等时，转子停留在一个新的高度 H_1。

思考

锥形管的结构是否必须由下往上逐渐扩大？

答：锥形管必须设计成由下往上逐渐增大的结构，这样能够保证流量变化时，通过环隙面积的变化使转子达到新的平衡，实现流量与转子停留高度的对应。

将转子在锥形管中受到的压差记作 ΔP，代入式(2-12)可得：

$$\Delta P = P_1 - P_2 = \frac{V(\rho_t - \rho_f)g}{A} \tag{2-13}$$

在测量过程中 V、ρ_t、ρ_f、g 和 A 均为常数，因而 ΔP 也是常数。在转子流量计中，流体的压降是固定不变的，通过转子与锥形管的环隙面积即节流面积的变化来测量流量的。浮子流量计的流量公式可以表示为：

$$Q = \phi h\sqrt{\frac{2\Delta P}{\rho_f}} = \phi h\sqrt{\frac{2gV(\rho_t - \rho_f)}{\rho_f A}} \tag{2-14}$$

式中：ϕ 为仪表常数，h 为转子停留的高度。

由式(2-14)可知，转子在锥形管中的平衡位置高度与被测介质的流量呈线性关系，其工作原理可以用图 2-19 表示。对透明玻璃锥形管外沿进行标注，可以根据转子平衡位置高度直接读出流体流量值。

图 2-19　转子式流量计示意图

转子式流量计具有以下特点：主要适合检测中小流量，适宜于测量管径 50 mm 以下、低至每小时几升的流量；结构简单、使用方便，工作可靠；流量计的基本误差约为量程的±2%，测量精度易受介质密度、黏度、温度、压力等影响。

2.4.3　流量计的选型

流量仪表的选型综合考虑仪表性能、流体特性、安装条件、环境与经济等因素，依据流体介质的不同选型可参考表 2－1。流量仪表选型还要注意以下几点：注意防堵，测导电液体流量应优先考虑使用电磁流量计，差压、旋涡、转子或涡轮流量计只用于洁净流体的测量；过程控制中流量检测往往作为复杂过程控制系统的局部回路，如串级控制的内环，对仪表精度要求往往不很严格；质量流量计价格昂贵，在工艺要求允许情况下优先选择体积式流量计。

表 2－1　流量仪表选型参考表

仪表类型		仪表精度(±)%	介质							
			清洁液体	脏污液体	黏性液体	腐蚀液体	低速液体	高温介质	低温介质	气　体
差压式流量计	孔板	1.5	○	●	●	○	×	○	●	○
	文丘里管	1.5	○	●	●	●	●	●	●	○
	喷嘴	1.5	○	●	●	●	●	○	●	○
速度式流量计	靶式	1.0～4.0	○	○	○	○	×	○	●	○
	涡轮	0.1～0.5	○	●	○	○	●	●	○	○
	漩涡	0.5～1.5	○	●	●	○	×	○	○	○
电磁流量计		0.2～2.5	○	○	×	○	○	○	×	×
容积式流量计		0.1～1.0	○	×	○	●	○	○	○	○
超声波流量计		0.5～3.0	○	●	●	●	●	×	●	×
转子流量计		1～5	○	●	○	○	○	○	×	○

2.5　物位检测仪表

物位是工业生产中的重要过程参数，通过对罐、釜、塔的物位进行测量，可以获知容器中储存物料的压力、质量和体积。连续监视物位是否满足工艺要求，便于对物料平衡进行调节，保证生产过程各个环节所需物料配比。

2.5.1　物位检测的基本概念

物位是指存放在容器或设备中物质的高度或界位，包括液位、料位和界位三种，对应的物位检测仪表分别是液位计、料位计和界面计。液位是液体介质在容器中储存高度。料位是固体粉末或颗粒状物质的堆积高度。界位是液体与液体或液体与固体之间的分界面。

物位检测主要有两方面的目的：计量，即关注物位测量的绝对值；监控，关注物位测量的相对值。工业生产中的物位仪表很多，常用的仪表包括用于液位测量的浮力式液位计、电容式液位仪、差压式液位计、雷达式液位计，用于料位测量的核辐射料位计、超声波式料位计，以及界面测量的多相界面计。工业上应用较多的物位仪表如图 2－20 所示。

(a) 雷达式液位计

(b) 超声波料位计

(c) 差压式液位计

图 2－20 工业上常用的物位仪表

2.5.2 差压式液位测量

【微信扫码】观看本节微课

1. 测量原理

差压式液位计是利用容器内的液位改变时，由液柱产生的静压也相应变化的原理制成。如图 2－21 所示，差压变送器正压室接液体，压力记作 P_1，负压室通干燥气体，压力记作 P_2，两者的压力差为：

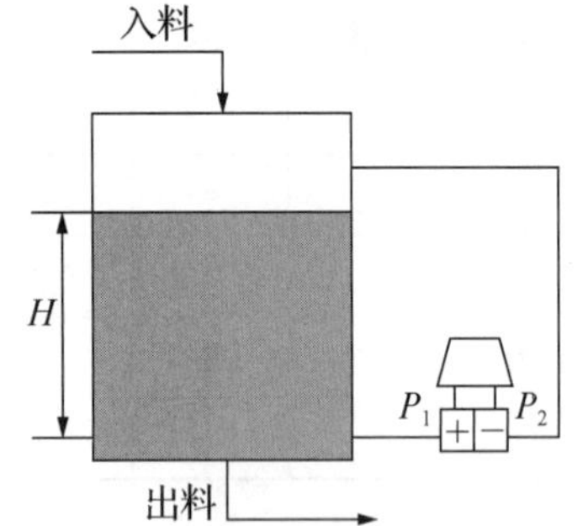

图 2－21 差压式液位变送器原理图

$$\Delta P = P_1 - P_2 = H\rho g \tag{2-15}$$

式中：H 为液体高度、ρ 为介质密度、g 为重力加速度。通常，密度和重力加速度为已知，测量液位高度的问题转换为测量差压的问题。

2. 零点迁移问题

使用差压变送器测量液位时，如图 2－21 所示为常规状况下，也称为无迁移情况。此时 $\Delta P = H\rho g$，变送器的输入输出关系为：

$$\begin{cases} H = 0: & \Delta P = 0, I = 4\ \text{mA} \\ H = H_{max}: & \Delta P = \Delta P_{max}, I = 20\ \text{mA} \end{cases} \tag{2-16}$$

在实际应用中，为防止容器内液体和气体进入变送器造成堵塞或腐蚀，在正、负压室和测压点之间分别装有隔离罐，并充以隔离液。带隔离罐的液位差压变送器如图 2－22 所示。若被测介质密度为 ρ_1，隔离液密度为 ρ_2，容器上部干燥气体压力为 P_0，正、负压室隔离罐取压点位置高度是 h_1 和 h_2、此时正、负压室压力分别为：

$$\begin{aligned} P_1 &= h_1\rho_2 g + H\rho_1 g + P_0 \\ P_2 &= h_2\rho_2 g + P_0 \end{aligned} \tag{2-17}$$

两者之间的压差为：

$$\Delta P = H\rho_1 g - (h_2 - h_1)\rho_2 g \tag{2-18}$$

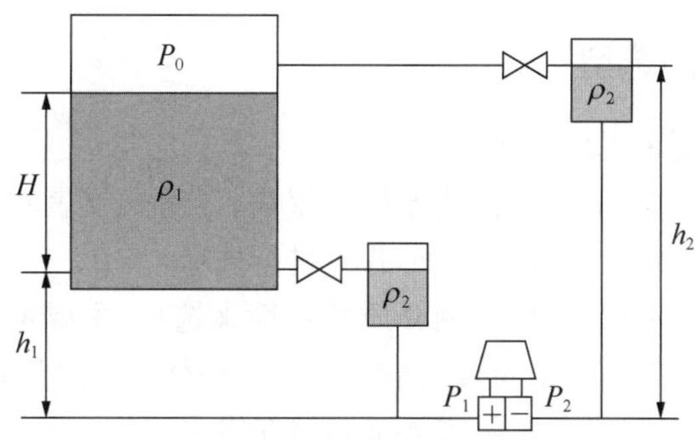

图 2-22　隔离罐的液位差压变送器原理图

将式(2-18)与式(2-15)比较可以发现，对比无迁移情况下，加装隔离罐后形成了固定压差 $-(h_2-h_1)\rho_2 g$，$h_2>h_1$，因此多了一项负的压差。变送器也随之产生负迁移，输入输出关系为：

$$\begin{cases} H=0: & \Delta P<0, I<4\ \mathrm{mA} \\ H=H_{\max}: & \Delta P<\Delta P_{\max}, I<20\ \mathrm{mA} \end{cases} \tag{2-19}$$

思考

差压式液位测量过程中的负迁移产生原因和表现形式?

答:(1) 产生原因是为防止变送器堵塞和腐蚀，在正、负压室和测压点之间安装了隔离罐。(2) 表现形式是由于固定压差的作用，液位的零值与满量程与变送器的输出上、下限值无法相对应。

为了让差压变送器的输出能够正确反映实际液位，要进行零点迁移。常用的办法是在调节仪表上加一弹簧装置，以抵消固定压差 $-(h_2-h_1)\rho_2 g$ 。用来进行迁移的弹簧称为迁移弹簧，其实质是改变了变送器的零点，使得液位 $H=0$ 和 $H=H_{\max}$ 时，变送器输出分别恢复到 $I=4\ \mathrm{mA}$ 和 $I=20\ \mathrm{mA}$ 。

由于工作状况不同，有时会出现正迁移的情况，如图 2-23 所示。此时正、负压室的压差为：

$$\Delta P=H\rho_1 g+h\rho_1 g \tag{2-20}$$

对比无迁移情况下，存在一项正的固定压差 $h\rho_1 g$，变送器输入输出关系为：

$$\begin{cases} H=0: & \Delta P>0, I>4\ \mathrm{mA} \\ H=H_{\max}: & \Delta P>\Delta P_{\max}, I>20\ \mathrm{mA} \end{cases} \tag{2-21}$$

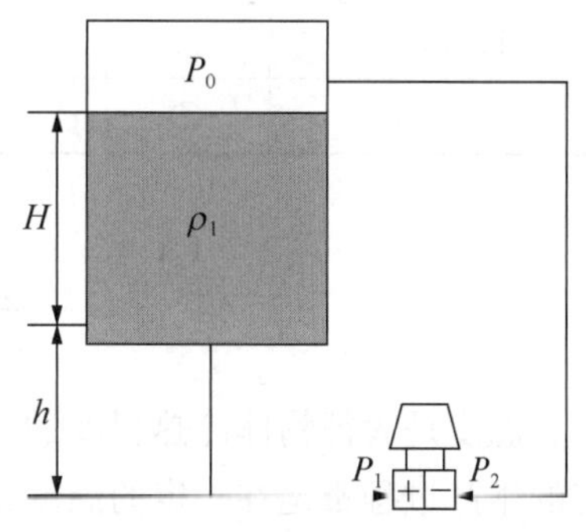

图 2-23　差压变送器的正迁移情况

思考

差压式液位测量过程中迁移的实质是什么?

答:额外的固定压差使变送器产生了迁移，正迁移和负迁移均改变了测量范围的上下限，相当于测量范围向不同方向的平移，但未改变量程的大小。

2.5.3 物位仪表的选型

物位仪表的选型主要考虑以下因素：

(1) 测量类型:液位和界位测量首选差压式仪表、浮筒式仪表和浮子式仪表,料位测量应根据物料粒度和导电性能、料仓的结构形式等进行选择。

(2) 仪表的结构及材质:应根据被测介质的特性来选择,主要考虑压力、温度、密度、腐蚀性、导电性,是否存在聚合、黏稠、沉淀、结晶等现象,液体中的悬浮物比例等。

(3) 仪表性能:根据工艺对象实际需要显示测量范围、输出类型(模拟信号还是数字信号)、选择仪表精度,需要注意的是容积计量的物位仪表精确度应不低于±1 mm。

(4) 防爆安全:用于可燃性气体、蒸汽及可燃性粉尘等爆炸危险场所的电子式物位仪表,应根据危险场所类别和被测介质危险程度,选择合适的防爆结构仪表。

依据测量对象的物位仪表选型表如表 2-2 所示。

表 2-2 物位仪表选型参考表

测量对象 / 仪表名称	普通液体	泡沫液体	脏污液体	粉状固体	粒状固体	块状固体	黏湿固体	液—液界面
差压式	○	×	●	×	×	×	×	●
浮筒式	○	×	●	×	×	×	×	●
光导式	○	×	●	×	×	×	×	×
磁性浮子式	○	●	●	×	×	×	×	×
电容式	○	●	●	●	●	●	●	○
射频导纳式	○	●	●	○	○	●	○	○
静压式	○	●	●	×	×	×	×	×
超声波式	○	×	○	●	○	○	○	●
核辐射式	○	×	○	○	○	○	○	×
隔膜式	○	×	●	×	×	×	×	×

2.6 温度检测仪表

温度是表征物体冷热程度的一个物理量,是工业生产过程中最基本的一个物理量。所有的生产过程都是在一定的温度条件下进行的,温度决定一些反应能否进行、反应方向和进程、能量变化等。可以说,温度的检测是保证生产正常且安全运行的重要环节。

2.6.1 温度检测的基本概念

温度的检测范围非常广,从接近绝对零度的低温到几千度的高温,不同应用场景需要不同的测温方法和仪表,常用的温度检测检测仪表如图 2-24 所示。按测量范围分,低于 600 ℃的测温仪表称为温度计,高于 600 ℃的测温仪表称为高温计;按工作原理分为膨胀式温度计、压力式温度计、热电偶温度计、热电阻温度计、辐射高温计五种；按测量方式，可分为接触式和非接触式两类。

（1）接触式测温，测温元件直接与被测介质接触，通过两者之间充分的热交换达到测温目的。特点是简单、可靠、精度高，但测温元件有时可能破坏被测介质的温度场或与被测介质发生化学反应，而且受到耐高温材料的限制，测温上限有界。

（2）非接触式测温，测温元件不与被测介质接触，利用物体辐射能随温度变化的特性测温。特点包括不破坏被测介质的温度场，测温上限原则上不受限制；可测运动体温度，如轧钢过程中钢板表面温度；但容易受被测物体热辐射率及环境因素（物体与仪表间的距离、烟尘和水汽等）的影响。

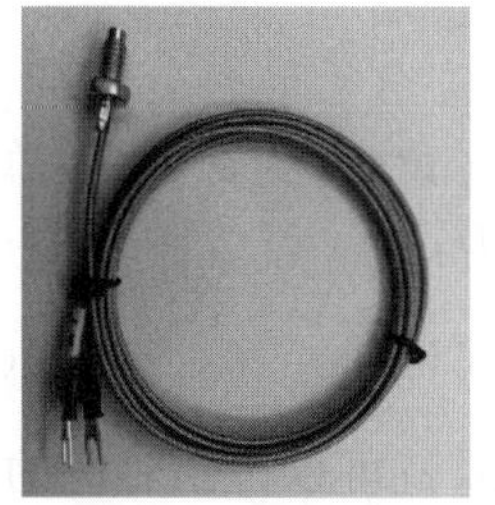

(a) 热电偶传感器

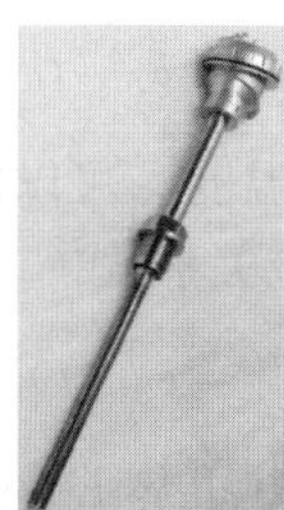

(b) 热电阻传感器

(c) 半导体热敏电阻

(d) 集成式温度传感器

(e) 红外热成像仪

图 2-24　工业上常用的温度检测仪表

2.6.2　热电偶测温

【微信扫码】
观看本节微课

1. 热电偶测温原理

热电偶是以热电效应为基础的测温仪表，测温范围为−50～1 600 ℃，具有稳定性好、结构简单、响应时间快、便于信号远传等特点。热电偶温度计由热电偶、毫伏计和导线组成，基本的测温系统如图 2-25 所示。

热电偶是一种常用的感温元件，通常由两种不同材料的导体 A 和 B 焊接而成，焊接的一端与被测介质接触感受被测问题，称为工作端，另一端与导线连接，称为自由端。将工作端加热，使其温度 t 高于自由端温度 t_0，在闭合回路中会产生热电势，毫伏计的指针会发生偏转，这种现象叫作热电效应。

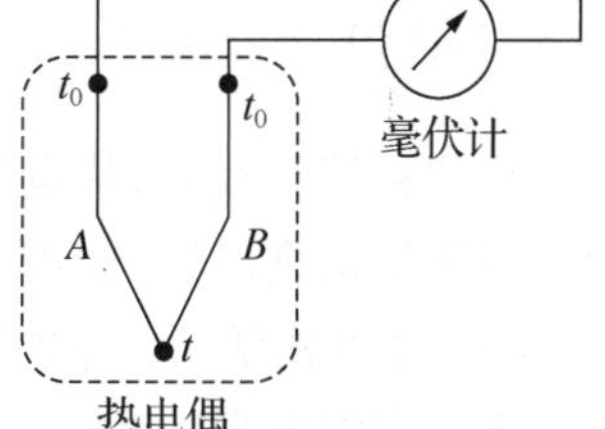

图 2-25　热电偶温度测量示意图

思考

热电势产生的条件是什么?

答:(1) 热电偶由两种不同材料的导体组成。(2) 两个接触点的温度不同。

热电偶闭合回路的热电势分为接触热电势和温差热电势。接触热电势是由于接触点自由电子扩散形成,工作端和自由端的接触电势分别记作 $e_{AB}(t)$ 和 $e_{AB}(t_0)$ 。温差电势是由于温度不同引起电子扩散而形成,导体 A 和 B 的温差电势分别为 $e_A(t,t_0)$ 和 $e_B(t,t_0)$,温差电势与接触电势比起来相对较小,通常将其忽略。总热电势 $E_{AB}(t,t_0)$ 可表示为:

$$\begin{aligned} E_{AB}(t,t_0) &= e_{AB}(t)+e_B(t,t_0)-e_{AB}(t_0)-e_A(t,t_0) \\ &\approx e_{AB}(t)-e_{AB}(t_0) \end{aligned} \tag{2-22}$$

热电偶的 A、B 材料选定,自由端温度 t_0 可以保持恒定,即 $e_{AB}(t_0)$ 为常数 C,总热电势 $E_{AB}(t,t_0)$ 与工作端温度 t 呈单值对应关系,式(2-22)可改写为:

$$E_{AB}(t,t_0)=e_{AB}(t)-C=f(t) \tag{2-23}$$

热电偶测温的原理就是只要测出热电势 $E_{AB}(t,t_0)$ 的大小,就可以得到对应的被测温度 t 。

2. 补偿导线和冷端处理

由热电偶测温原理可知,通过热电势获取被测温度的前提是冷端温度保持不变,并且国家规定的热电势与温度对应关系表是以 $t_0=0$ 所制定的。因此,实际热电偶测温时需要进行两阶段工作:使用补偿导线将冷端延长到一个温度稳定的地方;考虑将冷端处理为 0 ℃。

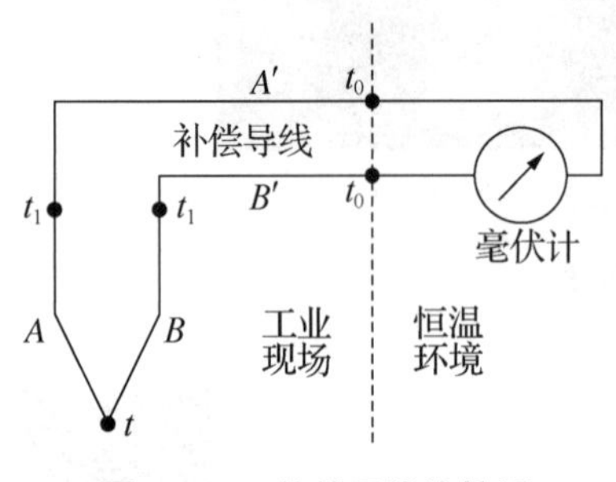

图 2-26　补偿导线连接图

工业应用场景中,热电偶的工作端与自由端离得很近,容易受周围环境温度波动的影响,自由端的温度难以保持恒定。可以将热电偶做的很长,使其远离工作现场进入恒温环境,但热电偶通常是贵金属,这种方案价格过于昂贵。解决思路是采用一种称为“补偿导线”的专用导线,如图 2-26 所示。补偿导线是由两种不同性质的廉价金属如铂铑-铂、镍铬-镍硅、铜-康铜等材料制成,在一定温度范围内(0~100 ℃)与所连接的热电偶具有相同的热电性能。

思考

补偿导线的作用是什么?

答:(1) 将冷端从工业现场迁移到恒温环境。(2) 降低电路成本。

采用补偿导线后,热电偶的工作端延伸到温度稳定的恒温环境中,为了消除冷端温度不为零对测量精度的影响,需要进行冷端处理。常用的方法有以下几种:

(1) 冰点槽法:将热电偶冷端插入盛有绝缘油的试管中,然后放入装有冰水混合物的容器中将冷端温度保持为 0 ℃,该方法多用于实验室中。

(2) 补偿电桥法：其原理是利用不平衡电桥产生的电势，来补偿热电偶自由端温度变化而引起的热电势变化。

(3) 计算修正法：思路是只要冷端温度已知，并测得热电偶回路中的热电势，可通过查阅分度表的方法计算出实际被测温度。

思考

工程问题中出现误差的解决思路?

答：(1) 从根源入手去解决。(2) 搭建硬件系统实现补偿。(3) 通过数据后处理进行修正。

2.6.3　集成式温度传感器

集成式温度传感器是利用 PN 结的伏安特性与温度之间的关系研制的一种固态传感器。具有体积小、反应快、测温精度高、稳定性好、价格低等特点，根据输出信号的不同分为电压型和电流型两种。

AD590 是常用的电流型集成式温度传感器，测温电路如图 2-27 所示。供电电压为直流 4～30 V，测温范围为 −55～+150 ℃，不需要补偿导线就可进行 100 m 的长距离传输。工作原理是将被测温度转换为电流信号，然后通过精密电阻将其转换成相应的电压信号，再进行 A/D 采样或显示。

例 2-5　使用 AD590 进行温度测量，温度系数 $k=1\ \mu A/K$，R_1 为可调电阻，$R_2=950\ \Omega$，调整 R_1 使得 $R_1+R_2=1\,000\ \Omega$，U_0 为输出电压。试问：(1) 50 ℃的时候输出电压为多少？(2) 当测得输出电压为 0.4 V 时，对应的实际温度是多少？

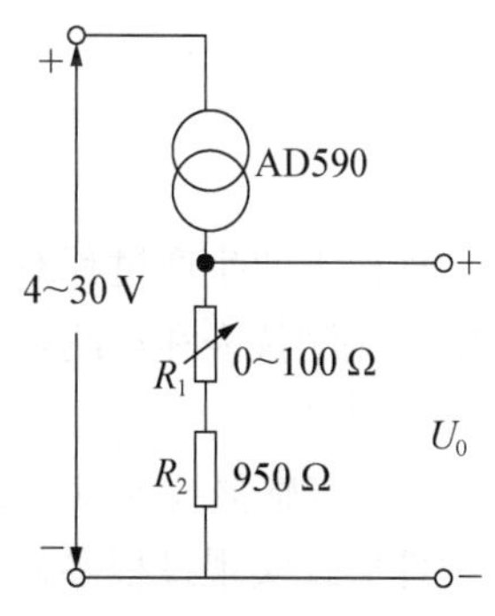

图 2-27　AD590 测温电路

答：(1) 将摄氏温度转变为对应的热力学温度可到 $T=50+273.2=323.2$ K，AD590 将温度转换成电流 $I=T\times k=323.2\ \mu A$，输出电压 $U=I\times(R_1+R_2)=323.2$ mV。

(2) 输出电压 $U_0=0.4$ V，输出电流为 $I=U/R=400\div 1\,000=0.4$ mA，AD590 检测到的热力学温度为 $T=I/k=400$ K，摄氏温度为 $t=400-273.2=126.8$ ℃。

2.6.4　温度检测仪表的选型

选择合适类型和规格的温度检测仪表，主要依据：仪表精度等级应符合工艺参数的误差要求；仪表的测温范围应大于工艺要求实际测温范围，通常最高测量值不大于量程上限值的 90%，正常测量值在量程上限值的一半附近；热电偶测温性能良好，可作为优先考虑的测温元件。但测量低温段时，可选择线性特性更优、且无须冷端处理的热电阻。一般工业用测温仪表的选型可参考图 2-28。

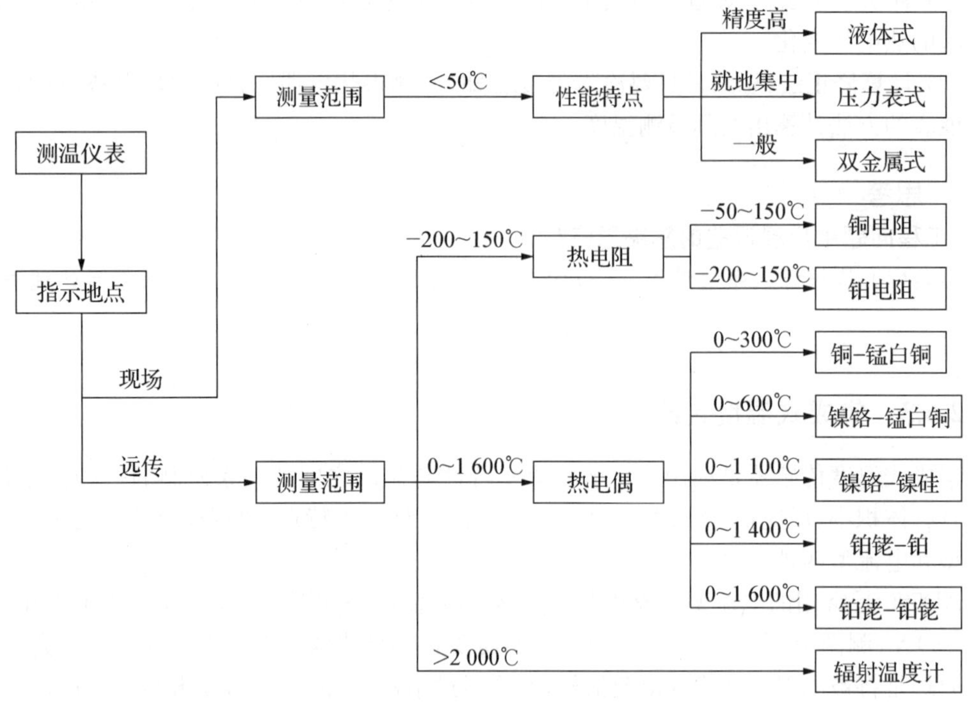

图 2－28　工业测温仪表选型示意图

2.7　生产过程的检测技术发展

现代工业生产过程对计量、控制、节能增效和可靠性等方面的要求不断提升，对过程生产中的检测仪表和检测技术提出了更高的要求。解决工业过程更高的测量要求主要有两条发展途径：

(1) 传感器技术发展：沿袭传统的检测技术发展思路，通过研制新型的过程测量仪表，以硬件形式实现过程参数的直接在线测量。

(2) 软测量技术发展：采用间接测量的思路，利用易于获取的其他测量信息，通过计算来实现被检测量的估计。

2.7.1　传感器技术发展

过程控制领域的传感器技术发展显著特征是新材料、新功能的开发，新加工技术的使用、传感器的微型化、集成化和智能化。

(1) 新型功能材料和新加工技术：新型功能材料包括半导体材料、功能陶瓷敏感材料、高分子有机敏感材料等的研究与开发，新加工技术包括集成技术、薄膜技术、硅微机械加工技术等的广泛应用。

(2) 多维、多功能化的传感器：传感器的测量需求由点到线、由面及体，在某些应用场合，需要用到二维和三维传感器同时对多种参数并行的测量，其中气体传感器是最具典型性的代表。

(3) 智能传感器：微电子技术的迅速发展使得传感器逐渐微型化和集成化，与微处理器的结合，形成了兼具数据检测和信息处理功能的智能传感器。其显著特点是精度高、可靠性和稳定性强、具有自适应性。以 1151 智能式差压变送器为例，其结构如图 2-29 所示，硬件部分主要由传感器模块、A/D 转换器、CPU、WDT 监控电路、HART 通信模块和 D/A 转换器组成；软件部分分为测控程序和通信程序两部分。将测得的工业现场差压信号转换为具备现场总线通信能力的 HART 信号。

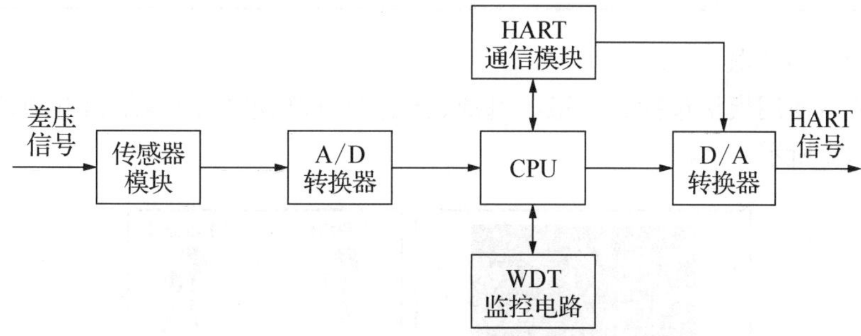

图 2-29　1151 智能式差压变送器构成框图

2.7.2　软测量技术发展

软测量(Soft-sensing)技术的发展，基本思路是基于过程变量之间的关联性，根据容易测量的过程变量(称为辅助变量)，估计与推算出难以测量或无法测量的过程变量(称为主导变量)，通过需要建立辅助变量和主导变量之间的数学模型。例如工业过程中常用容易获取的压力、温度等辅助变量，来求取精馏塔的各种组分、浓度等主导变量。

软测量技术通常由辅助变量选择、数据采集处理、数学模型建立和在线校正四个主要环节组成。应用较多的建模方法包括机理建模、回归分析、状态估计、模式识别、人工神经网络和模糊数学模型。

2.8　过程检测仪表实训

2.8.1　检测仪表的调校与测试

1. 实训目的

(1) 了解本实验装置的结构与组成。

(2) 熟悉液位、压力传感器的工作原理。

(3) 掌握检测仪表的零点和量程调整方法。

2. 实训知识点

(1) 实训所用检测仪表的测量物理量与标准电信号的关系如表 2-3 所示，在测量前要通过调教，使得测量值与电信号形成对应的线性关系。例如 0～20 cm 水位对应 4～20 mA 电流，则 10 cm 水位应当对应 12 mA 电流。

(2) 对检测仪表进行测试，通过数据处理计算仪表的线性度、变差等固有特性。

表 2-3 物理量与电信号对应关系

物理量	测量范围	电流信号	电压信号
液位	0～20 cm	4～20 mA	1～5 V
流量	0～2 kPa		
温度	0～75 ml/s		
压力	0～100 ℃		

3. 实训模块与连接

该实训项目使用模块包括直流稳压电源、智能调节仪、液位传感器和电动调节阀，模块接线如图 2-30 所示。

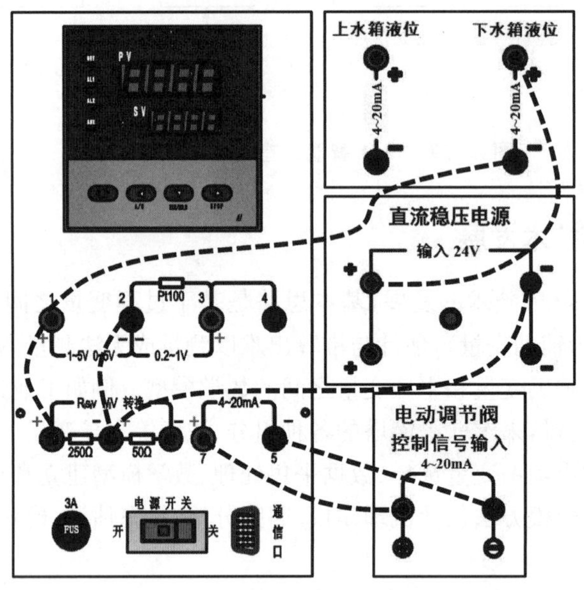

图 2-30 检测仪表的调校与测试模块接线图

4. 实训内容与步骤

(1) 完成接线，打开电源。

(2) 进行零点与增益调节。对象系统左边支架上有两只外表为蓝色的压力变送器，当拧开其右边的盖子时，它里面有两个电位器，左边是调零电位器，右边是增益电位器。

a. 首先在水箱没水时调节零位电位器，使其输出显示数值为零。

b. 打开阀门，启动变频器及磁力泵给水箱打水，使液面上升至 20cm 高度后停止打水。

c. 看各自表头显示数值是否与实际水箱液位高度相同，如果不相同则要调节增益电位器使其输出大小与实际水箱液位的高度相同。

d. 按上述方法对压力变送器进行零点和增益的调节，如果一次不够可以多调节几次，直至零位和满量程时实际液位与显示仪表数值吻合。

(3) 传感器性能测试：

a. 控制水箱出口阀门，间隔 4 cm 记录一个数据，从大到小依次在 20 cm、16 cm、12 cm、

8 cm、4 cm、0 cm 测出输出信号大小，并列表记录。

b. 控制水箱出口阀门，间隔 4 cm 记录一个数据，从小到大依次在 0 cm、4 cm、8 cm、12 cm、16 cm、20 cm、测出输出信号大小，并列表记录。

5. 实训总结与思考

(1) 绘制压力变送器上行程和下行程的特性曲线(可以手绘或借助 Excel、MATLAB 等软件绘制)。

(2) 计算压力变送器的变差和非线性误差。

(3) 谈谈实验的心得和体会。

本章知识点

(1) 检测仪表的组成、分类和标准信号。

(2) 各种测量误差的计算和仪表精度等级选择。

(3) 防爆技术和安全栅。

(4) 四种主要参量的概念、测量仪表的分类、选型和安装。

(5) 弹性式压力检测和智能压力变送器。

(6) 热电阻测温和集成式温度传感器。

(7) 四个代表型测量仪表的专题介绍(应变片式压力检测、浮子式流量检测、差压式液位计的零点迁移问题、热电偶测温)

(8) 现代传感器技术和软测量技术的发展。

本章练习

1. 如果有一台差压式液位计，其测量范围为 0～20 m，经校验得出下列数据：

被校表读数/m	0	4	8	12	16	20
标准表正行程读数/m	0	3.98	7.96	11.94	15.97	19.99
标准表反行程读数/m	0	4.03	8.03	12.05	16.03	20.08

(1) 求出该液位计的变差和非线性误差。

(2) 求出该液位计的精度等级。

2. 如果某反应器最大压力 $P_{max}=0.75$ MPa，允许最大绝对误差 $\Delta_m=0.02$ MPa 。现用一台测量范围为 0 ～ 1.4 MPa，精度为 1.5 级的压力表来进行测量，试问能否符合工艺上的误差要求？请说明理由。

3. 某温度控制系统，最高测量温度为 500 ℃，要求绝对误差不超过±8 ℃。

(1) 两台 1.0 级的温度检测仪表，仪表 A 量程为 0～1 000 ℃，仪表 B 量程为 0～800 ℃的，试问应该选择哪台仪表更合适？

(2) 如果两台温度检测仪表量程均为 0～800 ℃，仪表 A 精度等级为 1.5 级，仪表 B 精度等级为 1.0 级，试问应该选择哪台仪表更合适？

4. 需要一台压力检测仪表测量缓冲器的压力，压力工作范围为 1.0～1.5 MPa，工艺要求测量结果的误差不大于罐内压力的±4%。试选择压力表的量程和精度。可供选择的压力表测量范围为 0～1.6 MPa，0～2.5 MPa，0～4.0 MPa。

5. 一台 DDZ-Ⅲ型两线制差压变送器，已知其量程为 10～150 kPa。

(1) 该差压变送器输出为哪一种标准信号？画出输入与输出的信号对应关系。

(2) 当输入压力信号为 55 kPa 时，变送器的输出信号为多少？

(3) 若变送器存在零点迁移问题，画出迁移量分别为 10 kPa 和－10 kPa 时输入和输出的对应关系。

6. 某液位测量系统如图 2－31 所示，采用双法兰差压变送器测量介质的液位。已知介质液位的变化范围 0～1.2 m，介质密度 ρ_1＝1 000 kg/m^3，两隔离罐的高度 h_1＝0.4 m，h_2＝1.8 m，变送器毛细管中填充的硅油密度为 ρ_2＝950 kg/m^3。

(1) 无迁移情况下，压力测量范围是多少？

(2) 存在负迁移的情况下，计算迁移量。

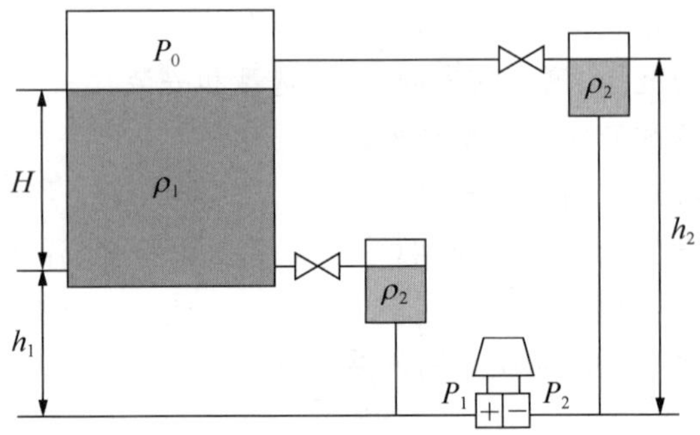

图 2－31　液位测量系统

7. 如图 2－32 所示使用电流集成式温度传感器 AD590 进行温度测量，温度系数为 0.5 μA/K，初始令 R_1＝50 Ω[热力学温度(K)＝摄氏温度(℃) ＋ 273.2]。

(1) 当被测温度为 36.5 ℃时，输出电流和电压分别是多少？

(2) 调节 R_1＝60 Ω，输出电压为 303 mV 时，对应被测温度是多少摄氏度？

(3) 假如被测温度为 46.8 ℃，输出电压为 315 mV 时，此时电位器 R_1 是多少？

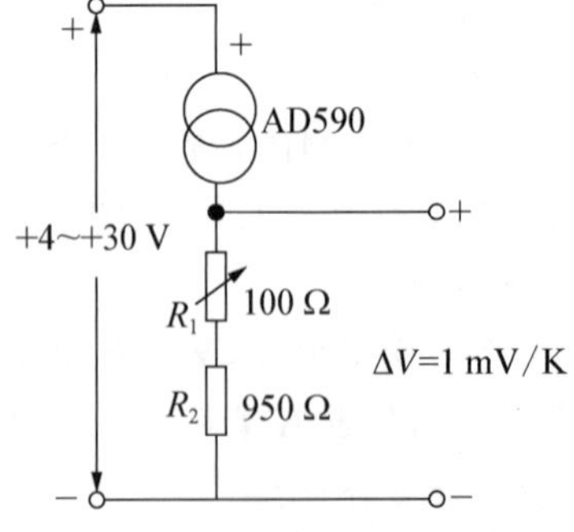

图 2－32　基于 AD590 的温度测量电路

第 3 章

过程控制器

在过程控制系统中，控制仪表用于接收工业现场信息并进行运算和判断送出控制指令，是整个系统的指挥中枢。本章首先介绍常用的控制仪表，接着介绍了开关控制和 PID 控制规律，对控制算法及工程应用中的问题进行了讨论。

3.1　过程控制器概述

如图 3－1 所示过程控制系统中，控制器将被控变量的测量值与给定值进行比较，依据偏差值的大小和方向，按照一定的控制规律进行运算，得到控制信号送往执行器，以实现生产过程被控变量的自动调节。引起偏差的主要因素包括：生产过程中发生的各种干扰；设定值的变化。

从本质上说，控制器是硬件和软件的结合体。过程控制中的常用控制器包括模拟式的基地式控制仪表、单元组合式控制单元，数字式的可编程控制器和可编程逻辑控制器(PLC)，网络化的集散控制系统(DCS)和现场总线控制系统(FCS)。驱动控制器实现功能的内核是各种过程控制策略，即控制信号随着偏差值的变化规律 $p=f(e)$，主要包括开关控制、PID 控制以及各种先进控制策略。

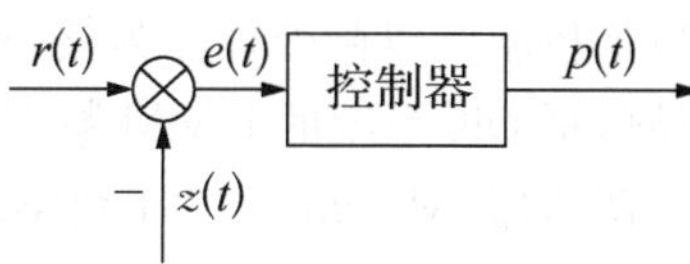

图 3－1　控制器的输入与输出

3.2　过程控制仪表

3.2.1　模拟控制器

模拟式控制器用模拟电路实现，先后经历了电子管、晶体管和集成电路三个阶段，目前应用较多的是电动单元组合Ⅲ型控制仪表，简称 DDZ-Ⅲ型控制仪表。

DDZ-Ⅲ型 PID 控制器的结构如图 3－2 所示，主要由指示单元和控制单元组成。指示单元包括输入信号指示、输出信号指示和给定信号指示。控制单元包括输入电路、PD 电路、PI 电路、软手动和硬手动电路、输出电路。控制器的给定信号包括外给定和内给定，由开关 S 进行选定，其中内给定是 1～5 V DC 标准电压信号，外给定则是 4～20 mA DC 标准电流信号通过 250 Ω 的精密电阻转换成标准电压信号。控制器由联动开关进行自动、软手动和硬手动三种工作状态的切换。

控制器接收变送器送来的 1～5 V DC 测量信号 V_i，与给定电压信号通过输入电路比较得到偏差信号 V_{01}，先后通过 PD 电路和 PI 电路进行 PID 运算，通过输出电路转换为 4～20 mA DC 控制信号 I_0，送给执行器对被控变量进行控制。

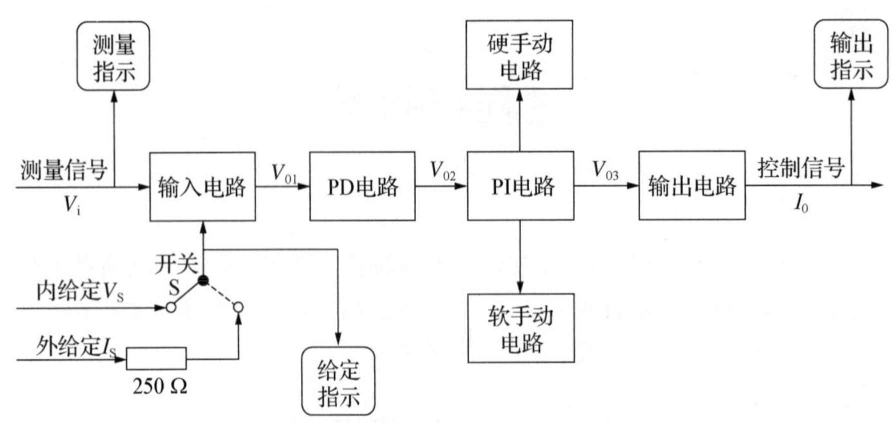

图 3-2　DDZ-III 型控制仪表的结构图

随着工业生产的发展与控制要求的提高，模拟控制器表现出其局限性：功能单一，灵活性差；仪表分散，难以统一监视；接线过多，系统维护困难。

3.2.2　数字控制器

随着计算机技术与网络通信技术的发展，数字式控制器也得到了迅速发展及广泛应用。数字控制器以微处理器为核心，由系统管理程序和用户应用程序构成软件部分。主要的产品包括 DK 系统的 KMM 数字调节器、YS-80 系列的 SLPC 数字调节器、FC 系统的 PMK 数字调节器、Micro760/761 数字调节器。

数字控制器的基本硬件电路由主机电路、过程输入通道、过程输出通道、人机交互界面(HMI)和通信接口模块等部分组成，构成框图如图 3-3 所示。

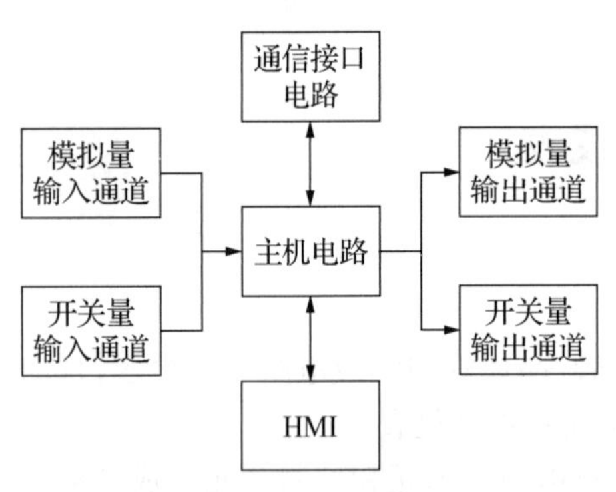

图 3-3　数字式控制器的结构框图

(1) 主机电路：主机电路用于实现仪表数据运算处理和各部分之间的管理，主要包括微处理器(CPU)、计数/定时器、输入/输出(I/O)接口、存储器。

(2) 过程输入通道：包括模拟量输入通道和开关量输入通道两部分。模拟量输入通道将采集到的温度、流量、液位、压力等模拟量输入信号转换为 CPU 能接受的数字量，包括多路模拟开关、采样/保持器和 A/D 转换器。开关量输入通道将各种按钮开关、接近开关、料位开关和继电器触点的通断、逻辑部件的高低电平通过输入缓冲器，转换成 CPU 能识别的数字信号。

(3) 过程输出通道：包括模拟量输出通道和开关量输出通道两部分。模拟量输出通道由 D/A 转换器、多路模拟开关、输出保持电路和 V/I 转换器，作用是将数字信号转换为 1～5 V DC 标准电压或 4～20 mA DC 标准电流信号。开关量输出通道通过锁存器输出开关量，控制继电器触点和无触点开关的接通和释放，也可以输出脉冲量驱动步进电机的运转。

（4）HMI：主要包括各类显示器、状态显示灯、手动操作装置，通过位于控制器的正面和侧面。

（5）通信接口模块：主要包括通信接口、接收和发射电路等。主要作用是将发送的数据转换成标准通信格式的数字信号，由发送电路送到外部通信线路；同时通过接收电路收到外部通信线路的数字信号，转换成 CPU 能够解读的数据。

数字控制器的软件部分包括系统管理程序和用户应用程序。系统管理程序是控制器软件的核心，主要任务是监控硬件电路的正常工作和形成功能模块完成用户规定功能。用户应用程序是根据控制要求，采用面向过程语言（POL）编制程序，在可编程控制器中也可称为组态，即完成功能模块的连接构成用户所需的控制系统。

3.2.3　可编程逻辑控制器

【微信扫码】
观看本节微课

可编程逻辑控制器（PLC）最早用于替代复杂的继电器逻辑，具备功能齐全、可靠性强、使用方便的特点。随着计算机和微电子技术的发展，PLC 已逐步形成一个集逻辑控制、调节控制、网络通信和图形监控于一体的综合自动化系统。

随着在石油、化工、电力、钢铁、机械等行业的广泛应用，PLC 已经发展成为工业控制领域一个重要产业。目前，配备 PID 模块的 PLC 已大量应用于连续生产过程，实现一个或多个工艺参数的单回路闭环控制和各种复杂控制。下面以 PLC 在多液体混合加热过程和啤酒发酵过程的应用案例，来说明 PLC 对连续生产过程的控制。

例 3-1　多液体混合加热过程如图 3-4 所示，三种液体 A、B 和 C 的注入分别由电磁阀 V_1、V_2 和 V_3 控制，混合搅拌后的液体流出由电磁阀 V_4 控制，M 为搅拌电机，TT 为温度传感器、H 为加热器。L_1T、L_2T 和 L_3T 为安装在从高到低三个液位测量点的开关式液位传感器，当液位高于某个测量点时，对应的传感器由断开状态转为接通状态。控制要求如下：

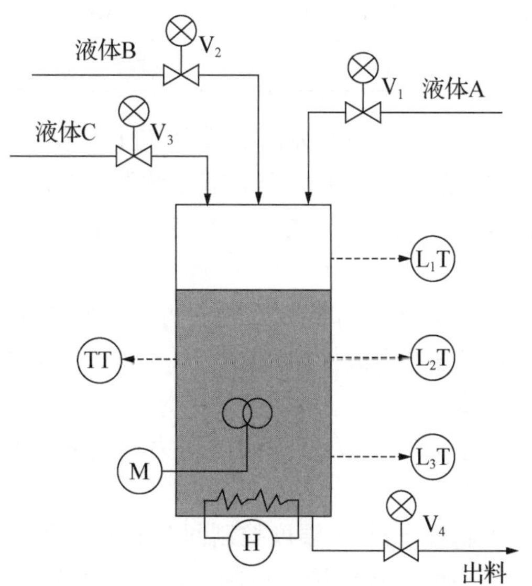

图 3-4　多液体混合过程控制系统

(1) 初始状态混合装置是空的,电磁阀 V_1、V_2、V_3 和 V_4 都关闭,开关式液位传感器 L_1T、L_2T 和 L_3T 均处于断开状态,加热器 H 和搅拌电机 M 均未启动。

(2) 按下启动按钮后,依次进行以下操作。

a. 打开电磁阀 V_1、V_2,当液面到达 L_2 时,液位传感器 L_2T 接通,此时关闭电磁阀 V_1、V_2,打开电磁阀 V_3。

b. 当液面到达 L_1 时,液位传感器 L_1T 接通,关闭电磁阀 V_3,启动搅拌电机 M。

c. 经 10 s 搅拌后,关闭搅拌电机 M,接通加热器 H。

d. 当温度传感器 TT 测出当前温度达到给定值,停止加热,打开电磁阀 V_4,放出搅拌均匀的混合液体。

e. 当液面低于 L_3 时,液位传感器 L_3T 由接通变为断开,延时 5 s 排空容器,关闭电磁阀 V_4,进入下一个循环。

(3) 按下停止按钮,无论处于什么状态,系统立即停止工作。

根据上述控制要求,系统有 5 个输入开关量,分别是启动按钮、停止按钮、三个液位开关传感器 L_1T、L_2T 和 L_3T;1 个输入模拟量,连接温度传感器 TT;有 6 个输出开关量,分别是加热器 H、搅拌电机 M、四个电磁阀 V_1、V_2、V_3和 V_4。如果选用西门子 S7 系列的 PLC,输入和输出 I/O 分配如表 3－1 所示。

表 3－1　多液体混合过程的 PLC 控制 I/O 分配表

输入信号		输出信号	
名称	地址	名称	地址
启动按钮 SB_0	I0.0	电磁阀 V_1	Q0.0
停止按钮 SB_1	I0.1	电磁阀 V_2	Q0.1
液体传感器 L_1T	I0.2	电磁阀 V_3	Q0.2
液位传感器 L_2T	I0.3	电磁阀 V_4	Q0.3
液位传感器 L_3T	I0.4	加热器 H	Q0.4
温度传感器 TT	AIW0	搅拌电机 M	Q0.5

例 3－2　啤酒酿造工艺总分为糖化、发酵和灌装三个主要过程,糖化作用是把原料转化成啤酒的发酵原液麦汁,发酵过程出来的产品就是啤酒,经杀菌、灌装后称为成品啤酒。发酵过程的控制流程如图 3－5 所示,PLC 要对一个冷却器和 8 只相同的发酵罐进行过程控制,具体要求如下:

(1) 糖化后的麦汁经过冷却器,冷却到 8 ℃左右再进入发酵罐。

(2) 每只发酵罐的酒液温度要多段控制(通常 2～5 段),本例要求改变冷却夹套的冷媒流量调节上段温度和下端温度。

(3) 为了保证生产过程的安全,每只发酵罐的压力通过灌顶 CO_2 的排出来调节,采用开关控制。

根据上述功能需求和控制规模,每个温度控制回路需要 1 个温度变送器和 1 个调节阀,占用 1 个 AI 通道和 1 个 AO 通道;每个压力控制回路需要 1 个压力变送器和 1 个电磁阀,占用 1 个 AI 通道和 1 个 DO 通道。现场仪表需要数量为:17 个温度变送器、8 个压力变送

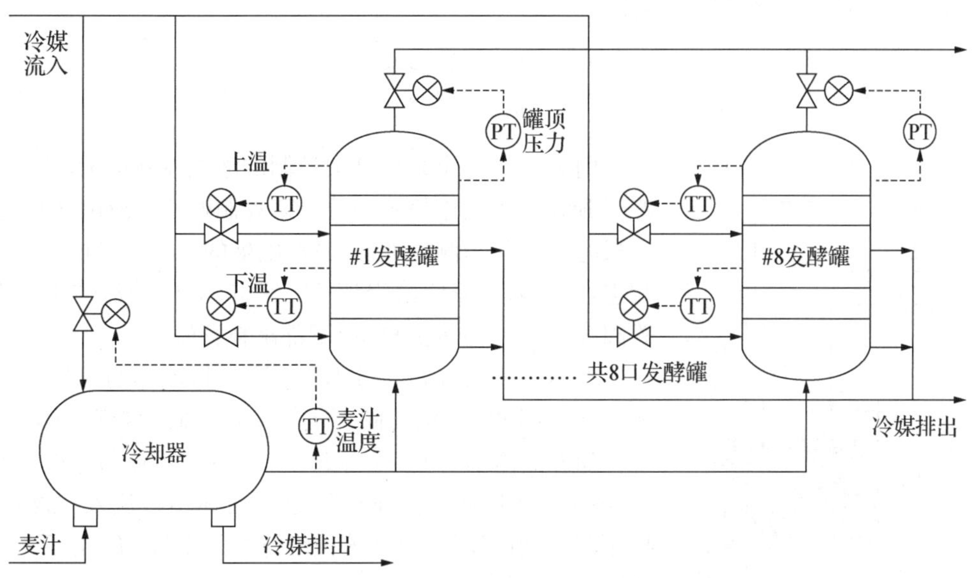

图 3－5 啤酒发酵过程控制流程图

器、17 个调节阀、8 个电磁阀。PLC 的 I/O 端口数量要求是：温度变送器和压力变送器共 25 个 AI 通道，调节阀共 17 个 AO 通道，电磁阀共 8 个 DO 通道。选用西门子的 S7-300 PLC，I/O 配置如表 3－2 所示。

表 3－2 啤酒发酵过程 PLC 控制的 I/O 配置

现场仪表及信号			模块选择	
名称	数量	信号类型	模块	数量
压力传感器	8	AI	SM331 8 通道	4
温度传感器	17	AI		
调节阀	17	AO	SM332 4 通道	5
电磁阀	8	DO	SM332 16 通道	1

3.3 基本控制规律

3.3.1 开关控制

【微信扫码】
观看本节微课

开关控制是指过程控制中涉及的一些开关量如启停、联锁、切换等控制，理想开关控制特性如图 3－6 所示，控制器只有两个输出值，故又称作双位控制。

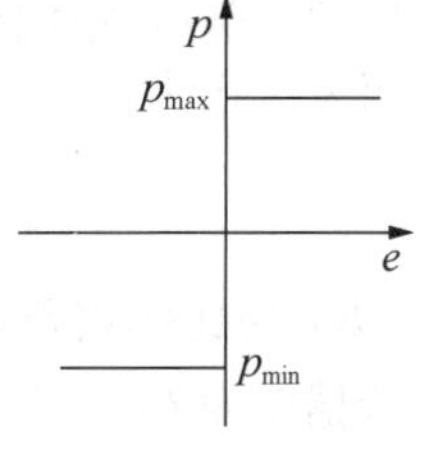

图 3－6 理想开关控制特性

开关控制的动作规律为测量值 z 大于给定值 r 时，偏差 e 大于零，控制器输出 p 为最大；而测量值 z 小于给定值 r 时，偏差 e 小于零，控制器输出 p 为最小。开关控制的输出控制信号

p 与输入偏差信号 e 之间数学描述为：

$$p=\begin{cases}p_{\max} & e>0\\ p_{\min} & e<0\end{cases} \tag{3-1}$$

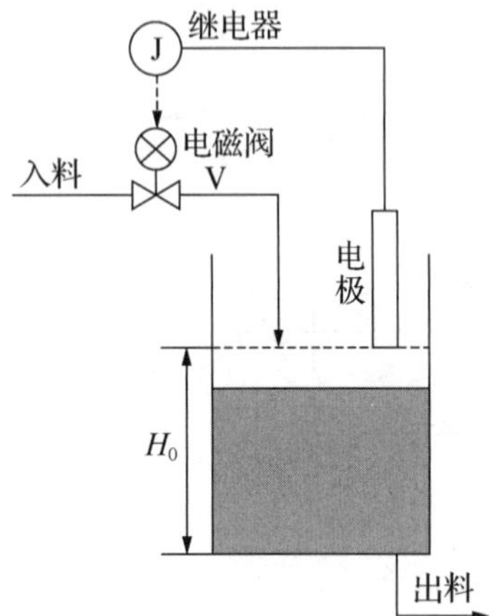

图 3-7　液位开关控制系统

例 3-3　一个采用开关控制的液位控制系统，结构如图 3-7 所示。利用电极式液位计来控制贮槽的液位，槽内装有一根电极 L 作为测量液位装置，电极的一端与继电器 J 线圈相连，另一端与液位给定值 H_0 平齐，导电的流体由装有电磁阀 V 的管线进入贮槽，由下部出料管流出。

设当前液位为 H，当 $H<H_0$ 时，流体与电极 L 未接触，继电器 J 断路，电磁阀 V 打开，流体流入贮槽，液位 H 上升。随着液体不断上升，当 $H>H_0$ 时，流体与电极 L 相接触，继电器 J 接通，电磁阀 V 关闭，流体不再流入贮槽，液位 H 下降。如此反复，可使液位维持在给定值 H_0 上下一个小范围内波动。

在上述案例中开关控制可以保持液位恒定，但调节机构的动作过于频繁，会使运动部件损坏，从而很难保证控制系统安全、可靠地工作。另一方面，实际生产中给定值也总是有一定允许偏差的，只要求被控变量维持在某一定范围内。因此，在实际应用中将一个中间区引入理想开关控制。

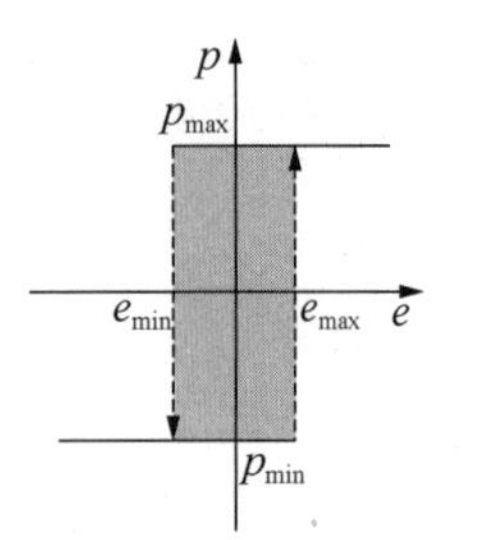

图 3-8　带中间区的开关控制

带中间区的开关控制如图 3-8 所示：随着被控变量测量值的增加，当偏差 $e>e_{\max}$ 时，控制器输出由 $p_{\min}$ 变为 $p_{\max}$，控制机构相应的由关闭转为打开；随着被控变量测量值的减小，当偏差 $e<e_{\min}$ 时，控制器输出由 $p_{\max}$ 变为 $p_{\min}$，控制机构相应的由打开转为关闭；偏差处于中间区，即 $e_{\min}<e<e_{\max}$ 时，控制器输出不变，控制机构也不发生动作。

开关控制器结构简单、成本较低、易于实现，通常采用振幅与周期作为过程控制品质指标，在压缩空气贮罐的压力控制、恒温炉的温度控制等场景得到了普通应用。开关控制本质上是一种断续的控制方式，在控制过程中被控变量不可避免地会产生持续的等幅振荡，无法实现更精准的控制。

3.3.2　比例控制

【微信扫码】
观看本节微课

比例控制规律是控制器的输出信号 p 与输入偏差信号 e 的大小成比例，控制规律表达式为：

$$p=K_{\mathrm{P}}e \tag{3-2}$$

式中：K_{P} 为比例增益，本质上是一个可调的放大倍数。

若偏差为 $t=t_0$ 时刻出现大小为 A 的阶跃干扰，比例控制的阶跃响应特性如图 3-9 所示，可以发现偏差 e 确定的情况下，比例增益 K_{P} 越大，控制器的输出信号 p 也越大。

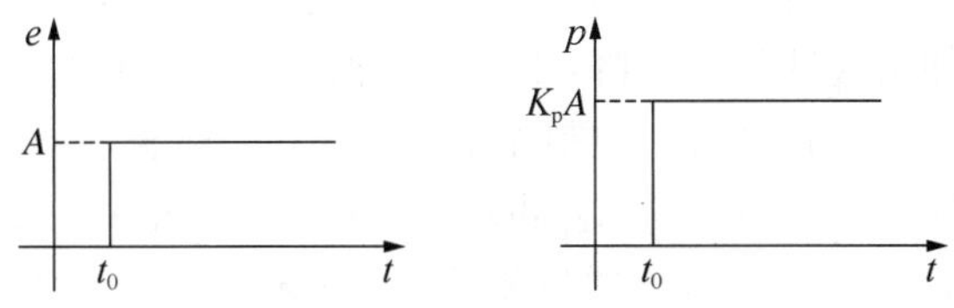

图 3－9　比例控制的阶跃响应特性

在工程上，习惯用比例度 δ 表示比例控制作用的强弱。其定义是控制器输入的变化相对值与相应的输出变化相对值之比的百分数，其表达式为：

$$\delta=\left(\frac{e}{e_{\max}-e_{\min}}\bigg/\frac{p}{p_{\max}-p_{\min}}\right)\times 100\% \tag{3-3}$$

式中：$e_{\max}-e_{\min}$ 表示输入偏差信号的量程，$p_{\max}-p_{\min}$ 表示控制器输出信号的量程。若一台温度控制器的比例度为 50%，说明这台控制器温度变化范围占全量程的一半，控制器的输出就能从最小变为最大，在此区间内偏差 e 和输出信号 p 是成比例的。将式(3－2)代入式(3－3)可得：

$$\delta=\frac{1}{K_{\mathrm{P}}}\times\frac{p_{\max}-p_{\min}}{e_{\max}-e_{\min}}\times 100\% \tag{3-4}$$

对于一个确定的比例控制器，指示值的输入与输出量程是一定的，因此比例度 δ 与比例增益 K_{P} 成反比。即控制器的比例度 δ 越小，比例增益 K_{P} 就越大，比例控制作用越强；反之 δ 越大，K_{P} 就越小，比例控制作用越弱。

例 3－4　一个贮罐的液位过程控制系统，被控变量为贮罐的液位 h，操纵变量为流入量 Q_{i}，干扰变量为流出量 Q_{o}，控制器选择比例控制规律，图 3－10(a)表示干扰作用下控制系统的过渡过程，试分析比例控制如何进行调节。

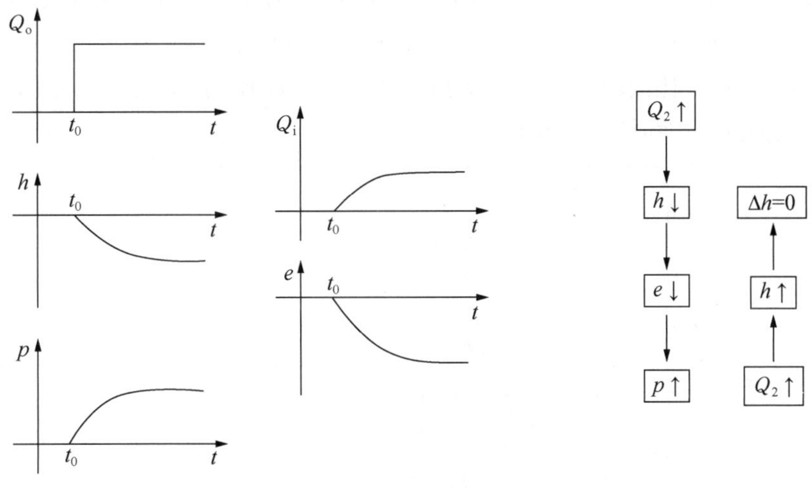

(a) 表示比例控制的过渡过程　　(b) 系统调节过程

图 3－10　贮罐的液位过程控制

答： $t=t_0$ 时，系统出现干扰，系统的静态被打破进入到动态，调节过程如图 3 - 10(b)所示。(1) 流出量 Q_o 增加引起液位 h 下降，工程上依据 $e(t)=z(t)-r(t)$，偏差 e 也下降。(2) 为了保证闭环控制系统的负反馈，控制器呈现反作用。依据 $p=K_P e$，偏差 e 下降，控制信号 p 增加，从而控制阀门使得流入量 Q_i 也增加。(3) 流入量 Q_i 的增加，会使液位下降速度变缓，经过一段时间流入增量与流出增量相等时，系统建立起一个新的平衡，系统由动态回复到静态。需要注意的是，液位新的稳态值将低于给定值，两者之间差值叫作余差。

思考

比例控制规律特点是什么？

答：(1) 依据偏差进行控制，反应快，控制及时。(2) 增大比例增益可减小余差，但无法彻底消除余差，属于有差调节。

为了研究比例增益 K_P 对控制过程的影响，建立如图 3 - 11 所示的仿真模型，控制系统由控制器与广义对象组成，给定值为大小为 1 的阶跃信号，广义对象传递函数为 $G(s)=e^{-10s}/(20s+1)$，控制规律为纯比例控制。后续研究积分参数和微分参数对控制过程的影响，也用相同的仿真模型。

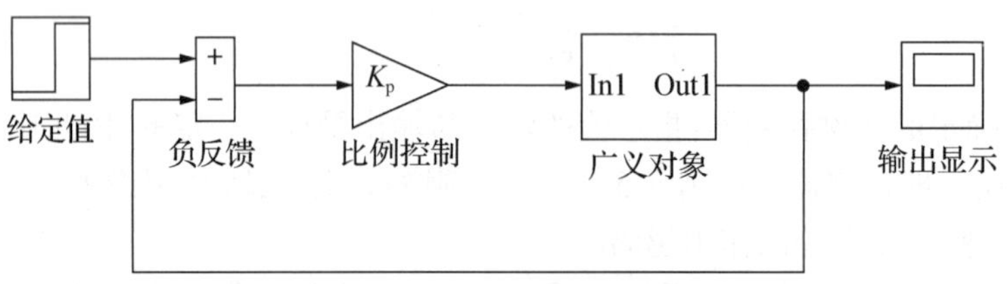

图 3 - 11 比例控制仿真模型

依次让比例增益 $K_P=[0.5,1.0,1.5,2.0,3.0]$，得到不同的过渡过程曲线如图 3 - 12 所示。比例增益较小时 ($K_P=[0.5,1.0]$)，比例度较大，被控变量变化较为缓慢，余差比较大。随着比例增益的增加时 ($K_P=[1.5,2.0]$)，比例度减小，开始出现一些振荡，被控变量变化更为灵敏，余差减小。比例增益进一步减小时 ($K_P=3.0$)，比例度较小，出现了过度控制，产生较为激烈的振荡，过渡时间也增加了。

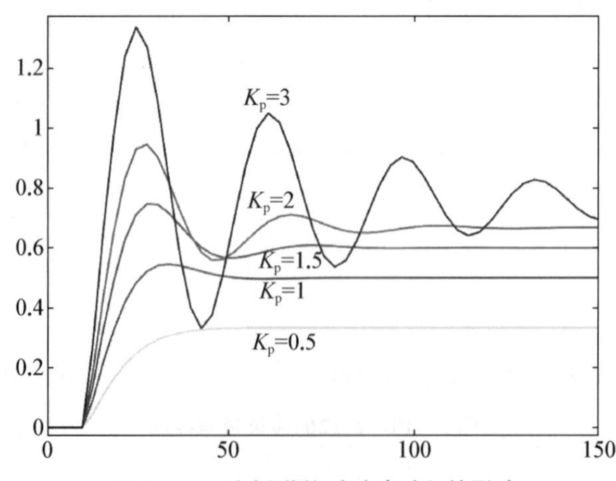

图 3 - 12 比例增益对过渡过程的影响

可以得出结论：比例度越大，过渡过程曲线越平稳，余差较大；比例度越小，过渡过程曲线越振荡，余差较小；比例度过小时，控制作用过强，会出现大幅振荡影响控制效果。系统的余差和过渡过程的平稳性是一对矛盾，需要依据实际工艺要求，选择恰当的比例度达成两者兼顾。

3.3.3　积分控制

【微信扫码】
观看本节微课

积分控制规律是控制器的输出信号 p 与输入偏差信号 e 的积分成比例，控制规律表达式为：

$$p = K_I \int e\, dt = \frac{1}{T_I}\int e\, dt \tag{3-5}$$

式中：K_I 为积分速度，T_I 为积分时间。根据式(3－5)可知，积分控制输出取决于偏差信号的大小、积分控制的参数积分速度(积分时间)、偏差存在时间的长短。

积分控制的阶跃响应特性如图 3－13 所示，偏差 e 不为零，控制器输出 p 会随着时间积累逐渐增加，当偏差 e 为零时，控制器输出 p 停止变化停留在某一值上，因此积分控制可以消除余差。另一方面，控制器输出 p 需要时间的积累才能达成比较大的数值，从控制的角度来看过渡过程会比较缓慢。

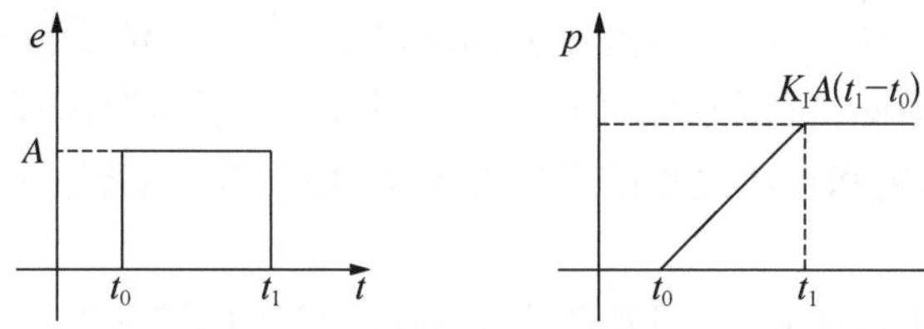

图 3－13　积分控制的阶跃响应特性

思考

积分控制规律特点是什么？

答：(1) 只要偏差不为零，控制器输出会随着时间积累逐渐增加，直至消除余差，属于无差调节。(2) 控制作用不及时，过渡过程比较缓慢，系统的动态品质变差。

研究积分时间 T_I 对控制过程的影响，仿真模型如图 3－14 所示的，控制规律为纯积分控制。

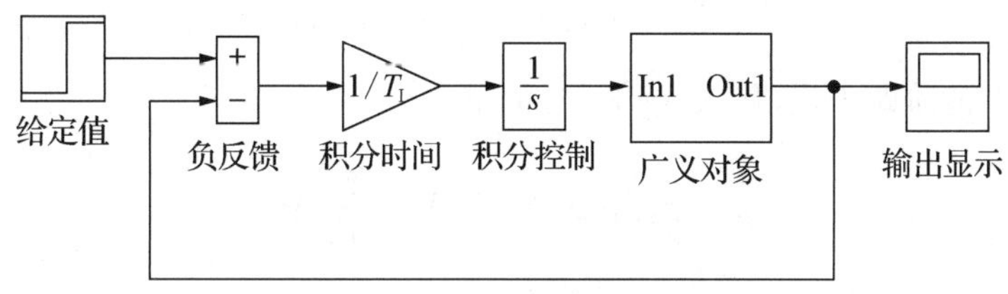

图 3－14　积分控制仿真模型

改变积分时间，依次令 $T_I = [10, 20, 50, 100]$ 得到如图 3－15 所示的不同过渡过程曲线，可见积分控制最终都消除了余差。积分时间较长时（$T_I=[50,100]$），积分速度较小，控制作用弱，过渡过程平稳性好，余差消除慢；积分时间减少时（$T_I=20$），积分速度增大，控制作用加强，过渡过程出现小幅震荡，余差消除速度变快。积分时间较短时（$T_I=10$），积分速度较大，控制作用过强，过渡过程出现大幅震荡，严重影响控制效果。

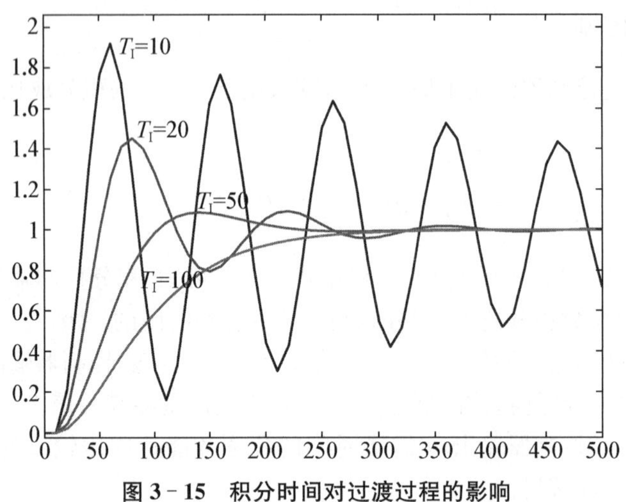

图 3-15　积分时间对过渡过程的影响

可以得出结论：积分时间越长，过渡过程曲线越平稳，余差消除慢；积分时间越短，过渡过程曲线越振荡，余差消除快；积分时间过短时，控制作用过强，会出现大幅振荡甚至发散振荡。系统的余差消除速度和过渡过程的平稳性无法兼顾，需要依据实际工艺需求，选择恰当的积分时间统筹考虑。

积分控制虽然可以消除余差，偏差产生初期，控制作用缺乏时间积累比较弱，调节相对滞后，实质上是牺牲了动态品质换取稳态性能的改善。因此在实际过程控制应用中积分控制不单独使用，而是与比例控制相结合组成比例积分控制。比例积分(PI)控制综合了两种控制规律的优点，比例控制快速应对干扰，积分控制消除余差，控制规律表达式为：

$$p=p_P+p_I=K_P\left(e+\frac{1}{T_I}\int edt\right) \tag{3-6}$$

对应的传递函数为：

$$G_c(s)=\frac{P(s)}{E(s)}=K_P\left(1+\frac{1}{T_I s}\right) \tag{3-7}$$

偏差为幅值为 A 的阶跃干扰，代入式(3-6)可得：

$$p=p_P+p_I=K_P A+\frac{K_P}{T_I}At \tag{3-8}$$

比例积分控制的阶跃响应特性如图 3-16 所示，$t=t_0$ 时刻出现偏差，比例控制立刻发挥作用，控制输出为 $K_P A$，随着时间积累，积分控制逐渐发挥作用，以 $K_P A/T_I$ 速率增加控制输出。

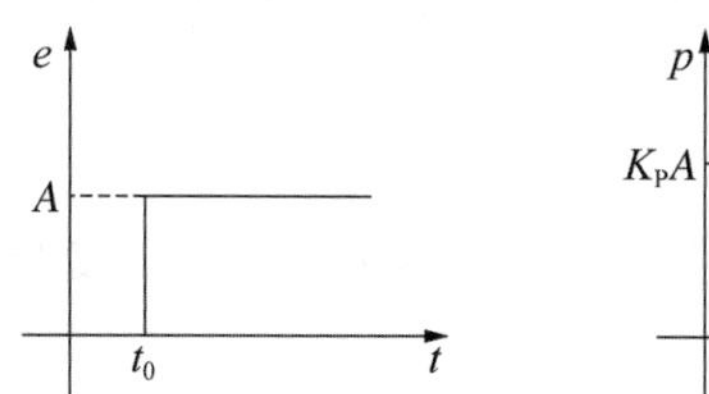

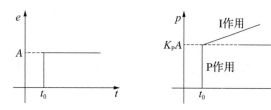

图 3-16　比例积分控制的阶跃响应特性

例 3-5　某过程控制系统使用 PI 控制器，控制器参数 $K_P=1, T_I=1$，输入为如图 3-17(a)所示幅度为 A 的阶跃信号，画出控制器的输出信号。

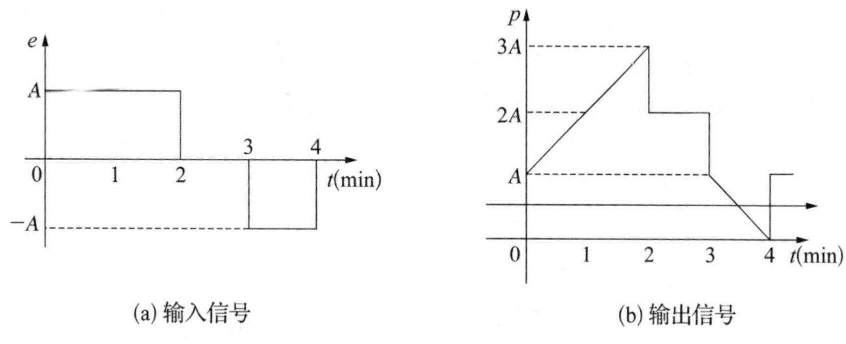

(a) 输入信号　　(b) 输出信号

图 3-17　PI 控制器的输入信号和输出响应

答:将 $K_P=1$，$T_I=1$ 带入式(3-8)，可得 $p=A+At$，注意式中 t 为偏差累计作用时间。计算每一时刻的比例作用和积分作用列出得到表 3-3，阶跃信号存在突然出现与消失，因此对每一时刻的始末分开计算。据此画出控制器输出信号如图 3-17(b)所示，从这个例子中可以发现两种作用的鲜明特点，P 与偏差同步，I 具有累计效果。

表 3-3　PI 控制输出统计

时间(min)		P	I	PI
0	始	0	0	0
	末	A	0	A
1	始	A	A	2A
	末	A	A	2A
2	始	A	2A	3A
	末	0	2A	2A
3	始	0	2A	2A
	末	−A	2A	A
4	始	−A	2A+(−A)	0
	末	0	2A+(−A)	A

比例积分控制适用于大量的工业生产系统，比例控制在偏差出现时，迅速反应加以抑

制，可以看作是粗调；积分作用使控制输出逐渐增加，最终消除稳态误差，可以看作是细调。

3.3.4 微分控制

【微信扫码】
观看本节微课

微分控制规律是控制器的输出信号 p 与输入偏差信号 e 的变化速度成比例，控制规律表达式为：

$$p = T_D \frac{de}{dt} \tag{3-9}$$

式中：T_D 为微分时间，de/dt 为偏差信号的变化速度。

理想微分控制的阶跃响应特性如图 3－18 所示，$t = t_0$ 时刻偏差作用瞬间，控制器输出 p 为无穷大，当 $t > t_0$ 时偏差固定不变，控制器输出 p 为零。微分控制对于当前值很小、但出现快速变化趋势的偏差，能够产生强烈的控制作用。但对于偏差存在但无变化的情况下，无法起到控制作用，这是非常危险的，因此微分控制不能单独使用。

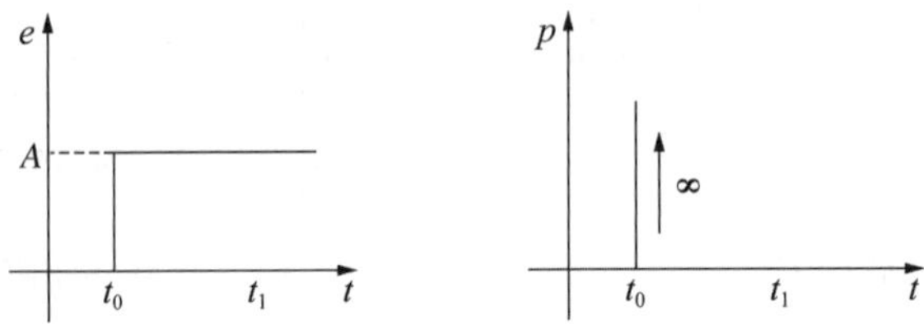

图 3－18 理想微分控制的阶跃响应特性

思考

微分控制规律特点是什么？

答：(1) 力图阻止被控变量的任何变化，产生一种超前的控制，改善动态品质。(2) 输出无法反映偏差大小，对数值很大的静态偏差毫无控制能力。

在微分作用的实际应用中，通常与比例作用相结合形成比例微分控制，其控制规律表达式为：

$$p = p_P + p_D = K_P\left(e + T_D \frac{de}{dt}\right) \tag{3-10}$$

对应的传递函数为：

$$G_c(s) = \frac{P(s)}{E(s)} = K_P(1 + T_D s) \tag{3-11}$$

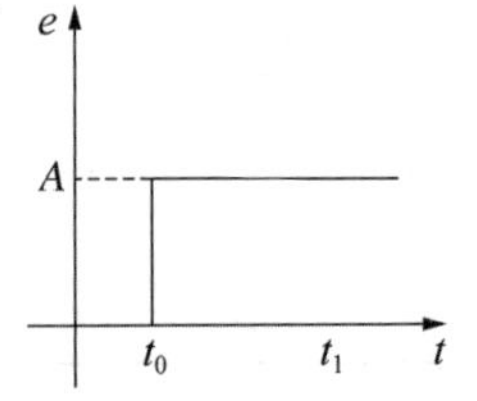

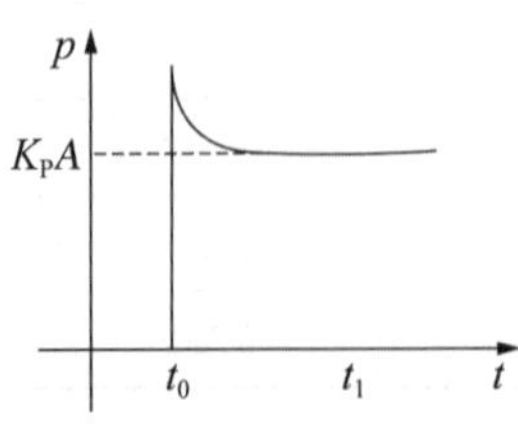

图 3－19 比例微分控制的阶跃响应特性

比例微分控制的阶跃响应特性如图 3－19 所示，在 $t = t_0$ 偏差出现瞬间，微分控制有较大输出，依据变化率进行超前控制，随着时间的推移，微分控制的输出逐渐衰减至零，比例控制呈现主导作用。

建立如图 3－20 所示的仿真模型，研究微分时间 T_D 对控制过程的影响，因为微分控制不能单独作用，控制规律选择为比例微分控制。

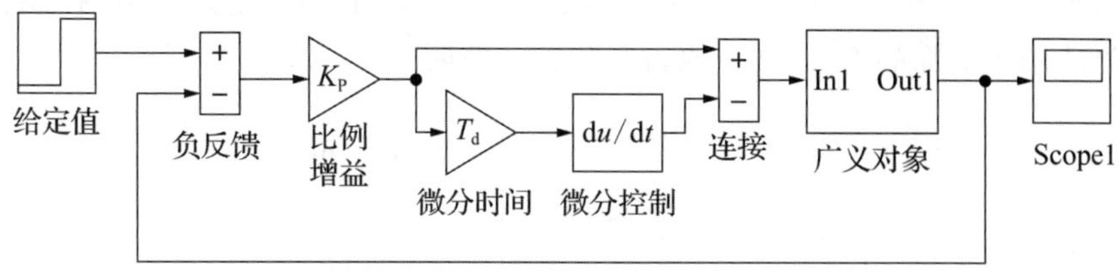

图 3－20　比例微分控制仿真模型

固定比例增益为 $K_P=1.5$，依次令微分时间 $T_I=[0.1,2,5,10]$，得到如图 3－21 所示不同的过渡过程曲线。微分时间较小时（$T_D=[0.1,2]$），控制作用弱，过渡过程较为平稳，系统动态性能得到改善；微分时间较大时（$T_D=5$），控制作用增强，过渡过程出现振荡；微分时间过大时（$T_D=10$），控制作用过大，过渡过程出现强烈振荡，系统稳定性变差。

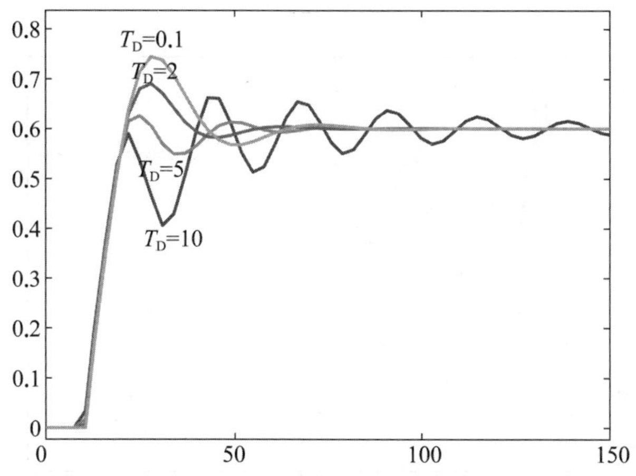

图 3－21　积分时间对过渡过程的影响

比例微分控制适用于滞后较大的被控对象，通过微分作用进行超前的控制，改善系统动态特性，但微分作用对变化的噪声信号也有放大作用，过强的微分作用会导致调节阀开度的两端饱和。因此，比例微分控制总是以比例控制为主，微分作用进行辅助控制。

3.3.5　比例积分微分控制

对于容量滞后较大，符合变化大，又对稳态误差要求高的场合，通常将比例、积分和微分进行组合，构成比例积分微分(PID)控制。其控制规律表达式为：

$$p=p_P+p_I+p_D=K_P\left(e+\frac{1}{T_I}\int e\mathrm{d}t+T_D\frac{\mathrm{d}e}{\mathrm{d}t}\right) \tag{3-12}$$

对应的传递函数为：

$$G_c(s)=\frac{P(s)}{E(s)}=K_P\left(1+\frac{1}{T_Is}+T_Ds\right) \tag{3-13}$$

在阶跃偏差信号作用下，PID 控制的阶跃响应特性如图 3-22 所示。初始阶段，输出跳变到最大值，然后逐渐下降，该阶段比例微分作用占据主导；一段时间后，输出又逐渐上升，是随着时间积累，积分作用不断增加，此阶段比例积分作用占据主导。PID 控制作用中，P 是基础控制；I 用于消除静差；D 用于改善系统动态性能。

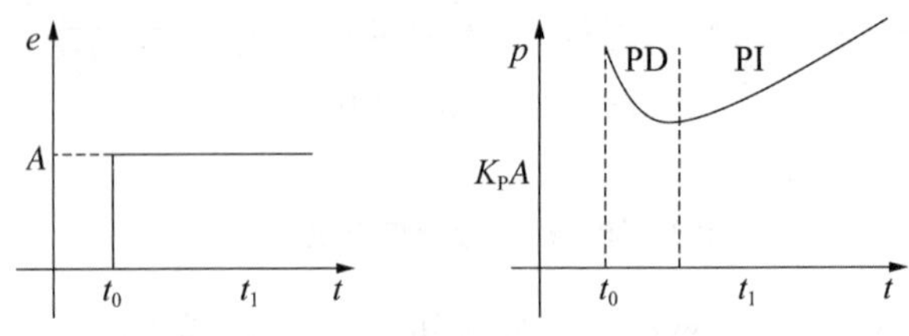

图 3-22　PID 控制的阶跃响应特性

例 3-6　建立 PID 仿真模型，给定值为大小为 1 的阶跃信号，分别采用 I、P、PI、PD、PID 五种控制规律，得到响应曲线如图 3-23 所示。试分析曲线 1～5 分别对应那种控制规律。

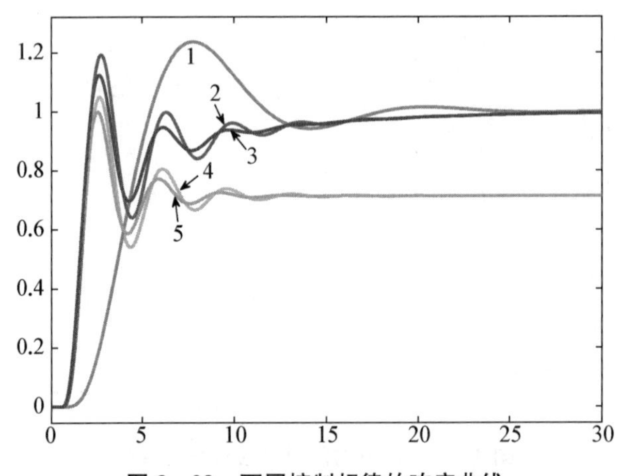

图 3-23　不同控制规律的响应曲线

答：(1) 曲线 1、2、3 稳定在 1 附近，最终消除了余差包含积分控制，对应 I、PI、PID；曲线 4 和 3 未能稳定在 1，没能消除余差，对应 P、PD。

(2) 曲线 5 的动态性能优于曲线 4，包含了微分控制，因此曲线 5 为 PD 控制，曲线 4 是 P 控制。

(3) 曲线 1 控制缓慢不及时，没有包含 P 控制，因此曲线 1 是 I 控制；同样引入微分作用的缘故，曲线 3 的动态性能优于曲线 2，因此曲线 3 为 PID 控制，曲线 2 是 PI 控制。

3.4　控制算法及工程应用问题

在工程实践过程中，一方面生产过程要求更高的控制性能和品质，另一方面经常会遇到诸如积分饱和等实际应用问题。这就要求在 PID 基本控制算法的基础上，根据实际需求进行不断改进。

3.4.1　积分饱和问题

控制器包含了积分控制规律，只要偏差存在输出会不断增加。出于阀门失灵、泵故障等某种原因，偏差无法消除长期存在，控制器输出达到极限不再继续上升或下降，执行机构无相应动作，这种现象称为积分饱和。积分饱和现象常出现在自动启动间歇过程控制系统、串级控制中的主控制回路、选择性控制系统中，造成系统的稳定性、安全性都严重下降。

例 3－7　一个加热器水温控制系统如图 3－24 所示，被控变量 y 为加热器水温，给定值为 r，选用 PI 控制规律以消除余差，控制器输出 p 为气压信号，阀门开度与气压控制信号变化方向一致。

(1) $t_0 \sim t_1$ 之间：初始阶段加热器水温较低，偏差较大，控制器输出逐渐增大。在 t_1 时刻，控制器输出 $p=0.1$ MPa，调节阀全开。

(2) $t_1 \sim t_2$ 之间：水温逐渐接近但还未到达给定值，控制器输出继续增大，在 t_2 时刻达到 $p=0.14$ MPa，进 入饱和状态。

(3) $t_2 \sim t_3$ 之间：偏差逐步变小至 t_3 时刻为零，控制器输出保持 $p=0.14$ MPa，进入深度饱和状态。

(4) $t_3 \sim t_4$ 之间：水温高于给定值，偏差反向，控制器输出开始减小，但 p 仍然大于 0.1 MPa，调节阀处于全开。

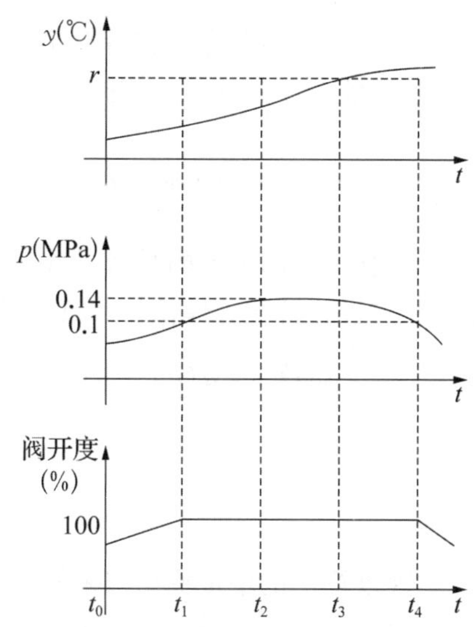

图 3－24　温度控制系统的积分饱和现象

(5) t_4 时刻之后：控制器输出进一步减小，在 p 小于 0.1 MPa 后，阀门开始关小，系统脱离饱和状态，恢复正常工作。

通过上述例子可知，积分饱和现象使得水温大幅超过设定值，偏差反向时，由于大的积分积累值，需要相当一段时间脱离饱和区，此段时间内执行机构仍停留在极限位置不能随着偏差的反向而立即改变，这时系统就像失去控制一样，可能产生较大的超调量，控制品质变坏甚至产生危险。

思考

造成积分饱和现象的原因？

答：(1) 内因是控制器包含积分控制规律。(2) 外因是系统长期存在偏差，控制器输出持续增加或减少，直至极限值。

防止出现积分饱和现象的设计策略是限制积分控制的累积效果，在模拟仪表中，常采用积分分离、偏差限制和局部外反馈等措施应对，在数字仪表中，通过限制累计器输出上限的方法解决。

3.4.2　基本数字式 PID 控制算法

随着计算机控制技术的发展，数字式 PID 算法得到了大量应用。首先，用转换公式对模拟 PID 进行离散化：

$$\begin{cases}\int_0^t e(t)\mathrm{d}t = T_s\sum_{i=0}^{k}e(i)\\ \dfrac{\mathrm{d}e(t)}{\mathrm{d}t}=\dfrac{e(k)-e(k-1)}{T_s}\end{cases} \tag{3-14}$$

式中：T_s 为系统采样周期。模拟 PID 控制算法可近似推导出三种数字控制算法，位置式、增量式和速度式。

位置式 PID 控制算法计算值直接对应执行机构的实际位置，如阀门实际开度。计算量大、需要较大存储空间。控制器在 k 采样时刻的输出为：

$$u(k)=K_P\left(e(k)+\frac{T_S}{T_I}\sum_{i=0}^{k}e(i)+\frac{T_D}{T_S}(e(k)-e(k-1))\right)+u(0) \tag{3-15}$$

工程上应用更多的是增量式 PID 控制算法，其输出可通过步进电机等具有零阶保持器的积累机构，转化为模拟量。其表达式为：

$$\begin{aligned}\Delta u(k)&=u(k)-u(k-1)\\&=K_P\left[e(k)-e(k-1)+\frac{T_S}{T_I}e(k)+\frac{T_D}{T_S}(e(k)-2e(k-1)+e(k-2))\right]\end{aligned} \tag{3-16}$$

速度算法的增量输出与采样周期之比，表达式为：

$$\begin{aligned}v(k)&=\frac{\Delta u(k)}{T_S}\\&=\frac{K_P}{T_S}\left[e(k)-e(k-1)+\frac{T_S}{T_I}e(k)+\frac{T_D}{T_S}(e(k)-2e(k-1)+e(k-2))\right]\end{aligned} \tag{3-17}$$

3.4.3 改进的数字式 PID 控制算法

1. 积分项改进的 PID 控制算法

这类改进算法主要用于克服积分饱和现象，消除积分累积作用的负面影响。主要方法包括积分分离法、积分外反馈法、遇限削弱积分法等。

积分分离 PID 的基本思路是系统偏差较大时，取消积分作用，以免积分累计作用减低系统稳定性，增大超调量，等偏差小于一定值，才引入积分控制，消除系统余差，提高控制精度。积分分离 PID 控制算法表达式为：

$$u(k)=K_P\left(e(k)+\beta\frac{T_S}{T_I}\sum_{i=0}^{k}e(i)+\frac{T_D}{T_S}(e(k)-e(k-1))\right) \tag{3-18}$$

其中 β 为积分分离的开关系数：

$$\beta=\begin{cases}1 & |e(k)|\leqslant\varepsilon\\0 & |e(k)|>\varepsilon\end{cases} \tag{3-19}$$

积分分离阈值 ε 根据被控对象和控制要求确定，ε 过大，达不到积分分离效果；ε 过小，系统无法进入积分区，无法消除余差。

2. 微分项改进的 PID 控制算法

微分项根据偏差变化趋势施加超前作用，从而抑制偏差增长，改善系统的动态性能。但微分作用对高频干扰非常灵敏，容易引起过渡过程的振荡，有必要对微分项进行改进。主要方法包括微分先行法、不完全微分法。

微分先行法只对测量信号进行微分，即微分作用先于比例作用，控制算法表达式为：

$$u(k)=K_P\left(e(k)+\frac{T_S}{T_I}\sum_{i=0}^{k}e(i)-\frac{T_D}{T_S}(e(k)-e(k-1))\right)+u(0) \qquad (3-20)$$

微分先行 PID 控制器的结构如图 3 - 25 所示，在数字控制仪表中多以微分先行的 PID 控制算法为基础。

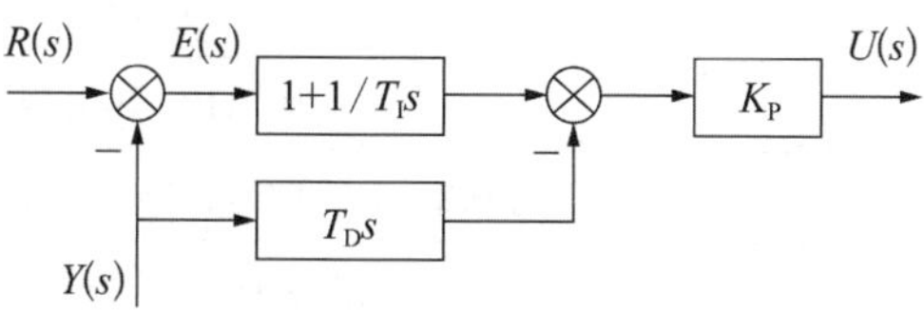

图 3 - 25　微分先行 PID 控制框图

3.5　过程控制仪表实训

3.5.1　过程控制智能调节方式

1. 智能调节仪表

生产过程的智能调节仪控制方式在仪表内集成了各种算法，根据现场情况整定仪表控制算法的各种参数，达到控制效果。同时带通信功能的仪表与上位计算机的软件平台通信。可以组态的生产过程的流程画面和操作界面，整定和设置参数，对生产过程的各种参数进行记录。

实训选用的 AI-818 型数显智能调节仪面板如图 3 - 26 所示，面板上的(1) OUT 表示调节输出指示灯，(2) AL1 和(3) AL2 表示报警指示灯，(4) AUX 表示辅助接口工作指示灯，(5) 为运行参数设置按键，(6) A/M 为数据移位按键兼手动/自动切换开关，(7) 和(8) 为数据增减按键兼程序运行/停止开关，(9) 指示测量值或输出值，(10) SV 表示给定值，(11) PV 表示检测值。

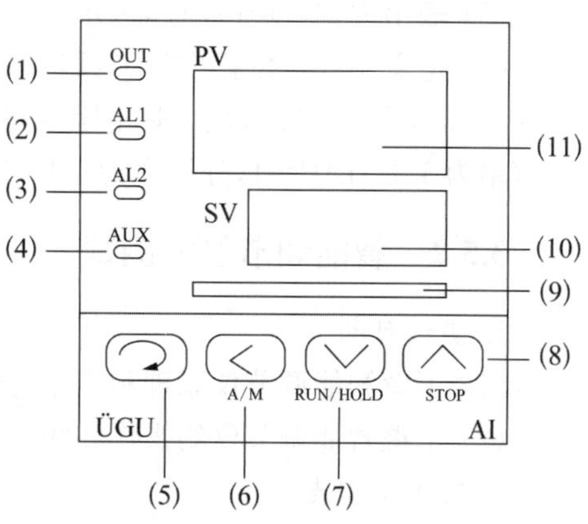

图 3 - 26　AI-818 型数显智能调节仪面板

2. 操作与使用

AI-818 型数显智能调节仪主输入为 1～5 V 电压信号，输出为 4～20 mA 电流信号。主要参数的设置如下：

(1) 控制方式(Ctrl),设置不同数值的含义如表 3－4 所示。

表 3－4　Ctrl 的设定

Ctrl 值	控制方式
0	位式控制
1	采用 AI 人工智能调节/PID 控制
2	启动自整定功能
3	自整定结束

(2) 输入规格(Sn),设置不同数值的含义如表 3－5 所示。

表 3－5　Sn 的设定

Sn 值	输入规格
21	为 Pt100 热电阻输入
32	为 0.2～1 V DC 和 1～5 V DC 电压同时输入
33	仅为 1～5 V DC 电压输入

(3) 仪表量程(DIL/DIH),DIL 为输入下限显示值,通常令 DIL＝0,DIH 为输入上限值,输入为液位信号时,DIH＝50,输入为热电阻或流量信号时,DIH＝100。

(4) 系统功能设置(CF),设置不同数值的含义如表 3－6 所示。

表 3－6　CF 的设定

CF 值	系统功能选择
0	内部给定,反作用调节
1	内部给定,正作用调节
8	外部给定,反作用调节
9	外部给定,正作用调节

(5) 输出方式(OP1),通常 OP1＝4 为 4～20 mA 线性电流输出。

(6) 定义小数点位置(DIP),线性输入时,DIP 表示小数点的位数,例如 DIP＝2,显示格式为 00.00,小数点在百位。热电阻或热电偶输入时,DIP 表示温度显示的分辨率,DIP＝0,分辨率为 1 ℃;DIP＝1,分辨率为 0.1 ℃。

3.5.2　智能调节仪的测试

1. 实训目的

(1) 了解智能调节仪原理和工作特性。

(2) 掌握智能调节仪的操作和测试方法。

2. 实训知识点

智能调节仪接收测量仪表送来的测量信号 PV,将它与给定信号 SV 进行比较并得到偏差信号 e,按 PID 规律进行运算后输出控制信号 u。通过 PID 参数的设置,可以改变控制作用的强弱。

3. 实训模块与连接

该实训项目使用模块包括智能调节仪和直流毫伏表，模块接线如图 3－27 所示。

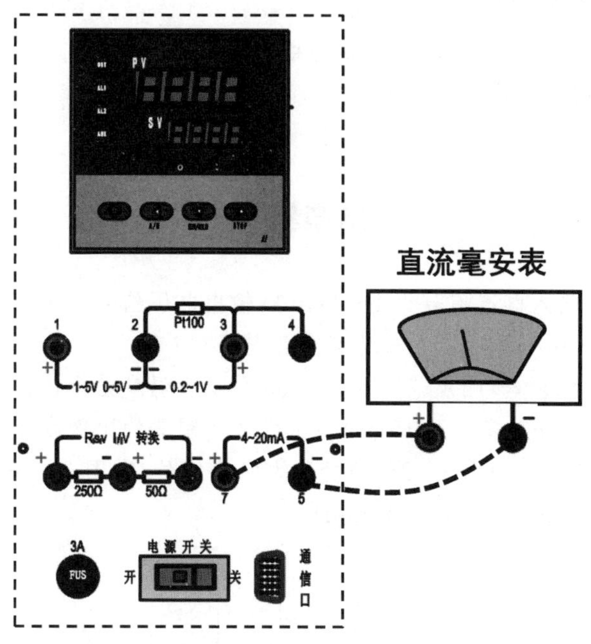

图 3－27　智能调节仪的测试模块连接

4. 实训内容与步骤

(1) 熟悉智能调节仪的型号、外形、面板布置，观察可调部件位置。

(2) 完成接线，设备通电，检查智能调节仪的设置。

a. 观察自动/手动能否切换。

b. 观察调节仪的内/外给定信号是否随信号的变化而变化。

c. 将调节仪改动到手动状态，使输出从 0～100%，观察输出电流是否为 4～20 mA。

(3) 调节仪面板指示仪表的检验。

a. 将一台智能调节仪设置为手动模式，作为输入电压源。令输出信号由小到大依次为 1 V、2 V、3 V、4 V、5 V。

b. 另一台智能调节仪接收输入电压信号，记录对应的 PV 输出信号，并观察 PV 输出信号是否呈线性增长。

5. 实训总结与思考

(1) 记录实验过程中智能调节仪的参数设置，并绘制表格。

(2) 记录仪表检验数据并进行数据分析。

(3) 谈谈实验的心得和体会。

本章知识点

(1) 开关控制的基本控制规律和特点。

(2) 比例P、积分I和微分D控制规律和特点。

(3) 比例度δ、积分时间T_I和微分时间K_D对过渡过程的影响。

(4) PI和PD控制规律和特点。

(5) 积分饱和现象和抗积分饱和方法。

(6) PID的控制规律、控制作用顺序和特点。

(7) 模拟式和数字式PID控制器的构成。

(8) 可编程控制器在过程控制中的应用。

本章练习

1. 某比例控制器输入电流信号为4～20 mA,输出电压信号为1～5 V,当比例度为40%时,输入变化8 mA,所引起的输出变化量是多少?

2. 一台温度比例控制器,测温范围为0～900 ℃。当温度给定值由650 ℃变动到750 ℃时,其输出由10 mA变化到15 mA。试求该控制器的比例度及放大系数。

3. 某个PI控制器输入如图3-28(a)所示的偏差信号,在图3-28(b)中画出控制器的输出响应(其中$K_P=1, T_I=1$ min)。

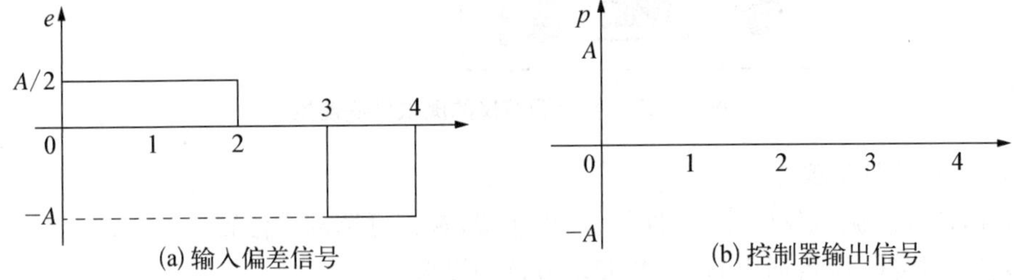

图3-28　PI控制器输入和输出信号

4. 某台控制器的比例度为40%,积分时间为0.8,微分时间为1.5,微分增益为8,控制器输出值为8 mA。输入的阶跃信号增加0.4 mA,试写出此时控制器的输出表达式,并计算10 s时,控制器的输出信号。

第 4 章

过程执行器

执行器是工业生产过程实现自动控制的最终环节，控制系统的多项性能指标往往与执行器的性能和选型密切相关。本章介绍了气动调节阀、电动调节阀和变频器的基本概念及工程中的应用。

4.1 执行器基本概念

执行器接收控制器输出控制信号，转换成位移或速度，用于控制流入或流出的物料或能量，达到调节被控变量的目的。如图 4 - 1 所示，执行器的输入变量位控制信号，输出变量为操纵变量。执行器安装在生产现场，直接与介质接触。通常在高温、高压、强腐蚀、易燃易爆、剧毒等场合下工作，其结构材料和性能直接影响过程控制系统的安全性和可靠性。

图 4 - 1 执行器的输入与输出关系

过程控制领域使用最多的执行器是调节阀，多用于管道流体的控制系统中，通常由执行机构和控制机构两部分构成。执行机构是调节阀的推动装置，按控制信号的大小产生相应的推力或位移。控制机构是调节阀的控制部分，受执行机构的操纵，依据推力改变阀门开度，调节管路系统中被调介质的输送量。

调节阀按照能源形式分为气动、电动和液动三类，其中液动调节阀很少应用于过程控制领域。

(1) 气动调节阀：以压缩空气为动力，输入信号为 0.02～0.1 MPa 的压力信号。具有结构简单、输出力矩大、便宜可靠、维护方便、防火防爆等特点，但动作时间稍长、现场需要气源，需要电-气转换装置才能于电动仪表配合使用。

(2) 电动调节阀：以电能为动力，输入信号为 4～20 mA DC 的电流信号。具有信号传输快、距离远，动作迅速，便于与电动仪表连接等特点，但结构复杂，推力小，价格贵，不适用于防火防爆等生产场合。

随着变频技术的快速发展，变频器在部分场合可以取代调节阀，其可靠性强还具有节能效果。其他的执行器还包括步进电动机、电磁阀等，他们功能简单，在过程控制中使用较少。

4.2 气动调节阀

4.2.1 气动调节阀的工作原理

气动调节阀由气动执行机构和控制机构两部分构成，通常还需要配备电-气转换装置，其在过程控制系统中信号转换过程如图 4-2 所示。其中 l、f 和 q 为阀的相对开度、相对节流面积和相对流量，L/L_{100} 为阀当前开度占阀门全开时的比值、F/F_{100} 为当前节流面积与最大节流面积之比、Q/Q_{100} 为当前流量与最大流量之比。

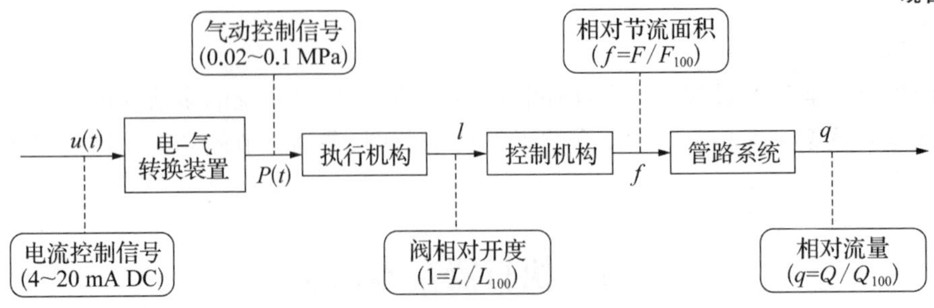

图 4-2　气动调节阀的信号转换

气动执行机构主要有薄膜式和活塞式两种，工作原理如图 4-3 所示。薄膜式执行机构较为常用，结构简单、价格便宜、维修方便。活塞式执行机构推力较大，主要作为大口径、高压降调节阀的推动装置。

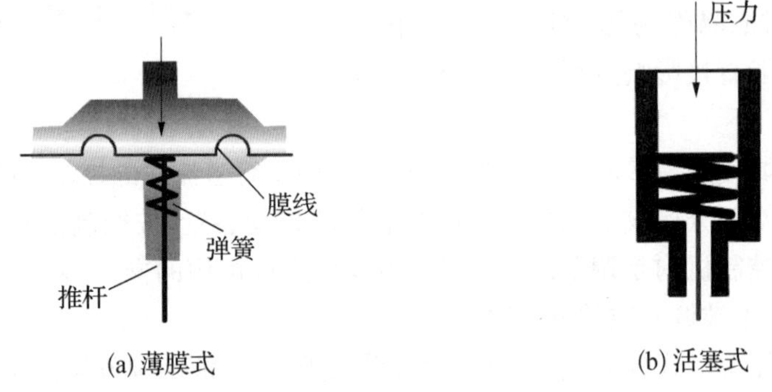

图 4-3　典型的气动执行机构

控制机构即阀体，通过改变阀芯行程调节阀门的开度，从而达到控制工艺参数的目的。工业生产中常用的阀体包括直通单座阀、直通双座阀、角形阀、三通阀、隔膜阀、蝶阀、球阀等，几种典型阀体的工作原理如图 4-4 所示。

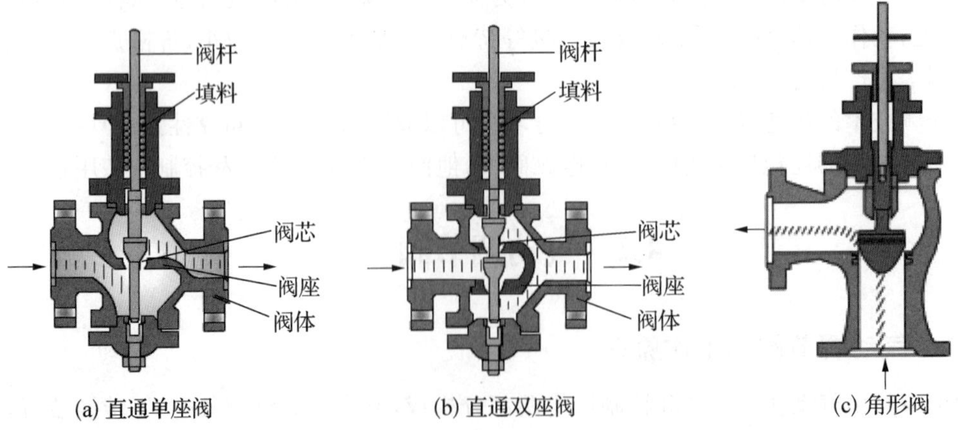

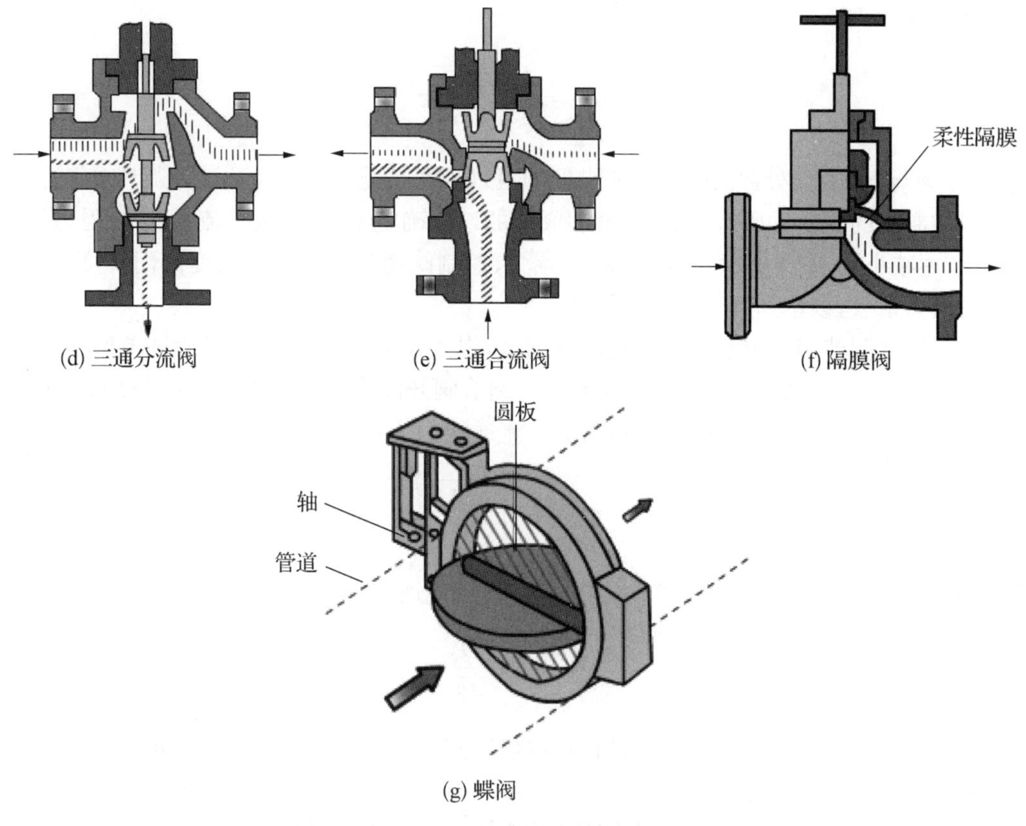

(d) 三通分流阀　(e) 三通合流阀　(f) 隔膜阀

(g) 蝶阀

图 4－4　典型的阀体

气动薄膜式调节阀结构如图 4－5 所示，左上部为阀门定位器，右上部为执行机构，下方为控制机构。控制压力信号由上部引入，作用在膜片上，推动阀杆产生位移，改变了下部阀芯与阀座之间的流通面积，从而达到控制流量的目的。

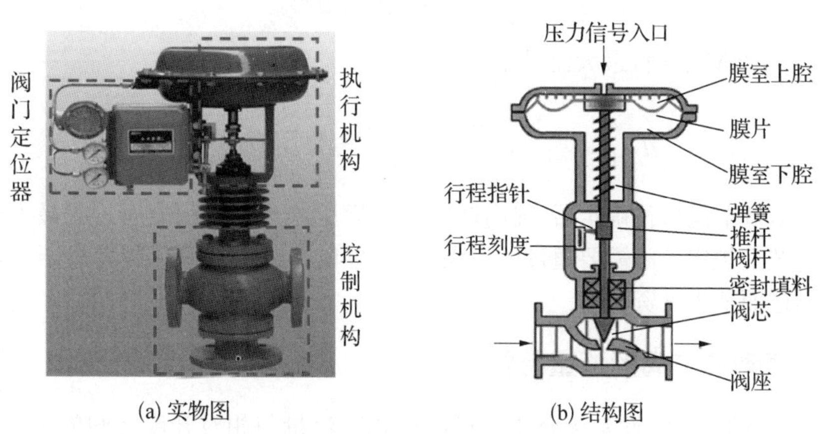

(a) 实物图　(b) 结构图

图 4－5　气动薄膜式调节阀

4.2.2　气动调节阀的流通能力

气动调节阀本质上是一个局部阻力可变的节流元件，由流体力学可知，流体的体积流量

q_v 可表示为：

$$q_v = \frac{A}{\sqrt{\xi}}\sqrt{\frac{2\Delta p}{\rho}} \tag{4-1}$$

式中：A 为调节阀接管处截面积，ξ 是调节阀的阻力系数，ρ 是流体密度，Δp 是调节阀前后压差。

当控制阀的阀前后压差、流体密度和阀体的口径确定不变后，流体流量 q_v 与阻力系数 ξ 成反比，ξ 减小则 q_v 增加，而 ξ 增大则 q_v 减少，控制阀通过推杆位移改变阀门开度，进而改变阀的阻力系数，以达到调节流量的目的。

为了衡量调节阀一定条件下通过流体的量，引入流通能力 C 。定义为调节阀前后压差 $\Delta p = 100\ \text{kPa}$，流体密度为 $\rho = 1\,000\ \text{kg/m}^3$，调节阀开度为 100%时每小时流过阀门的流体体积。结合式(4－1)可得流体的体积流量与流通能力关系式：

$$q_v = C\sqrt{\frac{10\Delta p}{\rho}} \tag{4-2}$$

式中：$C = 5.1A/\sqrt{\xi}$，设 D_g 为调节阀的公称直径，流通能力 C 可表示为：

$$C = 4.0\frac{D_g^2}{\sqrt{\xi}} \tag{4-3}$$

通过式(4－3)可知，根据流通能力 C 的值可以确定阀的公称直径 D_g，即可确定阀的几何尺寸。

例 4－1 某台调节阀的流通能力 $C = 150$，阀前后压差 $\Delta p = 0.5\ \text{MPa}$，流体密度为 $\rho = 0.9\ \text{g/cm}^3$。(1) 该工况下能通过最大流量为多少？(2) 如果阀前后压差 $\Delta p = 1.2\ \text{MPa}$，能通过最大流量为多少？

答：(1) 对参数进行单位变换，带入公式(4－2)可得最大流量 q_{v1} ：

$$q_{v1} = C\sqrt{\frac{10\Delta p}{\rho}} = 150 \times \sqrt{\frac{10 \times 500}{0.9 \times 10^3}} = 353.6(\text{m}^3/\text{h})$$

(2) $\Delta p = 1.2\ \text{MPa}$ 时，最大流量 q_{v2} 为：

$$q_{v2} = 150 \times \sqrt{\frac{10 \times 1\,200}{0.9 \times 10^3}} = 547.7(\text{m}^3/\text{h})$$

通过该例可知，调节阀口径确定后，提高调节阀前后压差可使得阀能通过的最大流量增加。反过来看，工艺上规定了阀需要通过的最大流量，可以通过增加调节阀前后压差，以减小所选阀的口径，进而节省投资。

4.2.3 气动调节阀的流量特性

【微信扫码】
观看本节微课

气动调节阀的流量特性是指介质流过阀门相对流量与相对开度之间的关系，表达式为：

$$\frac{q_v}{q_{vmax}} = f\left(\frac{l}{L}\right) \tag{4-4}$$

式中：q_{v}/q_{vmax} 为相对流量，为控制阀当前开度的流量与全开流量之比；l/L 为相对开度，即控制阀某一开度的行程与全行程之比。

是否考虑控制阀前后压差的变化，分为工作流量特性和理想流量特性。本书主要介绍不考虑控制阀前后压差的变化的理想流量特性，流量特性完全取决于阀芯的形状。图 4－6 所示依据阀芯形状不同，理想流量特性也分为快开、直线、抛物线和等百分比四种，相对流量与相对开度的特性曲线如图 4－7 所示。

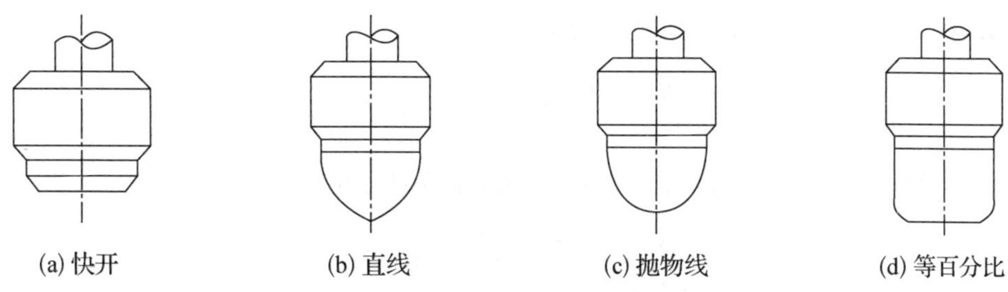

图 4－6　阀芯曲线形状

(1) 直线流量特性：调节阀的相对流量与阀芯的相对开度成直线关系，即调节阀相对开度变化所引起的相对流量变化是常数。直线流量特性方程为：

$$\frac{q_{v}}{q_{vmax}}=\frac{1}{R}+\left(1-\frac{1}{R}\right)\frac{l}{L} \tag{4-5}$$

式中：$R=q_{vmin}/q_{vmax}$，为调节阀的可调范围。常规调节阀 $R=30$，隔膜阀 $R=10$。从式 4－5 可知，直线流量特性的相对流量与相对开度呈线性关系，如图 4－7 所示在直角坐标系上是一条直线。

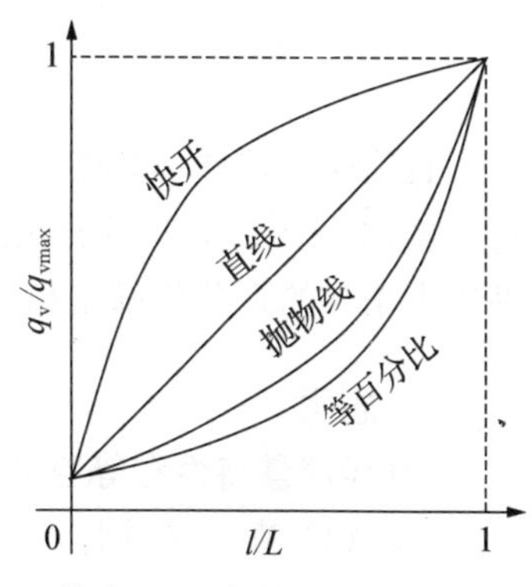

图 4－7　阀芯曲线形状

(2) 等百分比流量特性：控制阀开度的相对变化量与流量的相对变化量成正比关系，其特性方程为：

$$\frac{q_{v}}{q_{vmax}}=R^{\left(\frac{l}{L}-1\right)} \tag{4-6}$$

由式(4－6)可知，等百分比的相对流量与相对开度成对数关系，如图 4－7 所示曲线斜率随行程的变大而逐渐增加。

例 4－2　一个控制阀最大流量 $q_{vmax}=100\ m^3/h$，可调范围 $R=30$。(1) 计算直线流量特性和百分比流量特性 $l/L=[0.1,0.2,0.8,0.9]$ 时的流量值 q_v。(2) 比较这两种理想流量特性的控制阀在小开度和大开度时的流量变化情况。

答：(1) 依据式(4－5)计算可得直线流量特性的流量值：

l/L	0.1	0.2	0.8	0.9
$q_v(m^3/h)$	13	22.67	80.67	90.33

依据式(4－6)计算可得等百分比流量特性的流量值：

l/L	0.1	0.2	0.8	0.9
$q_v(m^3/h)$	4.68	6.58	50.65	71.17

(2) 直线流量特性开度 l/L 由 0.1 增加到 0.2，流量相对变化量：

$$\frac{\Delta q}{q_v}=\frac{22.67-13}{13}=74.4\%$$

开度 l/L 由 0.8 增加到 0.9，流量相对变化量：

$$\frac{\Delta q}{q_v}=\frac{90.33-80.67}{80.67}=12\%$$

等百分比流量特性开度 l/L 由 0.1 增加到 0.2，流量相对变化量：

$$\frac{\Delta q}{q_v}=\frac{6.58-4.68}{4.68}=40\%$$

开度 l/L 由 0.8 增加到 0.9，流量相对变化量：

$$\frac{\Delta q}{q_v}=\frac{71.17-50.65}{50.65}=40\%$$

直线流量特性小开度时，开度增加 10%，流量增加 74.4%；大开度时，开度增加 10%，流量仅增加 12%。而等百分比流量不管是小开度还是大开度，开度增加 10%，流量在原来的基础上增加的百分数都是相同的 40%。

思考

直线流量特性和等百分比流量特性的调节阀控制性能如何?

答：(1) 直线流量特性小开度时，控制作用强易引起振荡大开度时，调节作用弱控制缓慢。(2) 等百分比流量特性小开度时，控制缓和平稳；大开度时，控制灵敏有效。

(3) 抛物线流量特性：控制阀的相对流量与阀芯的相对开度成抛物线关系，其特性方程为：

$$\frac{q_v}{q_{vmax}}=\frac{1}{R}\left[1+(\sqrt{R}-1)\frac{l}{L}\right]^2 \tag{4-7}$$

如图 4-7 所示，抛物线流量特性介于直线与等百分比流量特性之间，相对流量与相对开度成抛物线关系。

(4) 快开流量特性：这种流量特性适用于小开度时流量比较大，随着开度增加流量快速到达最大的应用场合，经常用于迅速启停的切断阀和开关控制。其特性方程为：

$$\frac{q_v}{q_{vmax}}=\frac{1}{R}\left[1+(R^2-1)\frac{l}{L}\right]^{\frac{1}{2}} \tag{4-8}$$

4.2.4 气动调节阀的选择

选用气动调节阀时，一般先根据工艺条件，如温度、压力、介质特性来确定结构形式，接着按照控制系统特点选择阀的流量特性。在具体应用时，还要考虑一下几个方面的问题。

1. 调节阀口径的选择

调节阀的口径选择直接影响工艺生产的正常运行和控制质量。选择口径过小，调节阀在大开度下达不到工艺生产所需的最大流量。选择口径过大，在正常流量下调节阀总是处于小开度，调节特性不好，会导致系统不稳定。

调节阀的口径选择通常用流通能力法，根据特定的工艺条件，计算流通能力 C 和节流元件阻力系数 ξ，进而确定公称直径 D_g 和阀座直径 d_g，使得通过调节阀的流量满足工艺要求的最大流量且留有一定裕量。公称直径 D_g 的计算由式(4－3)变换得到：

$$D_g = \frac{C^{\frac{1}{2}}\xi^{\frac{1}{4}}}{2} \tag{4-9}$$

2. 调节阀气开式与气关式的选择

从信号变化规律来看，调节阀有气开式和气关式两种。气开式是控制气压信号与阀开度的变化方向一致，即控制信号增加，阀开大，控制信号减小，阀关小。气关阀是控制气压信号与阀开度的变化方向相反，即控制信号增加，阀关小，控制信号减小，阀开大。

调节阀气开式或气关式的选择主要是从工艺生产的安全来考虑，当气源由于意外情况中断，调节阀处于哪种状态，能够保证设备和人身的安全。如果是阀门全关安全，则选择气开式，如果是阀门全开安全，则选择气关式。

例 4－3　一个受压容器，采用改变气体排出量以维持容器内压力恒定，试问控制阀应选择气开式还是气关式？

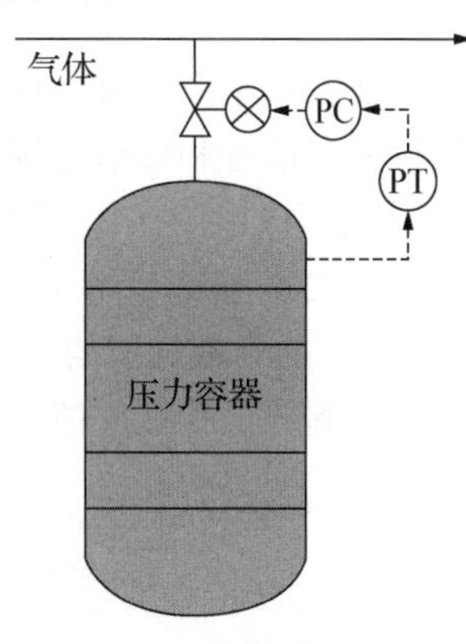

图 4－8　压力容器控制系统

答：在气源压力中断时，调节阀要自动打开，以使容器内压力不至于过高而出事故。信号中断时，要求阀门保持全开状态，因此选择气关阀。

4.3　电动调节阀

4.3.1　电动调节阀的构成

电动调节阀由电动执行机构和控制机构两部分构成，其中控制机构与气动调节阀通用的。电动执行机构使用电动机等动力元件来驱动控制机构，主要包括角行程和直行程两种。角行程执行机构将控制信号转换为的角位移，适合操纵蝶阀、挡板之类的旋转式控制机构。直行程执行机构通过电动机，将控制信号转换为直线位移输出，适合操纵单座、双座、三通等阀体和各种直线式控制机构。两者的电气原理相同，只是减速器部分不同。

角行程执行机构组成如图 4－9 所示，主要由伺服放大器、操纵器、伺服电动机、减速器和位置发生器构成。伺服放大器将控制器输出信号 I_i 与位置反馈信号 I_f 相比较得到偏差信号 ΔI，经伺服放大器放大后驱动伺服电动机转动，经转速器减速带动输出轴改变转角 θ，输出轴转角位置通过位置发送器转换成对应的反馈信号 I_f，回到伺服放大器输入端，操纵器用于系统的手动控与自动控制切换。

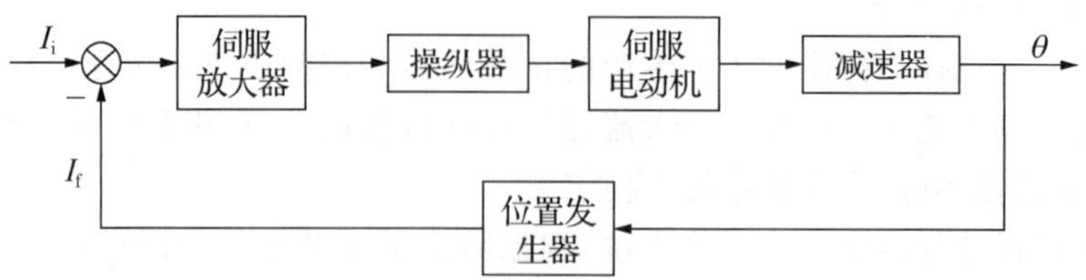

图 4-9　电动执行机结构框图

偏差信号为正，伺服电动机正转，输出轴转角增大；偏差信号为负，伺服电动机反转，输出轴转角减小；控制信号 I_i 与反馈信号 I_f 相等，差值为零时，伺服电动机停止转动，输出轴转角 θ 固定在与输入信号 I_i 相对应的位置。从信号转换角度来看，接收来自控制器的 4～20 mA DC 信号，转换为相应的 0～90°角位移，通过位置发生器的负反馈保证转换精度。

4.3.2　电-气转换装置

在工业生产的过程控制系统中，会同时用到电动仪表和气动仪表，这就需要电-气转换装置将电信号和气信号进行转换。电-气转换装置通常包括电-气转换器和阀门定位器两部分，其结构如图 4-10 所示。电-气转换器由电流-位移转换部分、位移-气压转换部分、气动功率放大器和反馈部分组成，作用是将 4～20 mA DC 的标准电流信号转换成0.02～0.1 MPa 的标准气压信号。阀门定位器包括转换组件、气路组件、反馈组件和接线盒组件，借助于阀杆位移负反馈，使调节机构能按输入信号精准确定开度。

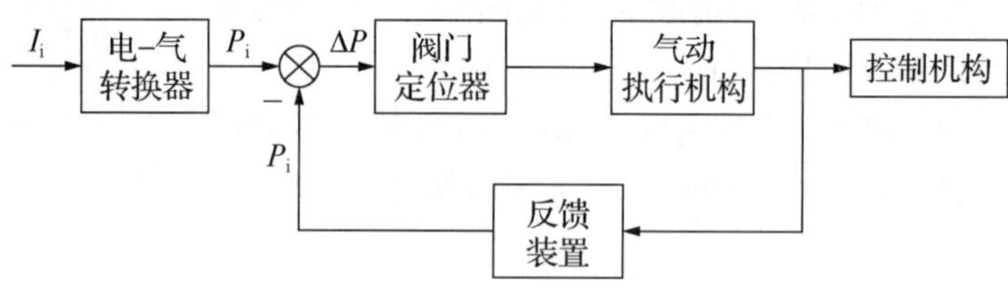

图 4-10　电-气转换装置结构框图

电-气转换装置常用的应用场合包括以下特性：要实现精准定位；需要改善调节阀的动态性能；需要改变调节阀的流量特性；构成分程控制系统。

4.3.3　数字阀与智能调节阀

随着工业控制网络在过程控制领域应用越来越广泛，执行器也要求能够接收和处理数字信号，具有代表性的新型执行器是数字阀和智能调节阀。

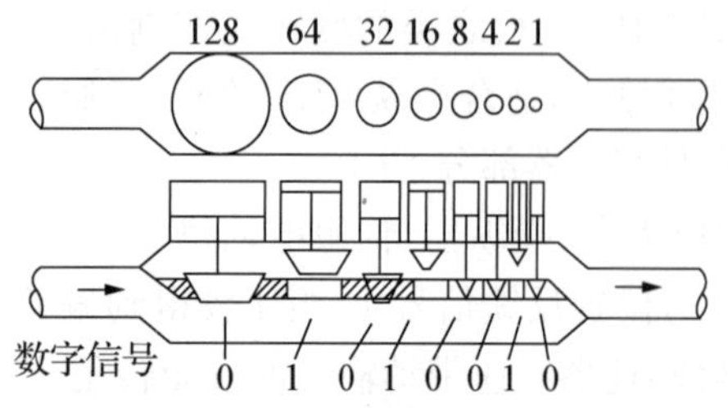

图 4-11　二进制数字阀原理图

数字阀是一种位式数字执行器，主要由流孔、阀体和执行机构三部分组成。阀体有一系列开闭式的流孔，按二进制顺序排列，每个流孔都有单独的阀芯和阀座。图 4-11 为一个 8 位数字阀的工作原理，调节范围是 0～255 的流量单位，分辨率为 1 个流量单位。当所有流孔全部关闭时，流量单位为 0，当所有流孔全部开启时，流量为单位 255。假设数字阀的流量调节范围 0～50 mL/h³，图中所示数字阀的当前流量单位为 82，对应 16.1 mL/h³。

智能调节阀以微处理器为核心，将常规仪表的检测、控制和执行等作用集于一体，具有智能化的控制、显示、诊断和通信功能，比较多的应用于现场总线控制系统中。一款采用压电阀的智能调节阀结构如图 4-12 所示，系统的控制指令来自现场总线，经过通信控制器送往微处理器，微处理器根据输入信号和反馈信号计算出偏差，向压电阀输出控制信号，数字信号和模拟信号之间通过 A/D 模块和 D/A 模块进行转换。

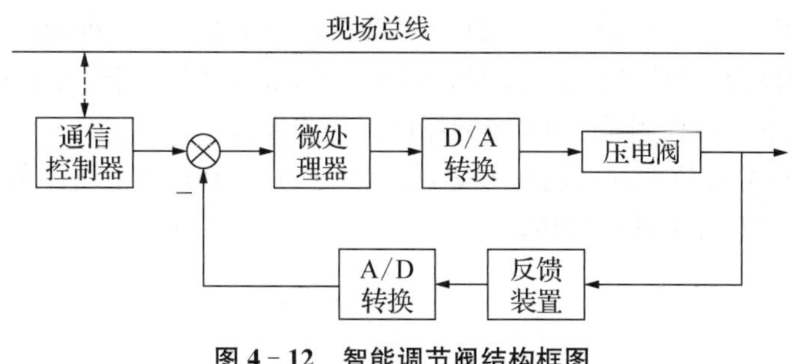

图 4-12　智能调节阀结构框图

4.4　变频器

4.4.1　变频器概述

变频器是交流电气传动的一种调速装置，通过改变电机工作电源频率方式来控制交流电动机。变频器基本结构如图 4-13 所示，由主回路和控制电路组成，主回路包括整流器、中间电路和逆变器，将恒定电压、频率的交流工频电源转换为电压和频率连续可调三相交流电源，使电动机的转速可调。

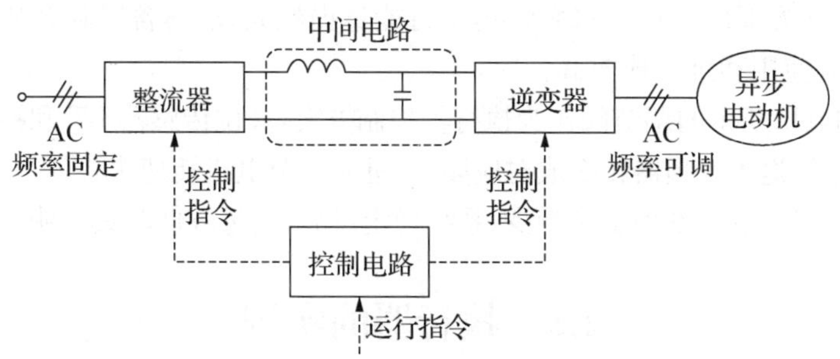

图 4-13　变频器基本结构

变频器和电动机、泵或风机构成了一种新型执行器，取代传统的调节阀，实现了流量调节的目的，并具有显著的节能效果。变频器可以作为自动控制系统中的执行单元，也可以作为控制单元。作为执行单元时，变频接收来自控制器信号，根据控制信号改变输出电源的频率。作为控制单元时，本身兼有 PID 控制器功能，单独完成被控变量调节的任务。

4.4.2 变频器在过程控制中的应用

流量控制系统的执行器采用调节阀,电动机驱动水泵或风机以恒定的速度运转,通过调节阀来控制流量大小。使用变频器作为执行器,电动机的转速 n 和电源频率 f 的关系式为:

$$n=\frac{60f(1-s)}{p} \tag{4-10}$$

式中: p 为电动机极对数, s 为转差率。

通过变频技术改变电源频率 f,实现对电动机转速 n 的调节,进而改变管道中流体的流量。变频器具有较高的控制精度、较宽的调速范围、节能效果显著、易于实现远程控制,在以风机、泵为负载的过程控制系统中,变频器已经逐步取代了调节阀。

例 4-4 贮罐的液位控制有两种方案,如图 4-14 所示分别采用调节阀和变频器作为执行器,试对两种控制方案进行分析。

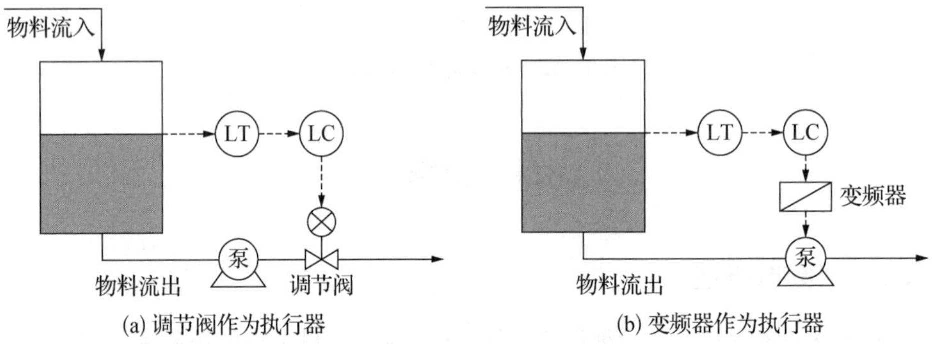

图 4-14 两种贮槽液位控制方案

答:(1) 图 4-14(a)所示的调节阀作为执行器控制方案,通过液位传感器 LT 测出液位值,控制器 LC 依据偏差计算控制信号,调节阀根据控制信号改变阀门开度,控制水泵送出的物料流出量。该方案的特点是水泵恒速运行能量损耗大,液体含颗粒杂质会磨损阀体,需要的备品备件多,使用和维护成本高。

(2) 图 4-14(b)所示的调节阀作为执行器控制方案,液位传感器 LT 和控制器 LC 的工作方式相同,控制信号送入变频器转换成对应频率,进而调节电机转速来控制泵的流量。该方案的特点是无须配备易损件,维护工作量少,系统稳定可靠,流量较低时具有明显的节能效果。

4.5 执行器的实训

4.5.1 电动调节阀的流量特性测试

1. 实训目的

(1) 了解电动调节阀的结构和工作原理。

(2) 掌握电动调节阀的流量特性。

2. 实训知识点

电动调节阀包括执行机构和调节结构两部分，是过程控制系统中常用的一种执行器。电动调节阀接收控制器的 4～20 mA 控制信号，将其转换为相应的阀门开度 l，以改变阀节流面积 f 的大小，从而改变流量。其结构如图 4－15 所示。

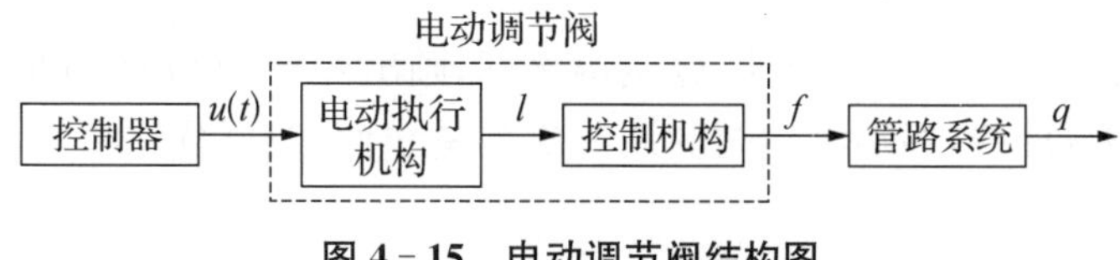

图 4－15　电动调节阀结构图

调节阀的流量特性是指介质流过阀门的相对流量与阀门相对开度之间的关系，用 $q=f(l)$ 表示。式中：$q=Q/Q_{100}$ 为相对流量，即调节阀某一开度流量 Q 与全开流量 Q_{100} 之比；$l=L/L_{100}$ 为相对开度，即调节阀某一开度行程 L 与全行程 L_{100} 之比。实训系统的结构如图 4－16 所示，通过泵从储水箱中抽水，手动设置智能调节阀输出值会改变电动调节阀 V_1 的阀门开度，从而改变由流量计 FT 测得管道中的流量值。

3. 实训模块与连接

该实训项目使用模块包括直流稳压电源、智能调节仪、流量传感器和电动调节阀，模块接线如图 4－17 所示。

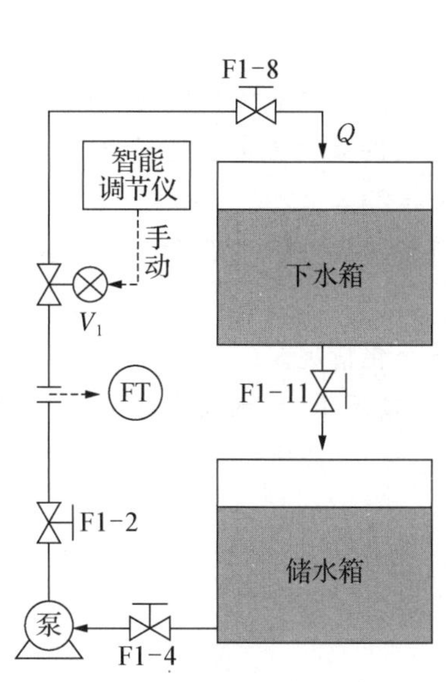

图 4－16　电动调节阀的流量特性实训系统结构

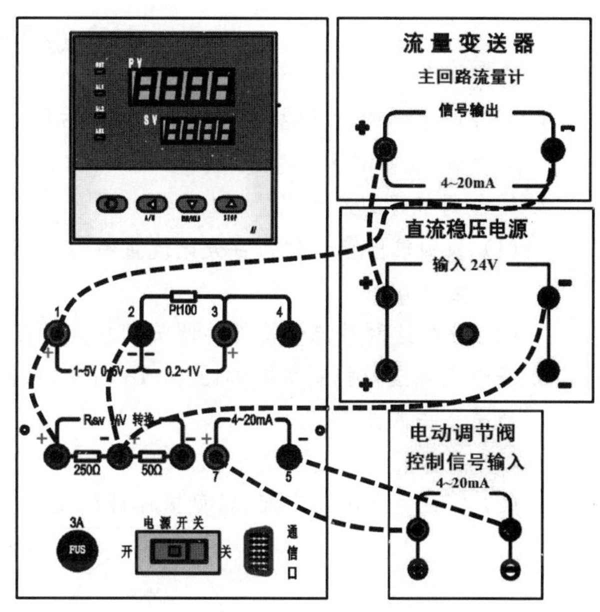

图 4－17　电动调节阀的流量特性测试模块连接

4. 实训内容与步骤

(1) 完成接线，将阀门 F1-1、F1-2、F1-8、F1-11 全开，其余阀门关闭，打开电源。

(2) 将一台智能调节仪设置为手动模式，作为输入电压源，依次调节输出量大小，对应电动阀开度的 10%、20%……100%，分别记录不同开度 l 时通过流量计检测到管道的流量 Q。

表 4-1　不同开度时的管道流量记录表

阀开度 l	0	10%	20%	30%	40%	50%	60%	70%	80%	90%	100%
流量 Q											

5. 实训总结与思考

(1) 以阀门开度 l 为横坐标，流量 Q 为纵坐标，画出 $Q=f(l)$ 的曲线。

(2) 根据所绘制曲线，判别电动阀的调节机构是线性、等百分比特性、抛物线特性或快开特性。

本章知识点

(1) 执行器的分类。

(2) 气动执行器的构成、主要类型和使用场合。

(3) 控制阀的流量特性及其选择方法。

(4) 气动执行器的气开、气关型的选择原则。

(5) 电动执行器及电-气阀门定位器的工作原理。

(6) 数字阀和智能控制阀。

(7) 变频器在过程控制中的应用。

本章练习

1. 某台调节阀的流通能力 $C=120$，阀前后压差 $\Delta p=0.4$ MPa，两种流体的密度分别为 $\rho_1=0.8$ g/cm^3 和 $\rho_2=1.2$ g/cm^3，两种流体所能通达到的最大流量各是多少？

2. 一台调节阀的最大流量 $q_{vmax}=80$ m^3/h，可调范围 $R=25$。

(1) 分别求出直线和等百分比流量特性在阀的相对行程了 l/L 为 0.8 和 0.9 时的流量值 q_v。

(2) 分析这两种流量特性的调节阀在大开度时的流量变化情况。

3. 锅炉汽包液位控制系统如图 4-18 所示，试问以下两种情况下，给水阀应该选气开式还是气关式？

(1) 要保证锅炉不至烧干。

(2) 保证蒸汽不能带液，以免损坏后续设备。

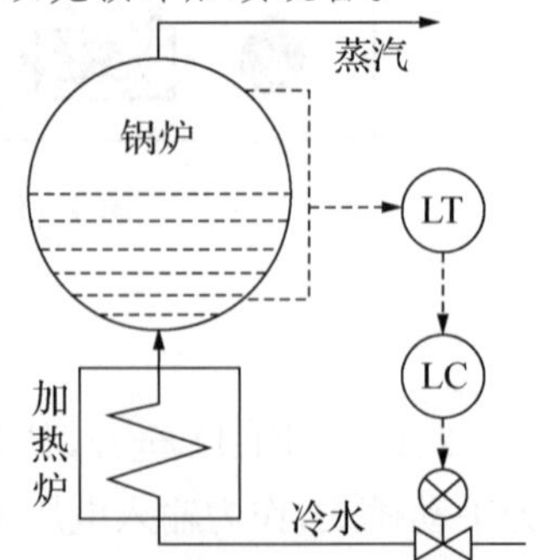

图 4-18　锅炉汽包液位控制系统

4. 精馏塔再沸器蒸汽控制系统如图 4－19 所示，试确定系统中调节阀的气开与气关形式。

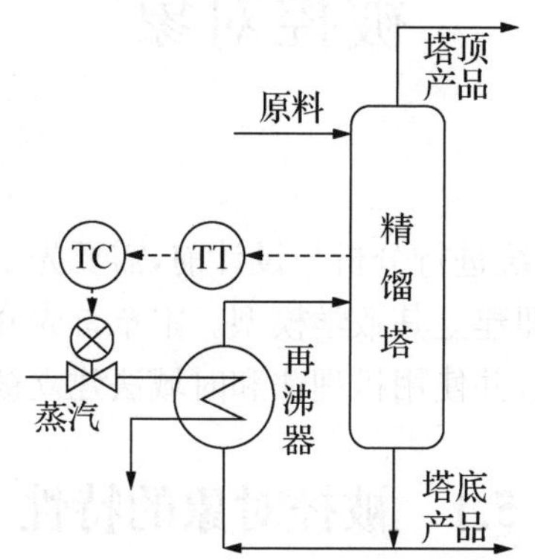

图 4－19　精馏塔再沸器蒸汽控制系统

第 5 章

被控对象

对工业生产的过程控制系统进行分析与设计前,需要先了解构成系统各个环节的特性,尤其是掌握被控对象的特性,即建立其数学模型。本章首先介绍被控对象基本概念,在此基础上分析被控对象的特性参数,并使用机理法和时域法建立被控对象的数学模型。

5.1 被控对象的特性

过程控制系统中,被控对象是工业生产过程中的各种生产设备和辅助装置,如换热器、精馏塔、贮槽、压力容器、球磨机、工业窑炉等。在设计过程控制系统时,首先要深入了解对象的特性,研究其内在规律,才能根据工艺要求,选择合适的自动化仪表,制定合理的控制方案。在过程控制系统投运时,要根据对象特性选择合适的控制器参数,使系统能够稳定运行。

被控对象的特性就是输入量与输出量之间的关系,被控对象的输入输出关系如图 5-1 所示,输入量为干扰变量 f 和操纵变量 u,输出量为被控变量 y 。将输入变量至输出变量的信号联系称为通道,操纵变量至被控变量的信号联系称为控制通道,干扰变量至被控变量的信号联系称为干扰通道。

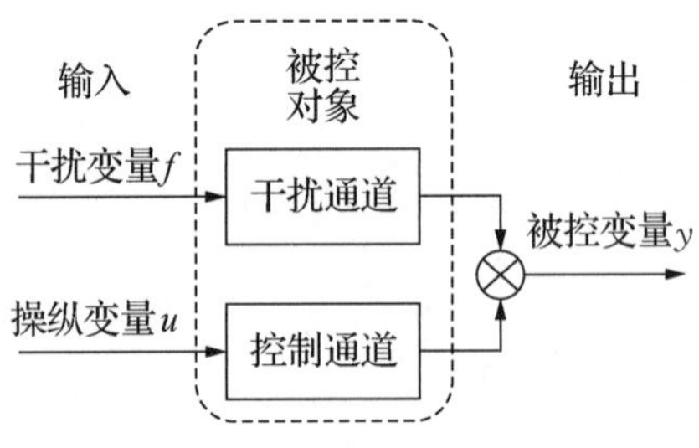

图 5-1　被控对象的输入与输出

5.1.1 典型被控对象的特性

被控对象的自衡特性,是当扰动发生后无须外加任何控制作用,对象能够自发地趋于新平衡状态。与之相反,被控对象的非自衡特性,是指扰动发生后被控变量不断变化,最后无法恢复到平衡状态。

具有自衡特性的贮罐如图 5-2(a)所示,流出量由阀门进行调节。初始阶段流入量 q_i 与流出量 q_o 相等,贮罐液位 h 处于平衡状态。流入量 q_i 阶跃增加后,q_i 大于 q_o,原来的平衡状态被打破,h 上升。随着 h 的不断升高,出水阀的静压增高,q_o 也将增加,h 的上升速度将逐步变慢。最终建立新的平衡,液位达到新的稳态值。由阀门进行调节的贮罐对象具有自衡特性,阶跃响应曲线如图 5-2(b)所示。

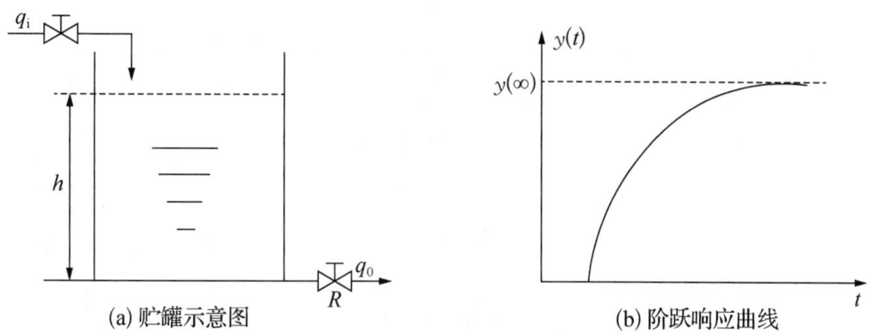

图 5－2　具有自衡特性的贮罐系统

非自衡特性的贮罐如图 5－3(a)所示，流出量 q_o 改由泵控制。泵控制的 q_o 不随液位 h 的变化而变化，因此 h 会持续上升或下降，最终导致溢出或抽干，无法重新恢复到平衡状态。由泵进行流量控制的贮罐对象无自衡特性，阶跃响应曲线如图 5－3(b)所示。

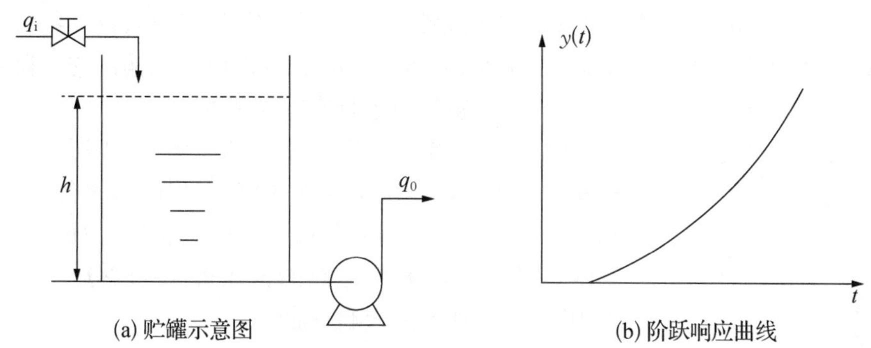

图 5－3　非自衡特性的贮罐系统

工业生产过程的被控对象大多具有一定的物料或能量储存能力，通常用容量来衡量这种储存能力。只有一个储蓄容量的被控对象称为单容过程，而由多个容积构成的被控对象称为多容过程。

依据容量大小、是否具有自衡特性、是否包含纯滞后将典型对象进行划分，其传递函数见表 5－1。

表 5－1　典型对象的传递函数

容量	自衡特性	纯滞后	名称	传递函数
单容	有	有	一阶惯性纯滞后环节	$G(s)=\dfrac{K}{(Ts+1)}e^{-\tau s}$
		无	一阶惯性环节	$G(s)=\dfrac{K}{Ts+1}$
	无	有	一阶纯滞后环节	$G(s)=\dfrac{1}{Ts}e^{-\tau s}$
		无	一阶环节	$G(s)=\dfrac{1}{Ts}$

续表

容量	自衡特性	纯滞后	名称	传递函数
双容	有	有	二阶惯性纯滞后环节	$G(s)=\frac{K}{(T_1s+1)(T_2s+1)}e^{-\tau s}$
		无	二阶惯性环节	$G(s)=\frac{K}{(T_1s+1)(T_2s+1)}$
	无	有	二阶纯滞后环节	$G(s)=\frac{1}{T_1s(T_2s+1)}e^{-\tau s}$
		无	二阶环节	$G(s)=\frac{1}{T_1s(T_2s+1)}$

5.1.2 具有反向特性的对象

过程控制对象还有一些特殊特性，如非线性、振荡过程、不稳定过程、反向特性过程等。下面着重介绍具有反向特性的对象，在阶跃输入信号作用下，被控对象输出先下降后上升，阶跃响应曲线出现相反的变化方向，则称该被控对象具有方向特性。

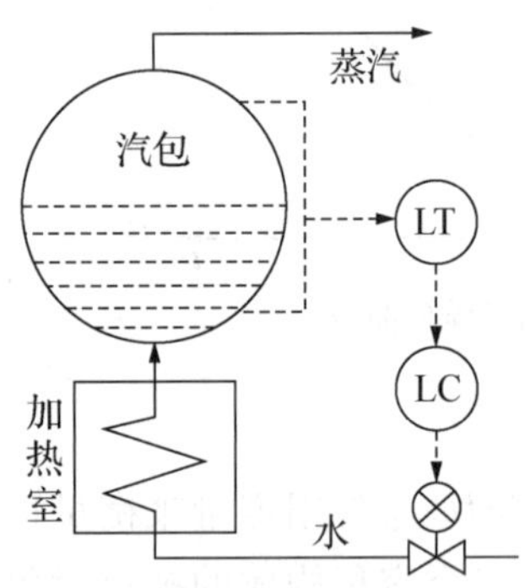

图 5-4 锅炉燃烧-给水系统

例 5-1 锅炉燃烧-给水系统如图 5-4 所示，工作时燃料和空气按一定比例送入加热室，产生的热量传递给水冷壁和汽包底部，产生饱和蒸汽。保持汽包水位为稳定在一定范围内是锅炉安全、稳定运行的首要条件。试分析锅炉气包对象的特性，并画出阶跃响应曲线。

答：供给锅炉的冷水量 $q(t)$ 阶跃增加，液位 $y(t)$ 的变化会受两方面的影响：

(1) 冷水增加会引起汽包中水的沸腾突然减弱，水中气泡迅速减少，水位下降。由此导致的液位 $y_1(t)$ 呈反向一阶惯性特性，传递函数为：

$$G_1(s)=-\frac{K_1}{T_1s+1} \tag{5-1}$$

(2) 但汽包水位终究会随着进水量的增加而增加，并呈现积分响应。由此导致的液位 $y_2(t)$ 呈正向积分特性，传递函数为：

$$G_2(s)=\frac{K_2}{s} \tag{5-2}$$

综合两方面的影响，锅炉汽包总体特性传递函数如图 5-5(a)所示，表达式为：

$$G(s)=\frac{K_2}{s}-\frac{K_1}{T_1s+1}=\frac{(K_2T_1-K_1)s+K_2}{s(T_1s+1)} \tag{5-3}$$

由式(5-3)可知，响应初期 $K_2T_1<K_1$，$G_1(s)$ 占据主导，液位呈现反向特性，响应中后期 $K_2T_1\gg K_1$，$G_2(s)$ 占据主导，液位呈现正向特性，整个过程的响应特性如图 5-5(b)所示。

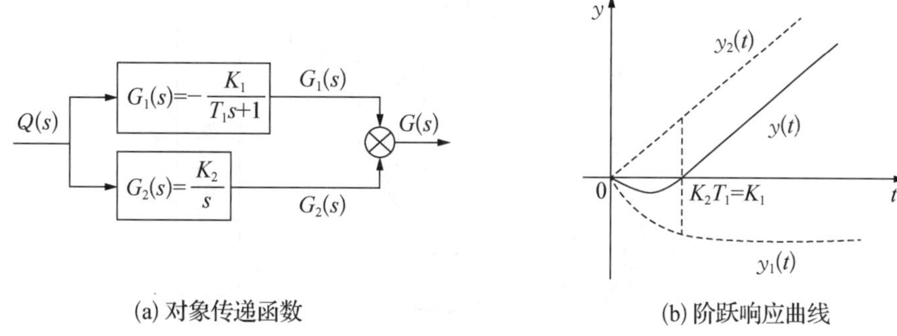

图 5－5　锅炉汽包对象的反向特性

5.2　描述对象特性的参数

过程控制系统中，多数被控过程具有如下特性：被控参数的非振荡、有惯性且存在纯滞后，通常用一阶惯性纯滞后环节描述一般被控对象，许多高阶系统可以视其为基本单元进行分析及综合。一阶惯性纯滞后环节包含放大系数 K 、时间常数 T 和滞后时间 τ 三个特性参数，下面讨论其对控制品质的影响。

5.2.1　放大系数 K

【微信扫码】
观看本节微课

放大系数在数值上等于控制对象处于稳定状态时，输出变化量 ΔY 与输入的变化量 ΔU 之比，表达式为：

$$K = \frac{\Delta Y}{\Delta U} \tag{5-4}$$

以前面讨论的具有自衡特性贮槽对象为例，输入为流入量 Q_i，输出为贮槽液位 h 。流入量有阶跃增加 ΔQ_i，趋于稳定后液位增长量为 Δh，阶跃输入的液位输出响应如图 5－6 所示。可以发现，放大系数是对象趋于稳定后输出和输入之间的数值关系，它是一个描述对象静态特性的参数。

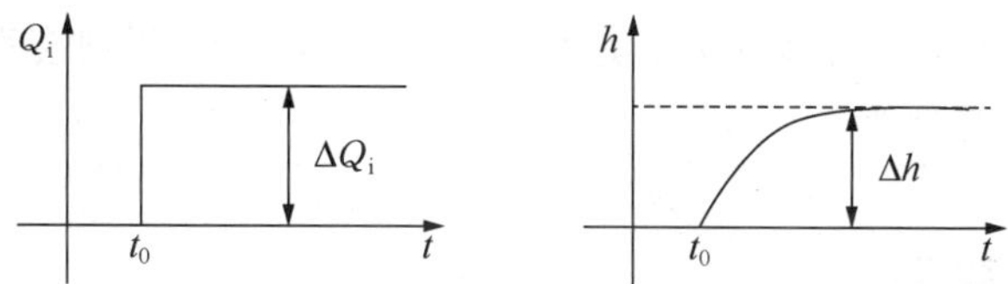

图 5－6　阶跃输入变化下的输出响应

例 5－2　某合成氨厂的一氧化碳变换过程如图 5－7 所示，工作过程是将一氧化碳和水蒸气在触媒存在的条件下发生作用，生成氢气和二氧化碳，同时释放出热量。生产工艺要求一氧化碳转化率要高，蒸汽消耗量要少，触媒寿命长。试着完成控制方案中的被控变量和操纵变量选择。

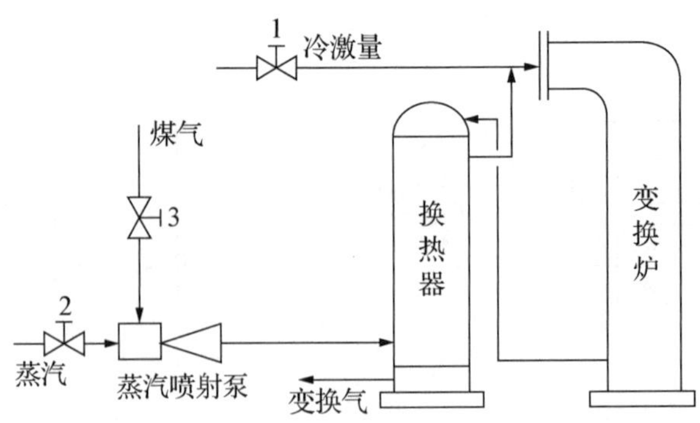

图 5-7　合成氨厂的一氧化碳变换过程

答：(1) 因为工艺上主要指标混合气体中的一氧化碳含量和蒸汽含量进行直接测量比较困难，可以通过变换炉的温度去衡量反应进行的程度，因此选取变换炉的温度作为被控变量，间接表征转换率和其他指标。

(2) 与变换炉的温度相关联的影响因素包括冷激流量 Q_1、蒸汽流量 Q_2 和半水煤气流量 Q_3，通过实验法辅助操纵变量的选择。调节冷激流量、蒸汽流量和半水煤气流量的阀门，使得流量同样增加 10%，对应的变换炉温度响应曲线如图 5-8 所示。可以发现，改变冷激流量对温度影响最大、灵敏度最高，改变半水煤气流量对温度影响最不显著，而改变蒸汽流量居于两者之间。因此选择冷激流量作为操纵变量，其放大系数最大，调节灵敏度最高。

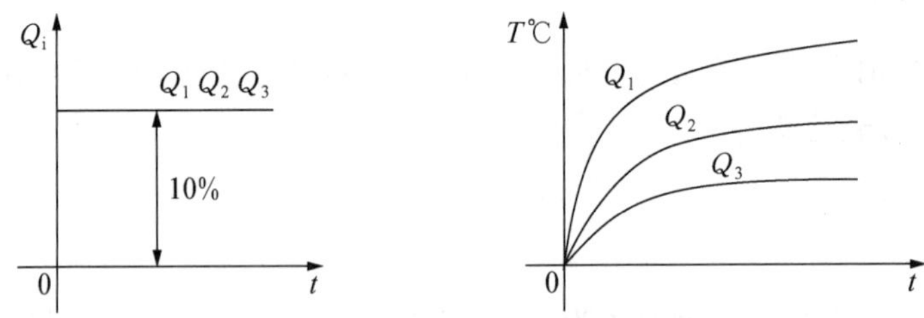

图 5-8　不同影响因素的变换炉温度响应

思考

设计控制系统时，放大系数应如何选择？

答：应合理地选择控制通道的 K_o 使之大些，但不能太大，否则会引起系统振荡；干扰通道的 K_f 应选择尽可能小。

5.2.2　时间常数 T

工业生产实践可知，同样受到了干扰作用，不同对象的反应快慢也不同。例如两个水槽对象，流入量同样变化一定的数值，截面积小的水槽液位反应较快，迅速达到稳态值；而截面积大的水槽惯性大，液位变化慢，要经过较长时间达到稳态值。时间常数就是用来衡量对象的被控变量到达新的稳态值所需时间，是反映被控变量变化快慢的动态参数。

时间常数可以用两种方式来表示，如图 5-9 所示。当对象受到阶跃输入作用后，被控变量如果保持初始速度变化，时间常数用达到新的稳态值 $y(\infty)$ 所需的时间表示；当对象受到阶跃输入作用后，时间常数用被控变量达到稳态值 $y(\infty)$ 的 63.2%所需时间表示。

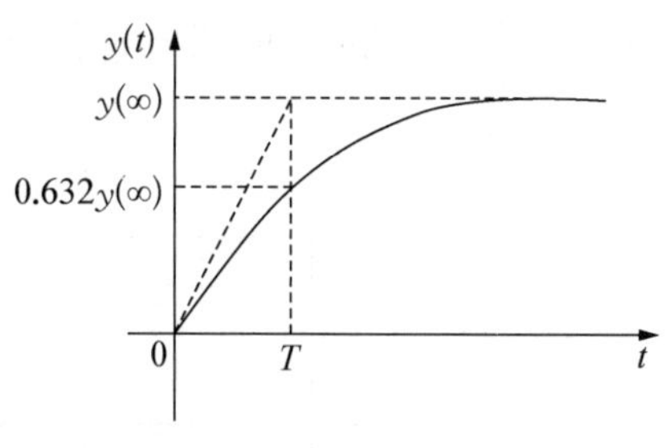

图 5－9　时间常数的表示

例 5－3　锅炉给水系统的被控变量为汽包水位 h，它受到给水流量 Q_1、旁路空气流量 Q_2、蒸汽负荷 Q_3 的影响。通过实验可知，流量同样增加 10%，汽包水位 h 的响应曲线如图 5－10 所示，试从三种影响因素中选择合适的操纵变量。

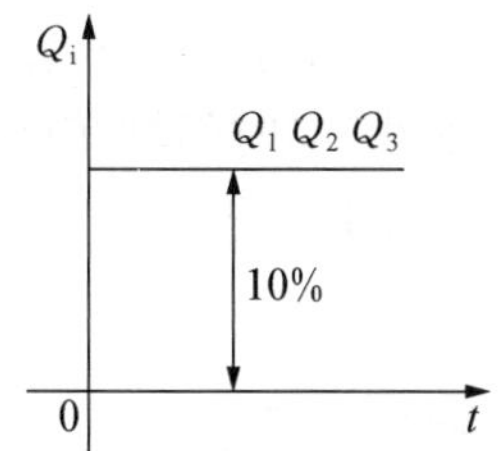

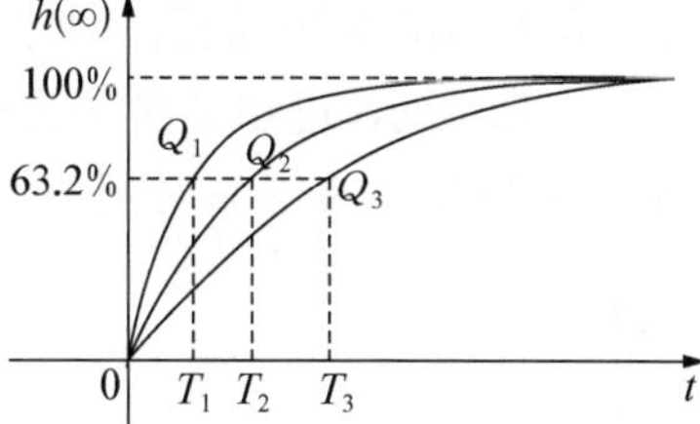

图 5－10　不同影响因素的汽包水位响应

答：从图 5－10 中可以发现，三种影响因素在相同的输入作用下的输出稳态值相同，意味着无法依据放大系数来进行选择。而它们对应的时间常数 $T_1 < T_2 < T_3$，表明了相比旁路空气流量和蒸汽负荷，给水流量引起的液位变化反应最快，控制速度最快，应该选为操纵变量。

思考

设计控制系统时，时间常数应如何选择？

答：一般情况下选择控制通道的 T_o 小一些，但不能太小，否则会引起系统振荡；干扰通道的 T_f 应尽可能大一些。

5.2.3　滞后时间 τ

有的被控对象，输入作用发生变化，被控变量不能立刻而迅速地变化，这种现象称为滞后。根据滞后性质的不同，分为传递滞后 τ_o 和容量滞后 τ_h。尽管两者含义不同，但实际生产过程中往往同时存在并难以区分，因此通常将两者合起来称为滞后时间 $\tau = \tau_o + \tau_h$。

传递滞后又叫纯滞后，通常是由于介质的输送需要一段时间而引起。匀速传输的情况下，纯滞后可表示为：

$$\tau_o = \frac{L}{v} \tag{5-5}$$

式中：L 为传送距离，v 为传送速度。

此外测量点选择不当或测量元件安装不合适也会造成纯滞后，在实际工作中要尽可能避免。纯滞后的阶跃响应如图 5－11 所示，纯滞后对象的特性是当输入量发生变化后，输出量要经过一段纯滞后时间 τ_0，才反映输入量的变化。

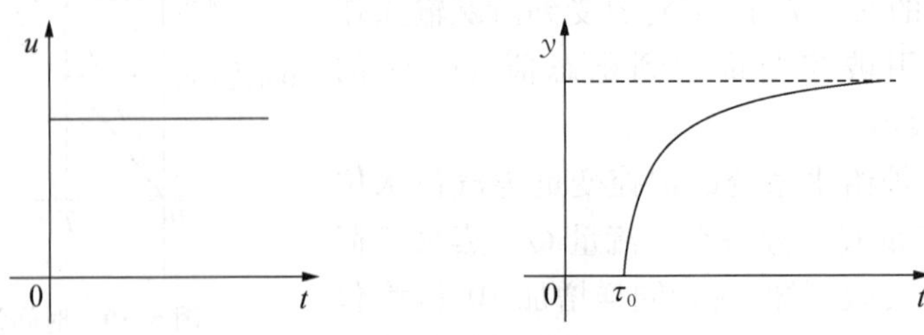

图 5-11　纯滞后的阶跃响应

容量滞后通常由于物料或能量的传递需要通过一定阻力而引起，表现为输入变化后，输出开始变化很慢，后来才逐渐加快，最后又变慢直至逐渐接近稳定值。具有容量滞后的对象阶跃响应曲线如图 5-12 所示，过响应曲线的拐点 O 做一切线，与时间轴交点对应时间间隔即为容量滞后时间。可以用存在滞后时间 τ_h 的一阶对象来近似某些二阶对象。

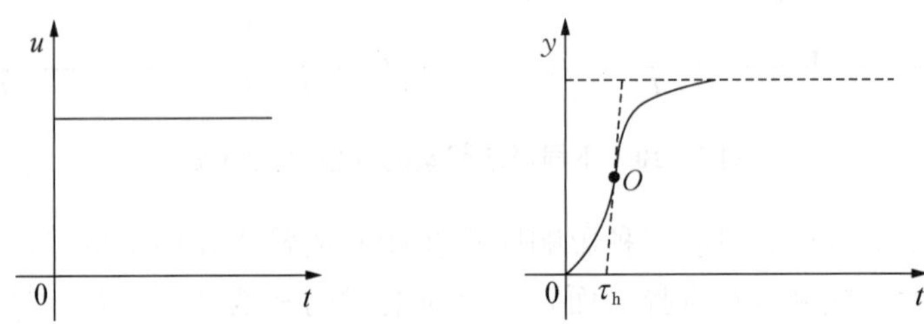

图 5-12　容量滞后的阶跃响应

思考

设计控制系统时，滞后时间应如何选择?

答：一般情况下应减小控制通道的 τ，干扰通道的 τ_f 对系统影响不大，故不用考虑其大小。

5.3　被控对象的数学建模

5.3.1　被控对象的数学模型

被控对象的数学模型是指输入变量与输出变量之间定量关系的描述。数学模型分成参量和非参量两种形式。

(1) 参量形式：通过数学方程式表示，微分方程、传递函数、差分方程、状态方程是常用的参量模型。

(2) 非参量形式：通过一定形式输入作用下的输出曲线或数据来表示，典型方法包括阶跃响应曲线法、脉冲响应曲线法、频率特性曲线法等。

建立数学模型是为了指导过程控制系统方案的设计，主要体现在：

(1) 在工艺流程和设备尺寸等都确定的情况，研究对象的输入变量是如何影响输出变量的。

(2) 研究建模使所设计的控制系统达到更好的控制效果，可以在不增加投资情况下，获得更优的经济效益。

(3) 在产品规格和产量已确定的情况下，通过模型计算，确定设备的结构、尺寸、工艺流程和某些工艺条件。

过程控制系统的数学模型求取方法有三种：

(1) 机理建模：根据对象或生产过程的内部机理，写出各种有关的平衡方程，如物料平衡方程、能量平衡方程、某些物性方程、设备特性方程和化学反应定律等，从而得到对象的数学模型。

(2) 试验建模：针对所要研究的对象，人为地施加一个输入作用，然后用仪表记录表征对象特性的物理量随着时间变化的规律，得到试验的数据或曲线。这些数据或曲线就可以用来描述对象特性。

(3) 混合建模：先由机理分析的方法提出数学模型的结构形式，然后对其中某些系统或确定的参数利用试验的方法给予确定。这种在已知模型结构的基础上，通过实测数据来确定数学表达式中某些参数的方法称为参数估计。

机理建模具有非常明确的物理定义，但有些被控对象较为复杂，很难得到其机理模型。这种情况下，采用试验建模的方法得到对象的数学模型更为简单省力。有条件的话也可以将机理建模与实验建模结合起来进行混合建模。

5.3.2　机理法建模

被控对象机理建模步骤包括：根据工艺要求和对象特性做出合理假设；根据控制过程的内在机理建立数学模型；对模型进行工程简化。

【微信扫码】
观看本节微课

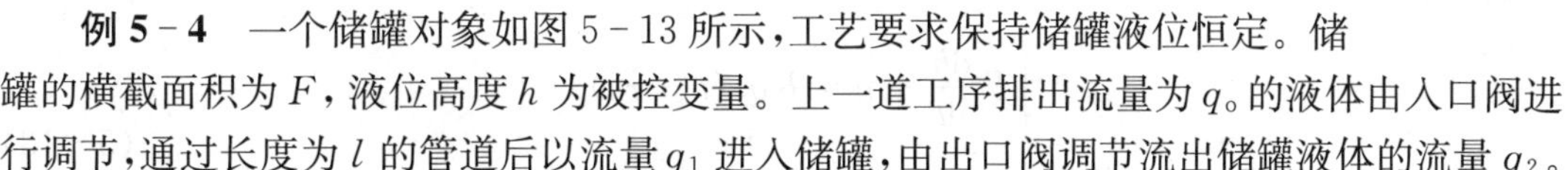

例 5－4　一个储罐对象如图 5－13 所示，工艺要求保持储罐液位恒定。储罐的横截面积为 F，液位高度 h 为被控变量。上一道工序排出流量为 q_0 的液体由入口阀进行调节，通过长度为 l 的管道后以流量 q_1 进入储罐，由出口阀调节流出储罐液体的流量 q_2。

(1) 选择 q_1 作为操纵变量，试确定储罐对象的输入量 q_1 和输出量 h 的数学关系。

(2) 如果以 q_0 为操纵变量，试确定储罐对象的输入量 q_0 和输出量 h 的数学关系，并求取阶跃输入增长 $\Delta q_0=A$ 时的输出响应。

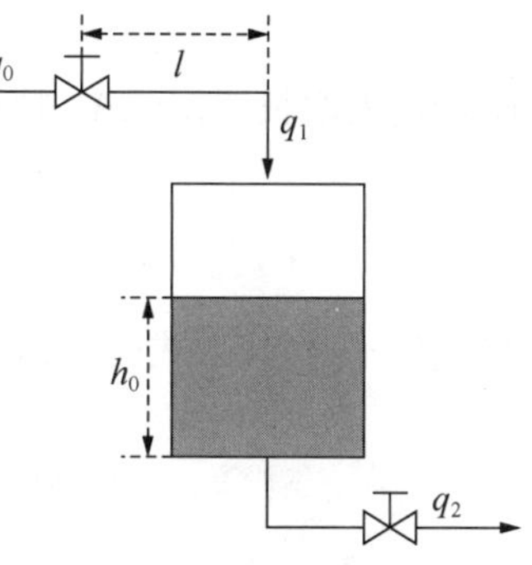

图 5－13　储罐对象

答：(1) 依据动态物料平衡关系：储罐液位的变化率等于单位时间流入量与流出量之差，可以得到：

$$q_1-q_2=F\frac{\mathrm{d}h}{\mathrm{d}t} \tag{5-6}$$

如果不考虑液体流出量与储槽液位的非线性关系，流出量与液位的关系式为：

$$q_2=\frac{h}{R} \tag{5-7}$$

式中：R 为出口阀的阻力系数，近似为常量。将式(5－7)代入式(5－6)可得：

$$q_1 - \frac{h}{R} = F\frac{\mathrm{d}h}{\mathrm{d}t} \tag{5-8}$$

对式(5－8)整理移项后得到：

$$RF\frac{\mathrm{d}h}{\mathrm{d}t} + h = Rq_1 \tag{5-9}$$

式(5－9)为一阶微分方程对两端进行拉氏变换，得到对象的数学模型：

$$G(s) = \frac{h(s)}{q_1(s)} = \frac{R}{RFs+1} \tag{5-10}$$

令 $T=RF$，$K=R$，T 和 K 分别为被控对象的时间常数和放大系数。储罐对象的微分方程和数学模型为：

$$\begin{cases} T\dfrac{\mathrm{d}h}{\mathrm{d}t} + h = Kq_1 \\ G(s) = \dfrac{K}{Ts+1} \end{cases} \tag{5-11}$$

(2) 以 q_0 为操纵变量，它对被控变量 h 产生影响需要延迟一段时间，假定 q_0 流经长度为 l 的管道所需时间为 τ_0，q_0 与 q_1 的关系式为：

$$q_0(t-\tau_0) = q_1(t) \tag{5-12}$$

可以发现此时的储罐对象为具有纯滞后，将式(5－12)代入上一组公式计算，可得微分方程和数学模型为：

$$\begin{cases} T\dfrac{\mathrm{d}h}{\mathrm{d}t} + h = Kq_0(t-\tau_0) \\ G(s) = \dfrac{h(s)}{q_0(s)} = \dfrac{K}{Ts+1}e^{-\tau_0 s} \end{cases} \tag{5-13}$$

阶跃输入增长 $\Delta q_0 = A$，拉氏变换得到：

$$q_0(s) = \frac{A}{s} \tag{5-14}$$

将式(5－14)代入式(5－13)的传递函数可得：

$$h(s) = q_0(s)G(s) = KA\left(\frac{1}{s} - \frac{1}{(s+1/T)}\right)e^{-\tau_0 s} \tag{5-15}$$

对式(5－15)进行拉氏反变换，可以得到储罐对象阶跃输入下的输出响应：

$$y(t) = KA(1 - e^{-\frac{(t-\tau_0)}{T}}) \tag{5-16}$$

【微信扫码】观看本节微课

5.3.3　时域法建模

时域法建模是试验建模的一种，根据输入信号的不同，可以分为阶跃响应曲线法、脉冲响应曲线法、矩形脉冲响应曲线法和频率特性曲线法，本文主要使用阶跃响应曲线法。

阶跃响应曲线法建模过程如图 5－14 所示，断开控制器与调节阀的连接使系统处于开环状态，由信号发生器产生阶跃信号，通过调节阀使对象的输入产生变化，在被控对象输出端接入记录仪，得到被控变量随时间变化的响应曲线，求取被控对象的数学模型。

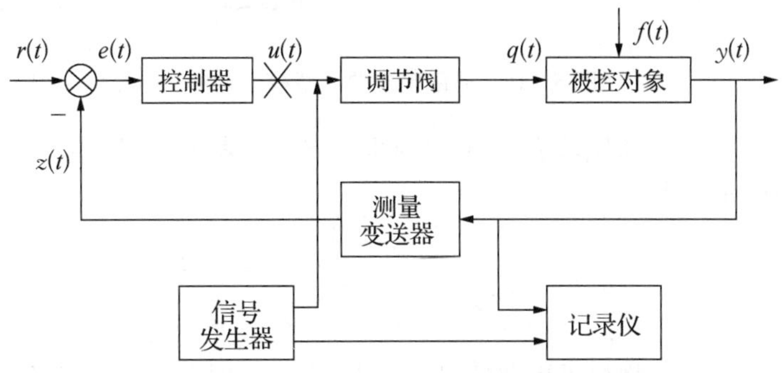

图 5－14　阶跃响应曲线建模示意图

通过实验得到了响应曲线，从而确定被控对象模型的结构和参数，也被称作系统辨识。过程控制领域常见的被控对象可近似为一阶惯性、一阶惯性纯滞后、二阶惯性、二阶惯性纯滞后，下面主要讨论一阶模型的参数确定。

(1) 一阶惯性模型：对象的阶跃响应曲线如图 5－15 所示，阶跃响应初始斜率最大，接着逐渐减小，到稳态值 $y(\infty)$ 斜率趋向于 0，这类响应曲线可用无滞后的一阶惯性环节近似。

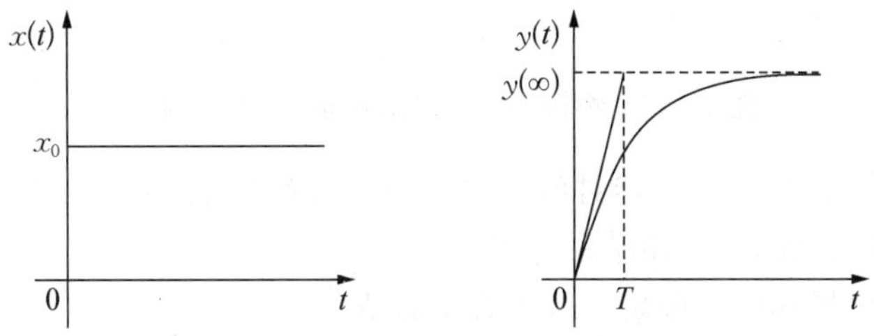

图 5－15　阶跃响应曲线建模示意图

需要确定的模型参数是放大系数 K 和时间常数 T。根据定义可得 $K=y(\infty)/x_0$，依据时间常数的定义对 $y(t)$ 过 $t=0$ 处作切线，切线与 $y(\infty)$ 的交点所对应的时间为 T。一阶惯性对象的输出响应曲线为：

$$y(t)=y(\infty)(1-e^{-\frac{t}{T}}) \tag{5-17}$$

(2) 一阶惯性纯滞后模型：对象的阶跃响应曲线如图 5－16 所示，阶跃响应初始斜率为 0，接着逐渐增大，到达拐点 A 后斜率逐渐减小，到稳态值 $y(\infty)$ 斜率趋向于 0，这类响应曲线可用一阶惯性纯滞后环节近似。

需要确定的模型参数为放大系数 K、时间常数 T 和滞后时间 τ。放大系数用上述相同的方法确定，在 $y(t)$ 斜率最大处（即拐点 A）作切线，切线与时间轴的交点为 B，与 $y(\infty)$

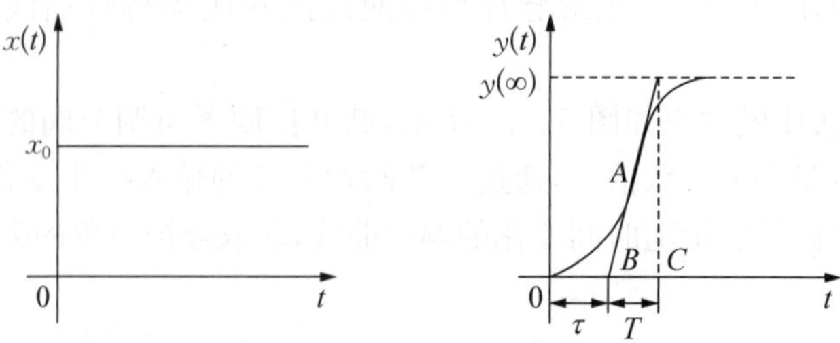

图 5-16　阶跃响应曲线建模示意图

的交点在时间轴投影为 C，$0B$ 段表示滞后时间 τ，BC 段表示时间常数 T。一阶惯性纯滞后模型的输出响应曲线为：

$$y(t)=\begin{cases}0 & t<\tau \\ y(\infty)(1-e^{-\frac{t-\tau}{T}}) & t\geqslant\tau\end{cases} \tag{5-18}$$

例 5-5　为了测定某物料干燥器的对象特性，在某一时刻突然将蒸汽量 Q 从 18 m³/h 增加到 25 m³/h，记录仪得到物料出口温度 θ 的响应曲线如图 5-17 所示。写出物料干燥器对象的传递函数和阶跃响应曲线。

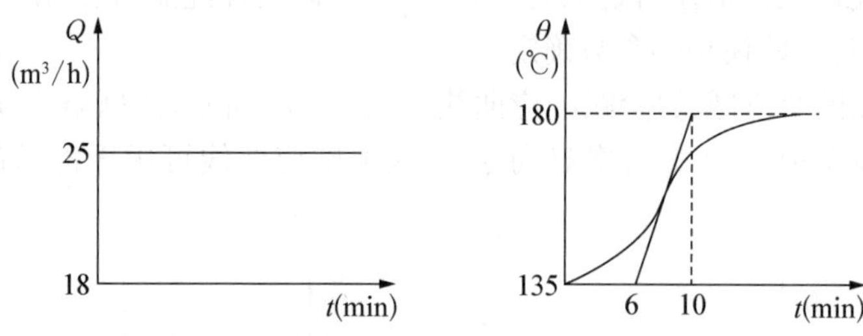

图 5-17　物料干燥器的阶跃输入和输出响应

答：从响应曲线看，物料干燥器对象可用一阶惯性纯滞后环节近似，需要确定的模型参数为放大系数 K、时间常数 T 和滞后时间 τ。

(1) 依据输入增量和输出增量求取放大系数 K：

$$K=\frac{\Delta\theta}{\Delta Q}=\frac{180-135}{25-18}=6.4(℃\cdot h/m^3)$$

(2) 画出切线求出时间常数 T 和滞后时间 τ：

$$T=10-6=4$$
$$\tau=6$$

(3) 将参数代入一阶惯性纯滞后模型的传递函数和阶跃响应曲线：

$$G(s)=\frac{K}{Ts+1}e^{-\tau s}=\frac{6.4}{4s+1}e^{-6s}$$

$$y(t)=y(\infty)(1-e^{-\frac{(t-\tau)}{T}})=45(1-e^{-\frac{(t-6)}{4}})$$

5.4　被控对象的特性实验

5.4.1　单容水箱对象特性的测试

1. 实训目的

(1) 熟悉系统构成及工作原理。

(2) 了解自衡单容对象对于扰动响应的时间特性。

(3) 掌握自衡单容水箱液位的测量方法。

(4) 根据水箱液位的阶跃响应曲线，会求其数学模型。

2. 实训知识点

单容水箱实训系统如图 5－18 所示，流入量和流出量分别为 Q_i 和 Q_o，被控变量为水箱液位 h，一阶水箱对象的传递函数可以用下式描述：

$$G(s)=\frac{K}{(Ts+1)}e^{-\tau s} \tag{5-19}$$

阶跃响应测试法实在水箱对象开环运行状态下，待工况稳定后，手动改变电动调节阀 V_1 的开度，即改变对象的输入信号，记录对象的输出响应曲线，从而确定上述模型中的相关参数。

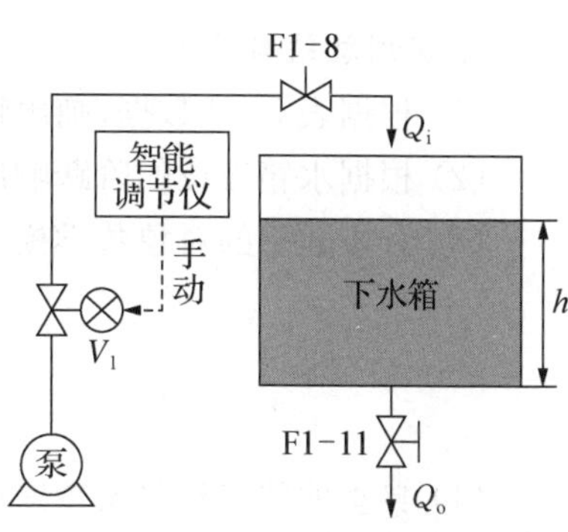

图 5－18　单容水箱实训系统的结构

3. 实训模块与连接

该项目使用的模块包括直流稳压电源、三相电源、智能调节仪、液位传感器、电动调节阀，模块接线如图 5－19 所示。

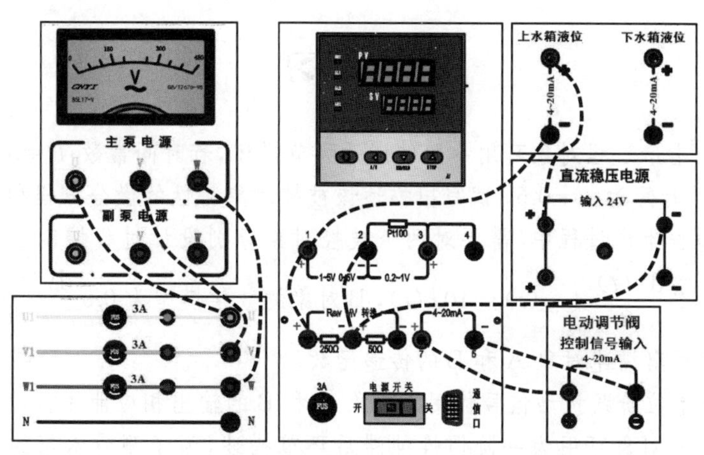

图 5－19　单容水箱实训系统的模块接线图

4. 实训内容与步骤

(1) 按图 5－19 要求连接模块，将主回路手动阀 F1-1、F1-2、F1-5 全开，F1-7 处于 50% 开度，要求 F1-5 开度略大于 F1-7，其余阀关闭。

(2) 接通电源，登录 MCGS 软件打开运行界面。点击实验目录中的“单容水箱特性测试”，出现 MCGS 组态画面。

(3) 令智能调节仪处于手动操作位置，设置电动调节阀开度为 30%，等待水箱的液位处于平衡。

(4) 将电动调节阀开度增加或减少 10%，在表 5-2 中记录水箱的液位的输出变化曲线，直至水箱的液位处于一个新的平衡。

表 5-2　水箱液位数据记录处理表

时间/min										
液位/cm	输入 10%↑									
	输入 10%↓									

5. 实训总结与思考

(1) 根据表 5-2 数据，画出输入增加和减少 10%后，水箱液位的阶跃响应曲线。

(2) 根据水箱液位的阶跃响应曲线，计算水箱液位的传递函数。

(3) 分析建立的对象数学模型精度与哪些因素有关?

本章知识点

(1) 典型的被控过程及传递函数(自衡与非自衡、单容与多容、振荡与反向特性)。

(2) 理解 K,T,τ 表示的被控过程特性。

(3) 选择控制通道和干扰通道的 K,T,τ。

(4) 机理法建立单容水箱的数学模型(微分方程表示、传递函数表示、输出阶跃响应)。

(5) 时域法确定特性参数并建立对象数学模型。

本章练习

1. 已知一个生产过程对象可用一阶纯滞后环节描述，若时间常数 $T=3$，放大系数 $K=7$，纯滞后时间为 $\tau=0.5$，试写出描述该被控对象特性的微分方程和传递函数。

2. 在重油裂解生产过程中，需要对两个被控对象分别设计过程控制系统，A 对象的数学模型为 $2\frac{\mathrm{d}y(t)}{\mathrm{d}t}+y(t)=10x(t)$，B 对象的数学模型为 $0.5\frac{\mathrm{d}y(t+2)}{\mathrm{d}t}=x(t)$。

(1) 分别写出描述对象 A 和 B 的传递函数。

(2) 画出单位阶跃扰动信号作用下对象 A 和 B 的输出相应曲线。

3. 某单容水箱对象可用为一阶惯性纯滞后环节描述，为了测量水箱的对象特性，如图 5-20 所示在某瞬间将变频器频率从 24 Hz 增加到 30 Hz，液位阶跃响应曲线从初始为 5 m 不断增长，最终稳定于 12 m。

(1) 根据输入和输出曲线确定该对象的 K、T、τ。

(2) 写出描述该对象特性的微分方程式及其传递函数表达式。

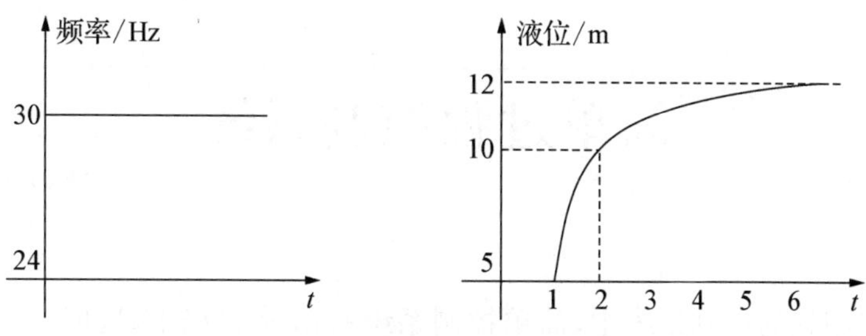

图 5-20　单容水箱对象输入和输出变化曲线

4. 一个水槽对象如图 5-21 所示，由泵抽出槽中的水，流入量和流出量分别为 q_o 和 q_i，截面积为 1.2 m²。初始阶段液位 h 保持稳定，某一时刻 q_i 增加了 0.2 m²/h，试列出该水槽对象的微分方程及传递函数表达式，并画出水槽液位的输出响应曲线。

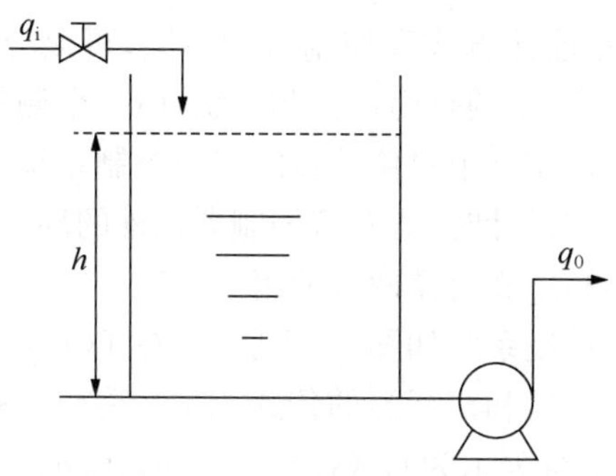

图 5-21　泵控制的水槽对象

第 6 章

简单过程控制系统

在工业生产用到的控制系统中，简单控制系统占据 80%以上，同时一些完成特定生产任务的复杂控制系统和高级控制系统也是在简单控制系统基础上发展起来的。本章重点介绍简单过程控制系统的设计及 PID 参数的整定。

6.1 简单过程控制系统的构成

根据自动化仪表的数量、连接方式和控制目的不同，可以分成多种不同类型的过程控制系统。其中，最基本的是简单控制系统，由一个测量仪表、一个控制器和一个执行器所组成的控制一个对象参数的闭环控制系统，因此也称为单回路控制系统。在系统分析和设计时，通常将控制器以外的环节合称为广义对象，简单过程控制系统可以看成由控制器和广义对象两部分组成。

用传递函数来表示简单控制系统如图 6－1 所示，$G_o(s)$、$G_m(s)$、$G_c(s)$ 和 $G_v(s)$ 分别为被控对象、测量变送器、控制器和执行器的传递函数，$G_d(s)$ 为干扰通道的传递函数。广义对象的传递函数为 $G_p(s)$，可表示为 $G_p(s)=G_v(s)G_o(s)G_m(s)$。

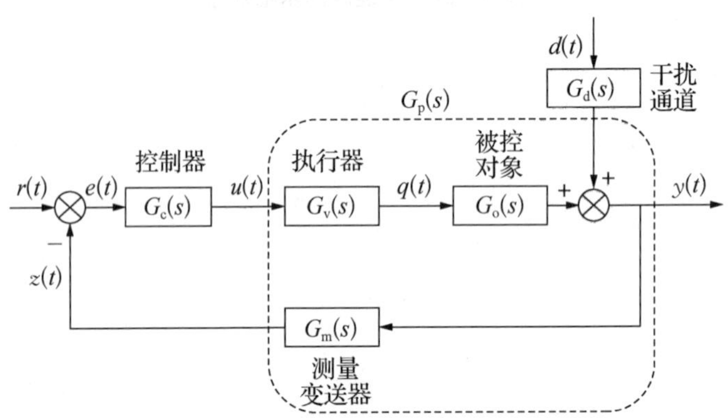

图 6－1　传递函数表示简单控制系统

简单过程控制系统的输入与输出关系为：

$$Y(s)=\frac{G_c(s)G_v(s)G_0(s)}{1+G_c(s)G_v(s)G_0(s)G_m(s)}R(s)+\frac{G_d(s)}{1+G_c(s)G_v(s)G_0(s)G_m(s)}D(s) \tag{6-1}$$

系统工作分为两种情况：

(1) 生产过程平稳运行时，可忽略扰动作用的影响，即 $D(s)=0$，系统主要任务是要求输出 $Y(s)$ 能快速跟踪设定值 $R(s)$，表示为：

$$Y(s)=\frac{G_c(s)G_v(s)G_0(s)}{1+G_c(s)G_v(s)G_0(s)G_m(s)}R(s) \tag{6-2}$$

(2) 设定值 $R(s)$ 在一定时间内保持不变，即 $R(s)=0$，系统主要任务是克服扰动 $F(s)$ 对输出 $Y(s)$ 的影响，表示为：

$$Y(s)=\frac{G_d(s)}{1+G_c(s)G_v(s)G_0(s)G_m(s)}D(s) \tag{6-3}$$

简单过程控制系统结构简单、投资低、维护方便，工业生产过程中广泛应用，某个大型化肥厂 85％的控制系统为简单控制系统。一些复杂控制系统和高级控制系统，也是在简单控制系统的基础上构成的，因而十分有必要先学习和掌握简单过程控制系统。

6.2　简单过程控制系统的设计

6.2.1　过程控制系统设计概述

工业生产提出的过程控制系统设计要兼具安全性、稳定性和经济性，简单控制系统设计主要步骤包括：

(1) 确定系统变量。根据过程控制的控制目的和工艺要求，选择系统变量。系统变量包括被控变量和操纵变量。

(2) 建立数学模型。建立尽可能准确描述被控对象的数学模型，指导控制理论分析和设计，这部分内容在第 5 章进行了详细介绍。

(3) 系统硬件选型。分析控制系统的输入/输出和控制要求选定系统硬件，系统硬件包括检测变送器、控制器和执行器，分别在 2～4 章进行了详细介绍。

(4) 确定控制方案。系统的控制方案包括系统构成、控制方式、控制规律的确定，是整个控制系统设计的关键。要考虑方案的准确性、稳定性、可行性和经济性，反复研究与比较，制定出合理的控制方案。

(5) 系统仿真与实验研究。通过系统仿真与实验研究可以检验控制系统的理论分析与方案设计是否正确，许多在理论设计中考虑不周全的问题，可以通过仿真与实验进行验证，其中 MATLAB 是进行系统仿真的有效工具。

(6) 设计安全保护系统。保证生产和人身安全的主要措施是设计报警和联锁保护系统。报警系统是对于系统关键参数，在超出上下限时发出警报及时提醒操作人员。联锁保护系统是当生产出现严重事故时，使系统设备按预设程序停止运行。

(7) 系统调试和投运。过程控制系统安装完毕后，应该进行现场调试及试运行，按控制要求检查仪表的运行状况、整定各个参数，使控制系统运行在最优状态。

6.2.2　被控变量的选择

被控变量的选择对于提高产品质量、安全生产以及生产过程的经济运行均有重要意义。通常选择工业生产过程中表征物料和能量平衡、产品质量或成分及限制条件的关键状态变量。根据被控变量与生产过程的关系，可将其分为两种类型的控制形式：直接参数控制与间接参数控制。

(1) 直接参数选作被控变量:对于以温度、压力、流量、液位为操作指标的生产过程,很明显可以直接选择这些参数为被控变量。

(2) 间接参数选作被控变量:如果工艺上是按质量指标进行操作的,理应以产品质量作为被控变量进行控制,但采用质量指标作为被控变量,必然要涉及产品成分或物性参数(如密度、黏度等)的测量问题。

无法采用直接参数主要原因是缺乏各种合适的检测手段,也有一些情况可以直接测量,但信号微弱或测量滞后太大。选用的间接参数通常与直接参数有单值对应关系,且有足够的灵敏度。

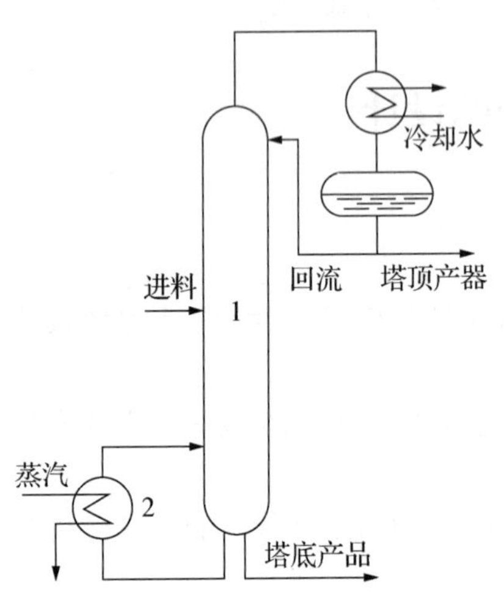

图 6-2 精馏过程示意图

例 6-1 精馏过程如图 6-2 所示,工作原理是利用被分离物各组分的挥发度不同,把混合物各组分分离,如果工艺要求使塔顶产品达到规定的纯度,应当如何选择被控变量。

答:分析 1:塔顶馏出物的组分 X_D 是与产品纯度直接相关的质量指标,但成分检测非常困难而且会存在较大的滞后,因此不能以 X_D 为被控变量进行直接参数控制。

分析 2:在苯-甲苯二元系统中,气液两相并存时易挥发组分苯的百分浓度 X_D 与塔顶温度 T_D 和压力 P 相关联。由图 6-3 为苯-甲苯二元系统的变量关系图可知,压力 P 恒定时,X_D 与 T_D 成反比关系;而塔顶温度 T_D 保持不变,X_D 与 P 成正比关系。由此可见,固定 T_D 和 P 两者中的一个,另一个变量就可以替代 X_D 作为被控变量。

分析 3:从工艺合理性来看,精馏塔塔顶的压力 P 往往需要固定,才能保证分离纯度,因此选择塔顶温度 T_D 作为被控变量,进行间接指标控制。

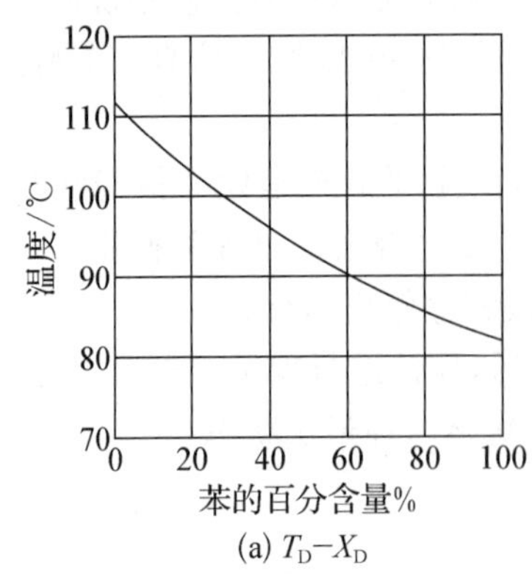

(a) T_D–X_D

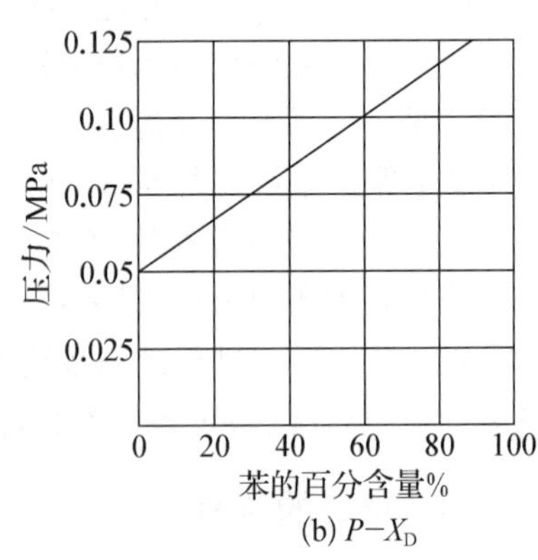

(b) P–X_D

图 6-3 苯-甲苯二元体系的变量关系图

工业生产过程为了实现工艺要求,往往有多个工艺变量或参数可以作为被控变量的候选，通常遵循的被控变量选择原则包括：

（1）要有代表性。被控变量应能代表一定工艺操作指标或能反映工艺操作状态，一般都是工艺过程中比较重要的变量。

（2）灵敏度要高。被控变量应能被测量出来，并具有足够大的灵敏度。

（3）成本要低。必须考虑工艺的合理性和国内仪表产品现状。

6.2.3　操纵变量的选择

被控变量同时受干扰作用和控制作用的影响，正确选择一个可控性良好的操纵变量，可以使控制系统快速有效地克服干扰的影响，从而保证生产过程平稳操作。操纵变量一般选择系统中可以调整的物料量或能量参数，遇到的最多的则是介质的流量。

例 6－2　精馏塔的工艺流程图如图 6－4 所示，生产过程中要求维持灵敏板温度恒定，从而保证塔底成分满足工艺要求。选择提馏段灵敏板的温度 T_L 为被控变量，应当如何选择操纵变量。

答：分析 1：从工艺流程图可知，影响提馏段灵敏板的温度 T_L 的因素主要包括：进料的流量 Q_I、成分 X_I、温度 T_I，回流的温度 T_H、流量 Q_H，蒸汽流量 Q_Z。

分析 2：首先根据可控性对影响因素进行筛选，不可控因素通常是工艺上不允许发生波动的变量，从工艺角度看上述影响因素中只有回流流量 Q_H 和蒸汽流量 Q_Z 是可控的。

分析 3：这两个可控的影响因素中，蒸汽流量 Q_Z 对提馏段灵敏板温度 T_L 的影响更及时、更显著；同时从节能的角度，调节回流流量 Q_H 能量消耗更大。因此，选择蒸汽流量 Q_Z 为操纵变量。

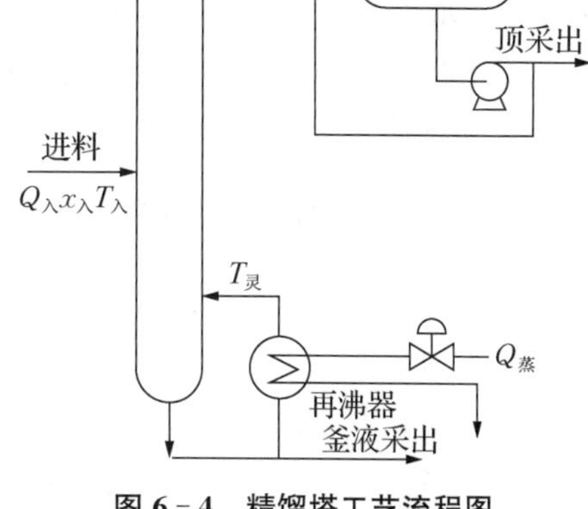

图 6－4　精馏塔工艺流程图

因此，工业生产过程中选择操纵变量的主要原则包括：

（1）操纵变量必须是工艺上允许调节的变量。

（2）操纵变量一般应当比其他输入变量被控变量影响更加灵敏。

（3）操纵变量应尽量使扰动作用点远离被控变量而靠近调节阀。

（4）除了控制的角度，还要考虑工艺的合理性与生产的经济性。

6.2.4　控制方案的确定

【微信扫码】
观看本节微课

本节主要讨论控制规律的选择和控制器正/反作用的选择。

1. 控制规律的选择

控制规律的选择不仅要考虑对象特性、负荷变化、主要干扰以及控制要求等因素，还要考虑系统经济性和投运维护便利性。工业上常用的控制规律极其特点罗列如下：

（1）位式控制：简单，一般适用于对控制质量要求不高的，被控对象是单容的且容量较大、滞后较小、负荷变化不大也不激烈、工艺允许被控变量波动范围较大的场合。

(2) P控制:适用于干扰变化幅度小,对象滞后较小,控制质量要求不高,且系统允许有一定范围余差的场合。

(3) PI控制:适用于控制通道滞后较小、负荷变化不大、工艺不允许被控变量存在余差的场合。

(4) PD控制:适用于被控对象容量较大的场合,对信号有噪声或周期干扰系统不能采用微分作用。

(5) PID控制:适用于负荷变化和对象容量滞后都较大、纯滞后不太大且控制质量要求又较高的场合。

控制规律可以根据广义被控对象的特点进行选择,选择原则如下:

(1) 广义被控对象控制通道时间常数较大或容积滞后较大时,应引入微分作用。如工艺容许有残差,可选用比例微分控制;如工艺要求无残差时,则选用比例积分微分控制。如温度、成分、pH值控制等。

(2) 当广义被控对象控制通道时间常数较小,负荷变化也不大,而工艺要求无残差时,可选择比例积分控制。如管道压力和流量的控制。

(3) 广义被控对象控制通道时间常数较小,负荷变化较小,工艺要求不高时,可选择比例控制,如贮罐压力、液位的控制。

(4) 当广义被控对象控制通道时间常数或容积迟延很大,负荷变化亦很大时,简单控制系统已不能满足要求,应设计复杂控制系统或先进控制系统。

若将广义对象的模型用$G_p(s)=\dfrac{K_0e^{-\tau_0 s}}{T_0s+1}$来表示时,可以根据$\tau_0/T_0$比值选择调节器控制规律:

(1) 当$\tau_0/T_0<0.2$时,选用P或PI控制规律;

(2) 当$0.2\leqslant\tau_0/T_0\leqslant1$时,选用PI或PID控制规律;

(3) 当$\tau_0/T_0>1$时,采用单回路控制系统往往已不能满足工艺要求,应根据具体情况采用其他控制方式,如串级控制或前馈控制等方式。

2. 控制器正/反作用选择

工业生产对过程控制系统的基本要求是被控变量偏高时,控制作用要使其降低;而被控变量偏低时,控制作用要使其升高。因此,要求过程控制系统正常且安全的工作,要让被控对象、测量变送器、执行器和控制器四个环节的作用方向组合构成负反馈。

过程控制系统中,各环节的作用方向规定如下:

(1) 正作用方向:环节的输入信号增加或减少,输出信号也随之增加或减少;输入信号与输出信号作用方向相同。

(2) 反作用方向:环节的输入信号增加或减少,输出信号也随之减少或增加;输入信号与输出信号作用方向相反。

在图6-1所示的控制系统框图中,每个环节的正/反作用都可以用该环节的增益正负来表示,在框边上标“+”或“-”。为了确保系统负反馈,要使得系统开环时各个环节增益的乘积为负。接着,分别讨论各个环节的正/反作用确定。

(1) 被控对象

被控对象输入信号为操纵变量 $q(t)$，输出信号为被控变量 $y(t)$，其作用方向由工艺机理和对象的具体情况决定。被控对象的输入与输出方向相同时为正作用，增益为“+”，反之，被控对象的输入与输出方向相反时为反作用，增益为“−”。

(2) 测量变送器

测量变送器的输入信号为被控变量 $y(t)$，输出信号为测量值 $z(t)$，两者的作用方向始终要求一致。因此，测量变送器通常都是正作用，增益为“+”。

(3) 执行器

执行器主要包括变频器和调节阀。变频器和电动调节阀通常都是正作用，增益为“+”。气动调节阀作用方向取决于工艺安全条件，如果是气开阀，输入控制器信号 $u(t)$ 增加，阀门开大，输出操纵变量 $q(t)$ 增加，气开阀是正作用，增益为“+”；如果是气关阀，输入控制器信号 $u(t)$ 增加，阀门关小，输出操纵变量 $q(t)$ 减少，气开阀是反作用，增益为“−”。

(4) 控制器

控制器的输入信号为测量值与给定值的偏差 $e(t)$，输出为控制信号 $u(t)$ 。在实际仪器制造行业，习惯把偏差定义为：

$$e(t)=z(t)-r(t) \tag{6-4}$$

这和控制理论分析定义是相反的。控制器的设定值 $r(t)$ 不变，测量值 $z(t)$ 增加，或者设定值 $r(t)$ 减小，测量值 $z(t)$ 不变，控制信号 $u(t)$ 也增加，此时为正作用，增益为“+”。相反，控制器输入相同变化时，控制信号 $u(t)$ 随之减小，此时为反作用，增益为“−”。

控制器的作用方向与被控对象、测量变送器和执行器组成的广义对象作用方向相反，确保整个系统开环增益为“−”。假若被控对象为“+”，执行器为“−”，测量变送器为“+”，则广义对象为“−”，而控制器要选择“+”。下面举例进一步说明。

例 6－3　一个加热炉的出口温度控制系统如图 6－5 所示。系统中被控对象是加热炉，被控变量是原料油的出口温度，操纵变量是燃料气的流量，生产工艺要求防止加热炉干烧，试确定控制器的正/反作用。

答：(1) 被控对象是加热炉，燃料气的流量增加时，原料油的出口温度也会增加，即输入↑，输出↑，被控对象为正作用，增益为“+”。

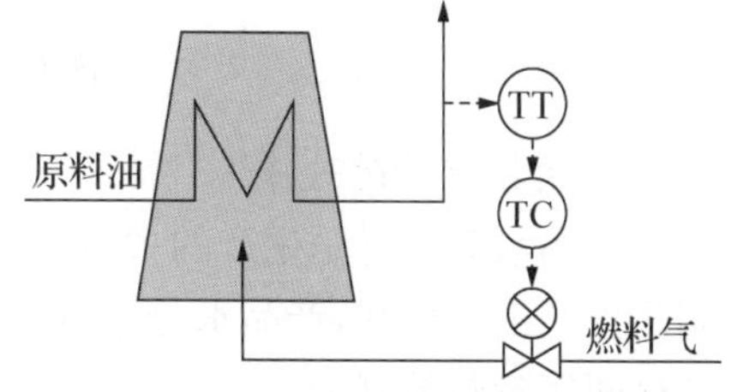

图 6－5　加热炉出口温度控制示意图

(2) 执行器是气动调节阀，从安全角度要防止炉干烧，信号中断时，要关闭阀门，选择气开阀，执行器是正作用，增益为“+”。

(3) 被控对象为“+”，执行器为“+”，测量变送器为“+”，则广义对象为“+”，控制器要选择反作用，增益为“−”。

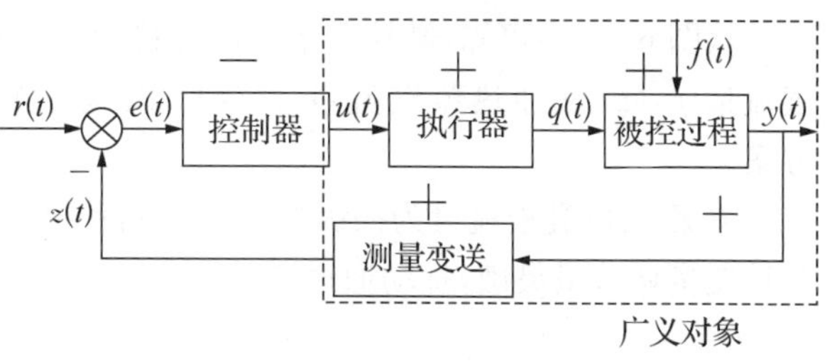

图 6－6　加热炉出口温度控制方框图

在控制系统方框框图中表示每个环节得正/反作用如图 6－6 所示，当干扰导致炉温 $y(t)$↑，控制器输出信号

$u(t)\downarrow$，阀门开度↓，燃料气的流量 $q(t)\downarrow$，使得炉温 $y(t)\downarrow$，这样保证加热炉的加热过程构成负反馈的闭环系统。

6.2.5 简单控制系统设计实例

【微信扫码】
观看本节微课

例 6－4 乳化物干燥过程如图 6－7 所示，浓缩的乳液由高位槽流下，经轮换使用的过滤器 A 或 B 去掉凝结块和杂质，从干燥器顶部由喷嘴喷出。与此同时，干燥空气经过滤后由涡轮鼓风机引入，经过加热器将空气加热成热空气，与另一部分旁路冷空气混合经风管至干燥器。雾化后的乳液迅速与热空气接触后，水分被瞬间蒸发。乳液干燥成颗粒降至底部，分离出乳粉产品。生产工艺对干燥后产品质量要求高，含水量不能波动太大。

图 6－7　乳化物干燥过程示意图

1. 被控变量的选择

产品水分含量是生产的关键指标，但测量水分的仪表精度较低，无法进行直接参数控制。生产工艺可知，产品水分含量和干燥温度相关，因而选择干燥器进口温度为被控变量，进行间接参数控制。

2. 操纵变量的选择

从图 6－7 中可知，被控变量干燥器进口温度的影响因素包括乳液流量 $f_1(t)$、旁路空气流量 $f_2(t)$ 和加热蒸汽流量 $f_3(t)$，以这三个影响因素作为操纵变量，构成三种控制方案。

方案 1：以乳液流量为操纵变量。控制系统方框图如图 6－8 所示，控制通道滞后小，对被控变量调节最灵敏，扰动通道滞后大。

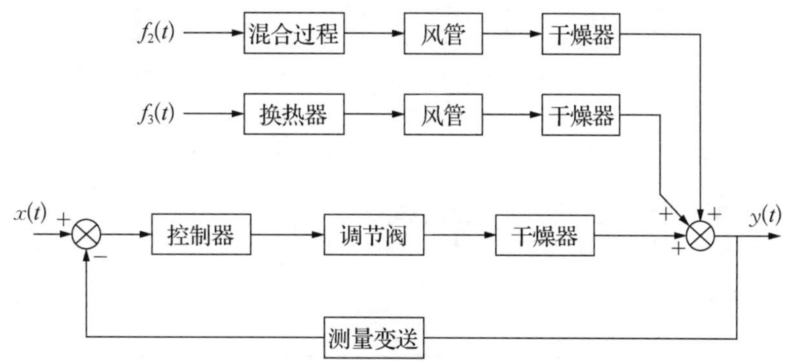

图 6-8　以乳液流量为操纵变量的控制系统方框图

方案 2:以旁路空气流量为操纵变量。控制系统方框图如图 6-9 所示,控制通道增加了一个纯滞后环节调节性能下降,但是该方案避免了工艺的不合理。由于系统的纯滞后时间小,对系统性能影响不大。

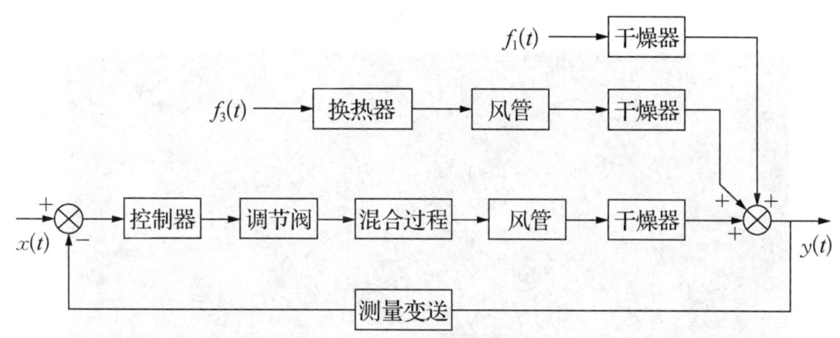

图 6-9　以旁路空气流量为操纵变量的控制系统方框图

方案 3:以蒸汽流量为操纵变量。控制系统方框图如图 6-10 所示,控制通道滞后大,容量滞后和纯滞后同时存在,控制灵敏度变差。

假设干燥器传递函数 $G_0(s)=500e^{-12s}/(130s+1)$,管路传递的纯滞后环节 $\tau=3$,热交换器传递函数为 $G_p(s)=1/(100s+1)^2$,控制器采用 PID 控制器,系统施加阶跃干扰信号,三种方案的仿真模型如图 6-11(a)所示,响应曲线如图 6-11(b)所示。

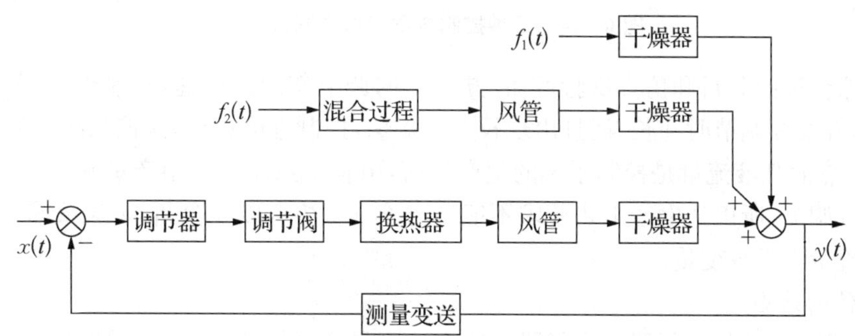

图 6-10　以蒸汽流量为操纵变量的控制系统方框图

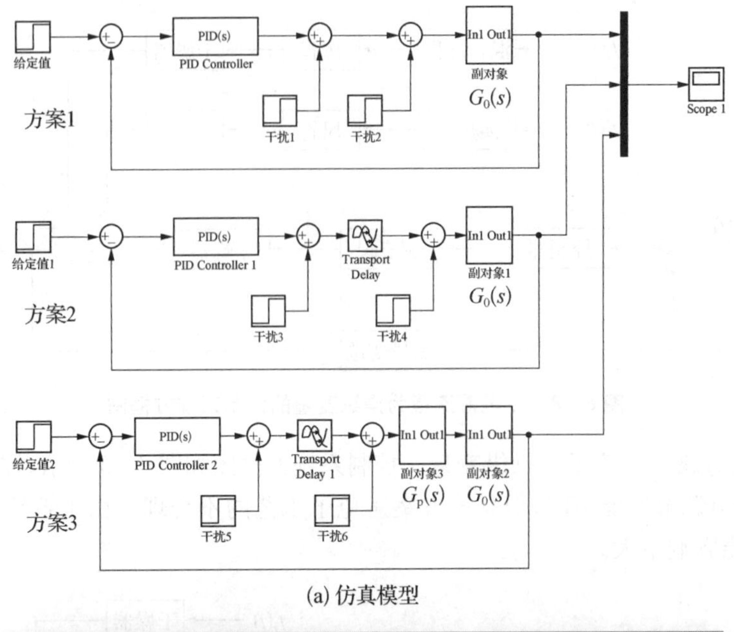

(a) 仿真模型

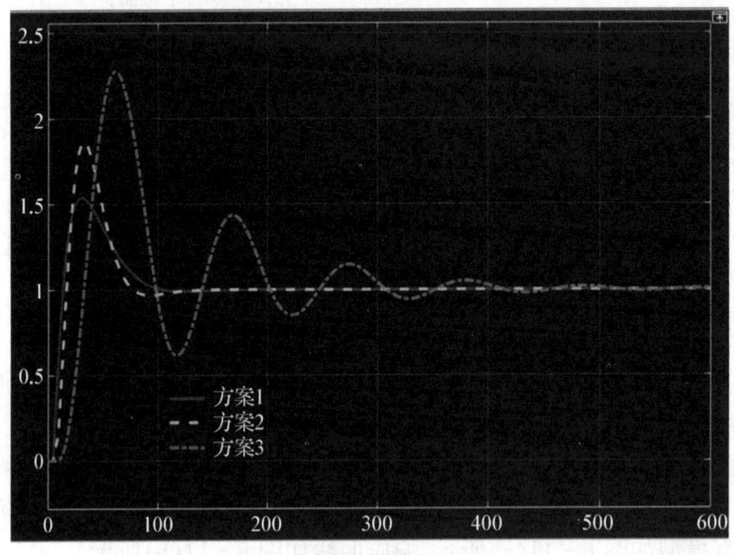

(b) 响应曲线

图 6-11　三种控制方案的仿真试验对比

综合理论分析和仿真试验可知，方案 1 的调节作用最迅速，控制性能最佳，方案 2 稍逊一筹，方案 3 调节时间长，而且出现较大的振荡，控制性能最差，从控制品质的角度应该选方案 1。然而乳液流量是控制系统的生产负荷，由整个系统的期望产量确定，生产负荷通常不能进行调节，所以从生产工艺要求不能选方案 1。综合以上分析，方案 2 最合适，选择旁路空气流量为操纵变量。

3. 硬件的选型

包括检测变送器、控制器和执行器的选型。测量变送器要测量的干燥温度在 600 ℃以下，可以选用热电阻温度变送器，采用三线制接法，提高检测精度。

执行器为气动调节阀,生产工艺要求信号中断时阀门全开,保证冷空气流入,防止干燥器温度过高,因此选择气关式调节阀。控制器可选择数字式 PID 调节器,工艺要求温度波动要小于±2 ℃,需要依靠 I 作用消除余差,控制规律选择 PI 或 PID。

4. 控制器方案的确定

控制器的正/反作用选择如下:

(1) 被控对象是喷雾干燥器,输入信号旁路空气流量增加时,输出信号干燥器进口温度会随之减小,即输入↑,输出↓,被控对象为反作用,增益为"—"。

(2) 执行器是气动调节阀,从安全角度要防止干燥器温度过高,信号中断时,阀门全开保证冷空气流入,选择气关阀,执行器是反作用,增益为"—"。

(3) 被控对象为"—",执行器为"—",测量变送器为"+",则广义对象为"+",控制器要选择反作用,增益为"—"。

乳化物干燥的过程控制系统如图 6-12 所示,被控变量为干燥器进口温度,操纵变量为旁路空气流量。当干扰导致干燥温度 $y(t)$↑,控制器输出信号 $u(t)$↓,阀门开度↑,旁路空气流量 $q(t)$↑,使得干燥温度 $y(t)$↓,这样保证乳化物干燥构成负反馈的闭环系统。

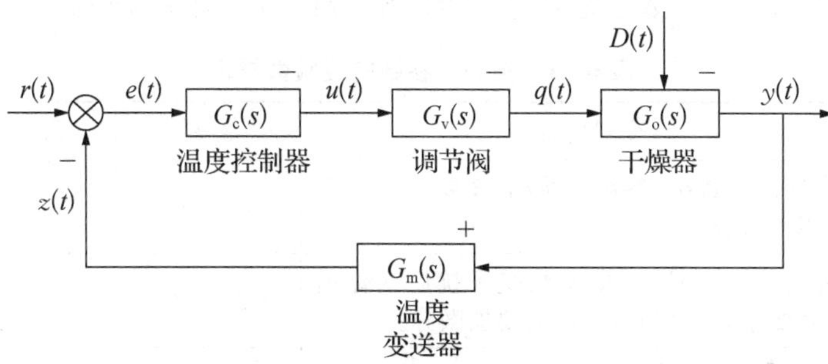

图 6-12　乳化物干燥的过程控制方框图

5. 系统投运

系统正常使用之前的检测和调试主要环节为:对热电阻温度变送器标定及测试;手动调整阀的开度,观察手动控制效果;手动运行稳定一段时间后再切换到自动运行;记录自动运行数据,整定控制器参数,直至符合生产工艺要求。

6.3　PID 参数整定

6.3.1　参数整定方法

【微信扫码】
观看本节微课

1. 参数整定概念

不同的 PID 参数对控制品质有不同的影响,所以要求在系统投运后必须进行控制器参数的整定工作。参数整定的实质是通过改变控制器的比例度 δ、积分时间 T_I 和微分时间 T_D,使其特性和对象特性相匹配,以改变系统的动态和静态指标,争取最佳控制效果。

在简单过程控制系统中，参数整定通常以系统衰减比 $n=4:1$ 为主要指标，同时尽可能满足稳态误差、超调量和过渡过程时间等其他指标。根据工艺过程对控制品质的要求不同，参数整定有时候也会采用误差积分性能指标。

参数整定方法主要分为两大类：

(1) 理论计算法。根据已知的广义对象特性及控制品质要求，通过理论计算出控制器的最佳参数。主要有对数频率特性法和根轨迹法，这类方法比较烦琐、工作量大、计算结果有时与实际情况有较大偏差，故在工程实践中未能进一步推广和应用。

(2) 工程整定法。无须知道对象的数学模型，直接在过程控制系统中进行现场整定参数。主要有经验法、临界比例度法和衰减曲线法等，这类方法简单实用、计算简便、易于工程应用。

下面主要介绍工程整定类的经验整定法和临界比例度法。

2. 经验整定法

在现场的过程控制系统调试，工程师通常会根据长期生产实践的总结进行经验整定。经验整定法根据经验先将参数放在一个数值上，通过改变给定值施加干扰，在记录仪上观察过渡过程曲线，运用参数对过渡过程的影响为指导，按顺序逐个整定 δ、T_I、T_D，直到获得满意的过渡过程为止。

对不同被控变量进行参数整定时，参数的特性分析和经验数据见表 6-1。

表 6-1　控制器参数的经验数据表

被控变量	变量特征	δ/%	T_I/min	T_D/min
流量	对象时间常数小，参数有波动，δ 要大，T_I 要短，不用微分。	40～100	0.3～1	—
温度	对象容量滞后较大，即参数受干扰后变化迟缓，δ 要小，T_I 要长，一般需要加微分。	20～60	3～10	0.5～3
压力	对象容量滞后一般，一般不加微分。	30～70	0.4～3	—
液位	对象时间常数范围较大。要求不高时 δ 在一定范围内选取，一般不用积分和微分。	20～80	—	—

经验法参数整定的具体步骤如下：

(1) 控制器设置成纯比例作用。令积分时间 $T_I=\infty$，微分时间 $T_D=0$，比例度 δ 按经验设置的初值，将系统投入运行。改变系统给定值，观察被控变量记录曲线形状，如果衰减比过大，说明 δ 值偏大，反之衰减比过小，表示 δ 值偏小，调整比例度 δ 直至衰减比 $n=4:1$ 符合要求。

(2) 如果要消除余差，引入积分作用。积分作用会降低系统的稳定性，需要用增加上一步调好的比例度 δ 来进行补偿。根据记录曲线的衰减比和余差的消除情况，由大到小整定 T_I。

(3) 若引入微分作用时，增加了系统的稳定性，要将调整好的 δ 和 T_I 减小一些，由小到大整定 T_D。

经验整定法的关键是“看曲线，调参数”。因此，必须清楚控制器参数变化对过渡过程的影响。下面通过两个例子来说明如何依据过渡过程曲线来分析并整定参数。

例 6-5　在参数整定过程中出现图 6-13 所示的过渡过程曲线，试分析如何进行调整参数？

答：(1) 从图中可以观察到 a 和 b 曲线中被控变量变化缓慢，系统无法快速地达到稳定状态。表明控制作用弱，通常由于 δ 过大或 T_I 过大造成。

(2) a 曲线对应 δ 过大，曲线漂移较大，变化不规则。b 曲线对应 T_I 过大，曲线虽然带有振荡分量，但它漂移在设定值的一边，而且渐进地靠近设定值。可以分别通过减小 δ 和降低 T_I 来加强控制作用，使系统调节更加迅速。

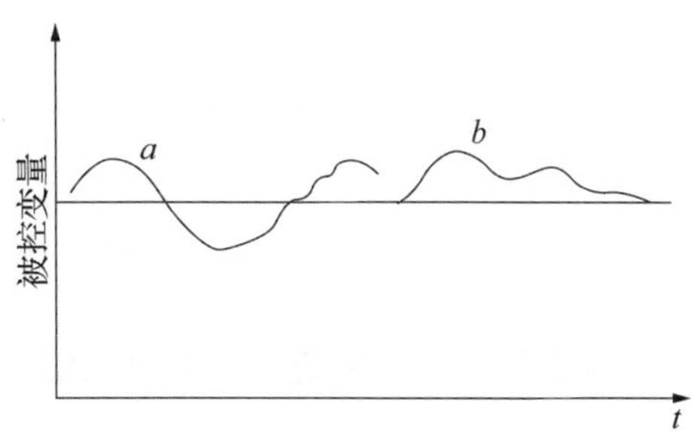

图 6－13　过渡过程曲线比较Ⅰ

例 6－6　在参数整定过程中出现图 6－14 所示的过渡过程曲线，试分析如何进行调整参数？

答：(1) 从图中可以观察到三条曲线中被控变量均有剧烈的振荡，系统的稳定性差。表明控制作用过强，通常由于 δ 过小，T_I 过小或 T_D 过大造成。

(2) a 曲线振荡周期较长，对应 T_I 过小。c 曲线振荡周期较，对应 T_D 过大。b 曲线振荡周期介于两者之间，对应 δ 过小。可以分别通过提高 δ、增加 T_I 和较少 T_D 过大来降低控制作用，使过渡过程平稳缓和。

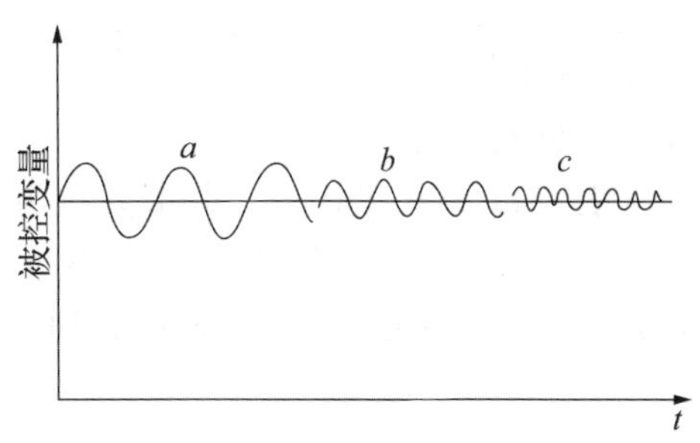

图 6－14　过渡过程曲线比较Ⅱ

3. 临界比例度法

临界比例度法是目前使用较多的一种闭环整定方法，通过临界振荡试验获得临界比例度 δ_k 和临界振荡周期 T_k，再根据表 6－2 所示的经验公式求取控制器参数。

表 6－2　临界比例度法参数计算表

控制作用	δ/%	T_I/min	T_D/min
P	$2\,\delta_k$	—	—
PI	$2.2\,\delta_k$	$0.85\,T_k$	—
PD	$1.8\,\delta_k$	—	$0.85\,T_k$
PID	$1.7\,\delta_k$	$0.5\,T_k$	$0.125\,T_k$

临界比例度法整定的具体步骤如下：

(1) 在闭环控制系统里，将控制器置于纯比例作用下，即积分时间 $T_I=\infty$，微分时间 $T_D=0$。在阶跃干扰 f 作用下，从大到小逐渐改变比例度 δ，直到出现如图 6－15 所示的等幅振荡过渡过程。

(2) 记录此时的比例度为临界比例度 δ_k，相邻两个波峰间的时间间隔为临界振荡周期 T_k，对应表 6－2 确定控制器参数。

临界比例度法简单方便，易于判断，适用于许多过程控制系统，但是对于工艺上不允许出现等幅振荡或临界比例度很小的被控过程不适用。临界比例度很小对应极强的控制作用，被控变量容易超出允许范围，影响生产正常运行。

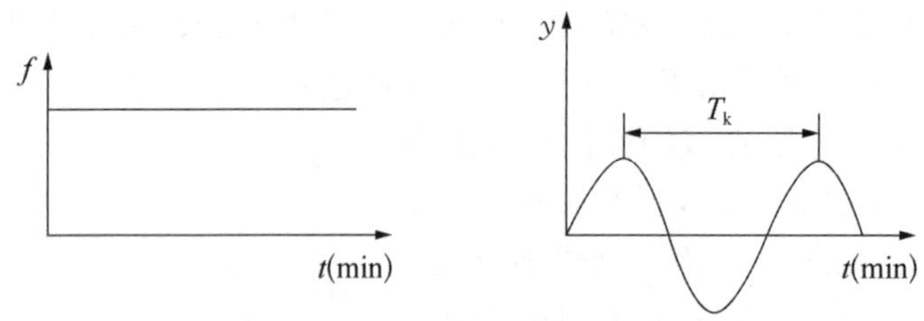

图 6-15　等幅振荡的过渡过程

6.3.2　参数整定的 MATLAB 示例

利用 MATLAB 的 Simulink 可以方便地建立简单控制系统模型，进行 PID 控制器参数整定的仿真研究。

例 6-7　利用临界比例度法参数整定，已知广义被控对象的传递函数为 $G_P(s)=\dfrac{8}{(360s+1)}e^{-180s}$，计算系统采用 P、PI、PID 调节规律时的控制器参数，并绘制整定后系统的单位阶跃响应曲线。

答：(1) 首先建立 Simulink 系统仿真框图如图 6-16 所示。将 PID 控制器的积分时间 T_I 设置为无穷大、微分时间 T_D 设置为零、比例增益 K_c 设置较小的值。将仿真时间设置为 2 000，启动仿真便可在示波器中看到单位阶跃响应曲线。

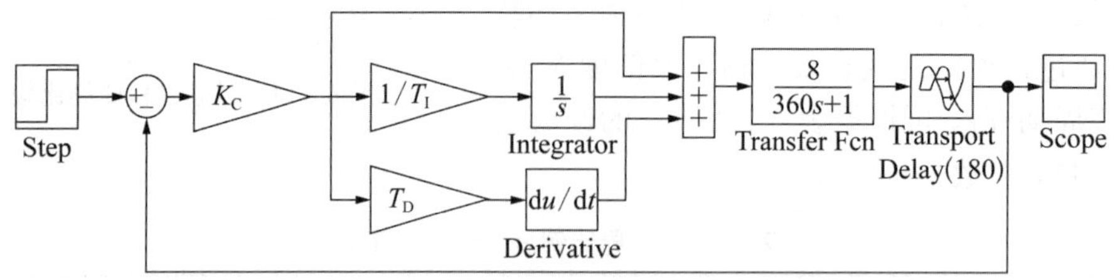

图 6-16　系统仿真框图

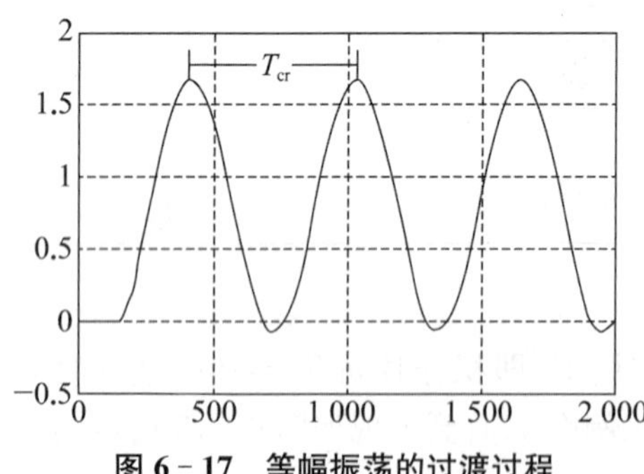

图 6-17　等幅振荡的过渡过程

(2) 逐渐增大比例系数 K_c，直到 $K_c=0.48$ 出现如图 6-17 所示的等幅振荡响应曲线，即临界振荡过程。计算此时的临界比例系数 $\delta_k=1/K_c=2.07$，两个波峰间的时间为临界振荡周期 $T_k=635$。

(3) 根据表 6-2 的计算公式表，可以求出采用不同调节规律时的控制器参数。

P 控制时：$\delta=2\times\delta_k=4.14$

PI 控制时：$\delta=2.2\times\delta_k=4.55$；$T_I=0.85\times T_k=539.75$

PID 控制时：$\delta=1.7\times\delta_k=3.52$；$T_I=0.5\times T_k=317.5$；$T_D=0.125\times T_k=79.38$

(4) 分别设置整定后的控制器参数后启动仿真，可在示波器中看到如图 6-18 所示系统在 P、PI 和 PID 控制时的单位阶跃响应曲线。可以发现，例子中的被控对象采用 P 控制存在余差，PID 控制超调较大，PI 控制取得最好的效果。

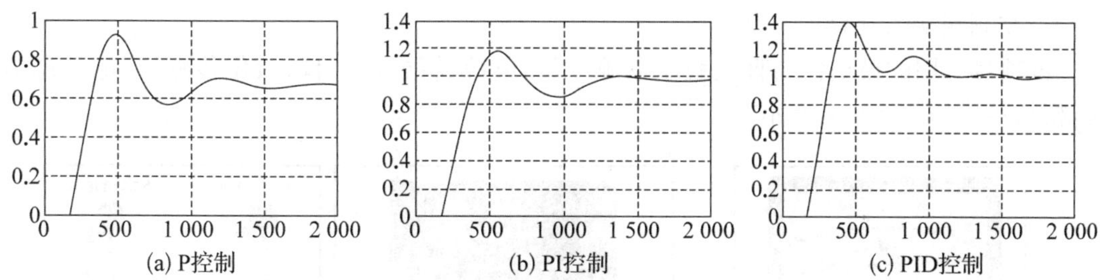

(a) P控制　(b) PI控制　(c) PID控制

图 6-18　参数整定后的单位阶跃响应

6.4　简单过程控制系统实验

6.4.1　液位 PID 控制系统

1. 实训目的

(1) 掌握单回路控制参数的整定方法。

(2) 掌握智能仪表的基本操作与整定方法。

(3) 熟悉液位控制原理图。

(4) 观察液位控制系统的控制方式。

2. 实训原理

本实验系统的被控对象为单容水箱，液位高度 h 作为系统的被控制量。系统的给定信号为一定值，它要求被控制量上水箱的液位在稳态时等于给定值。由反馈控制的原理可知，应把单容水箱的液位经传感器检测后的信号作为反馈信号。图 6-19(a)为本实验系统的结构图，图 6-19(b)为控制系统的方框图。为了实现系统在阶跃给定和阶跃扰动作用下无差控制，系统的调节器应为 PI、PD 或 PID。

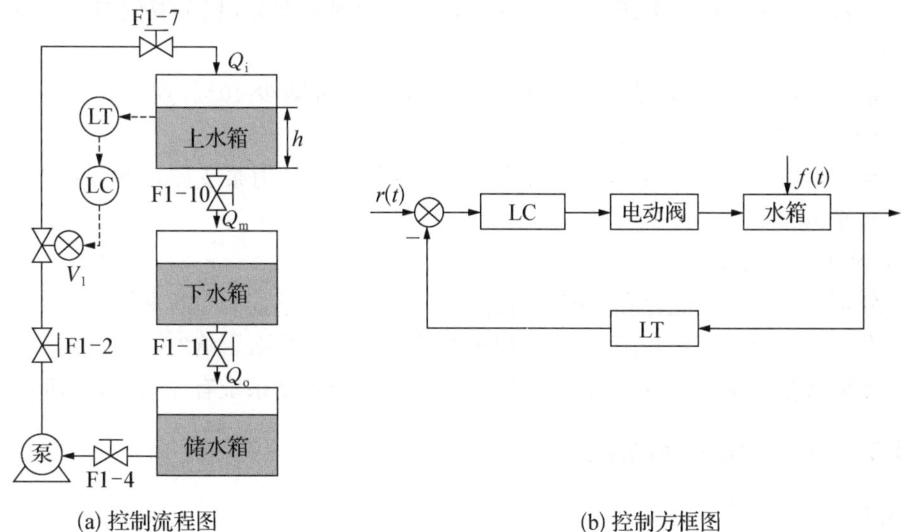

(a) 控制流程图　(b) 控制方框图

图 6-19　实训水箱液位控制系统

3. 实训模块与连接

该项目使用的模块包括直流稳压电源、三相电源、智能调节仪、液位传感器、电动调节阀,模块接线如图 6-20 所示。

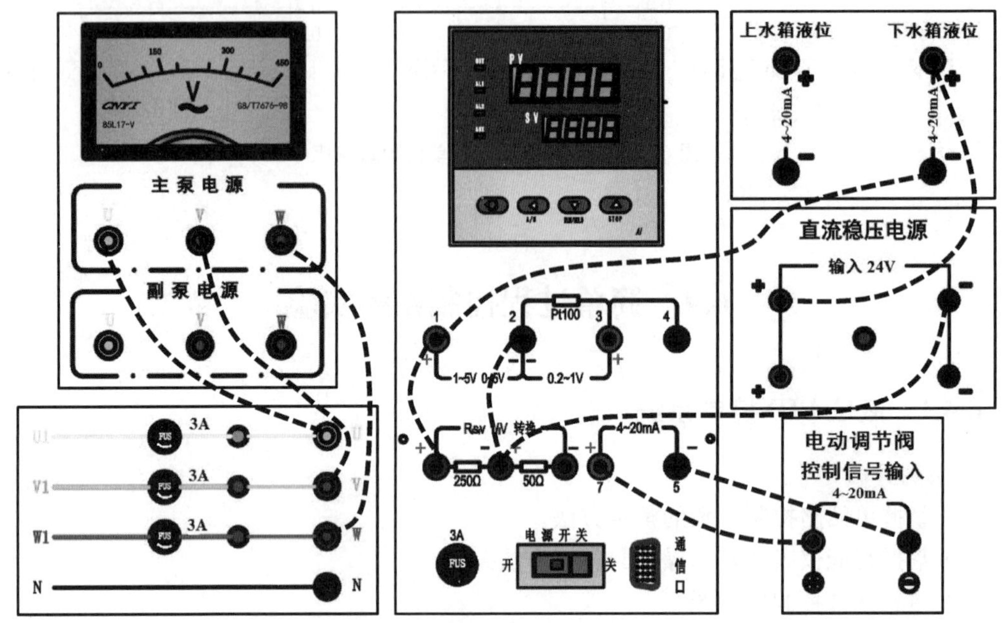

图 6-20 实训水箱液位控制系统的模块接线图

4. 实训内容与步骤

(1) 按图 6-20 要求连接模块,将主回路手动阀 F1-1、F1-2、F1-5 全开,F1-7 开一半开度,令 F1-5 开度略大于 F1-7,其余阀关闭。

(2) 接通电源,登录 MCGS 软件打开运行界面。点击实验目录中的"上水箱液位定值控制",出现 MCGS 组态画面。

(3) 对智能调节仪的参数进行整定,先比例后积分最后微分,直至液位的过渡过程曲线衰减比为 4∶1。

(4) 系统稳定后,令给定值发生变化,令给定值增加或减少 10%,观察并记录给定值受干扰下液位曲线的变化。

(5) 系统再次稳定后,对系统施加干扰,启动变频器—磁力泵支路,观察并记录系统受干扰时液位曲线的变化。

5. 实训总结与思考

(1) 分别记录给定值变化和系统干扰作用下,系统的完整控制过程曲线。

(2) 设置了不同的 K_P、K_I 和 K_D 参数值对控制效果有什么影响?

(3) 如果水箱采用水泵直接给水箱供水,对水箱液位控制系统有无影响,有何影响?

6.4.2 流量 PID 控制系统

1. 实训目的

(1) 掌握智能仪表的基本操作与整定方法。

(2) 掌握进水流量控制原理图。

(3) 观察流量控制系统的控制方式。

2. 实训原理

本实验系统的被控对象为管道，流经管道中的液体流量 Q 作为被控变量。基于系统的控制任务是维持管道流程恒定不变，即在稳态时测量值等于给定值。因此需把流量 Q 经检测变送后的信号作为系统的反馈量，并采用 PID 调节器。图 6-21(a)为本实验系统的结构图，图 6-21(b)为控制系统的方框图。基于被控对象是一个时间常数较小的惯性环节，故本系统调节器的参数宜用阶跃响应曲线法确定。

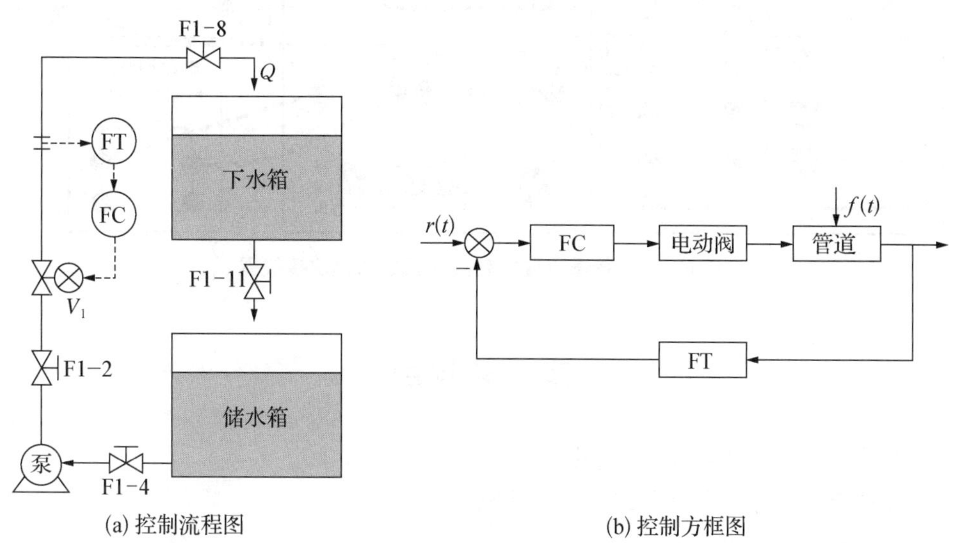

(a) 控制流程图　　(b) 控制方框图

图 6-21　管道流量控制实训系统

3. 实训模块与连接

该项目使用的模块包括直流稳压电源、三相电源、智能调节仪、流量传感器、电动调节阀，模块接线如图 6-22 所示。

4. 实训内容与步骤

(1) 按图 6-22 要求连接模块，将主回路手动阀 F1-1、F1-2、F1-6 和 F1-9 全开，其余阀关闭。

(2) 接通电源，登录 MCGS 软件打开运行界面。点击实验目录中的“电动调节阀支路流量定制控制”，出现 MCGS 组态画面。

(3) 对智能调节仪的参数进行整定，先比例后积分最后微分，直至流量的过渡过程曲线衰减比为 4∶1。

(4) 系统稳定后，对系统施加干扰，启动变频器—磁力泵支路，观察并记录系统受干扰时流量曲线的变化。

5. 实训总结与思考

(1) 记录系统干扰作用下，系统的完整控制过程曲线。

(2) 设置了不同的 K_P、K_I 和 K_D 参数值对控制效果有什么影响？

(3) 分析流量控制实训系统中的干扰因素有哪些？

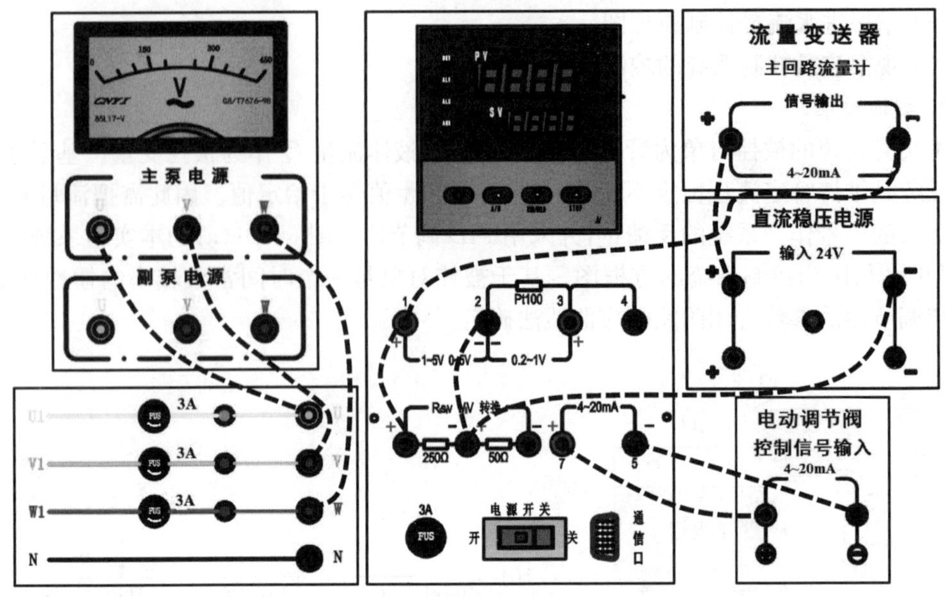

图 6-22　管道流量控制实训系统的模块接线图

本章知识点

(1) 简单控制系统的结构、组成及作用。

(2) 被控变量和操纵变量的选择一般原则。

(3) 各种基本控制规律的特点及应用场合。

(4) 控制器正反作用确定的方法。

(5) 掌握控制器参数工程整定的方法。

(6) 简单控制系统的设计。

本章练习

1. 一个釜式反应器的温度过程控制系统，如图 6-23 所示用传递函数表示其方框图。其中 $G_o(s)=\dfrac{1}{(2s+1)(s+1)}$、$G_m(s)=1$、$G_V(s)=2$，控制器选择 PI 控制规律，经过参数整定 $K_P=0.24$、$T_I=500$。

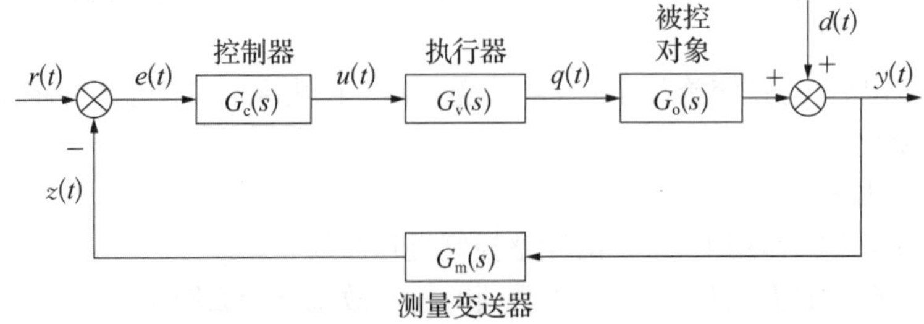

图 6-23　反应器温度控制系统方框图

(1) 写出控制器的传递函数 $G_c(s)$。

(2) 写出给定值 R 与输出信号 Y 之间控制通道的传递函数 $G(s)$。

2. 图 6-24 两种温度控制系统，图 6-24(a)用蒸汽对介质加热，要求物料温度不能过高，否则容易分解；图 6-24(b)用液氨对介质冷却，要求物料温度不能太低，否则容易结晶。试确定两个过程系统中各个环节的正/反作用方向。

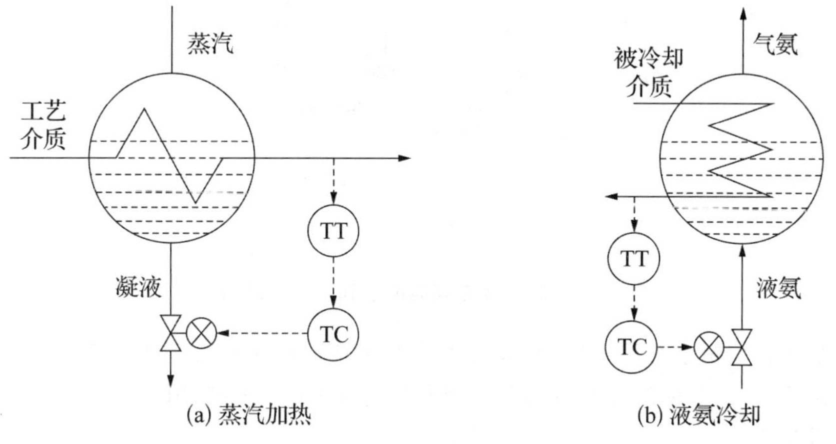

图 6-24　两种温度控制系统

3. 生产过程的贮槽对象如图 6-25 所示，流入量和流出量分别为 q_o 和 q_i，生产过程要保持贮槽内液位 h 恒定，并且安全起见贮槽内液体严格禁止溢出。试在下述两种情况下，确定控制系统各个环节的正/反作用方向。

(1) 选择流入量 q_i 为操纵变量。

(2) 选择流出量 q_o 为操纵变量。

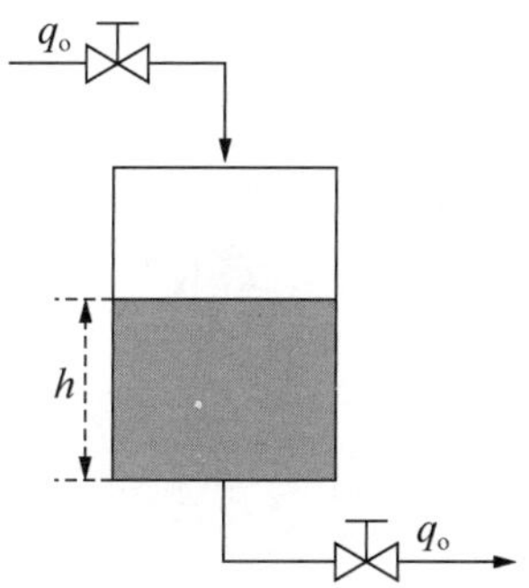

图 6-25　生产过程的贮槽对象结构示意图

4. 固定床反应器是化工生产种的重要设备，流体原料分成不预热和蒸汽预热两路进入反应器，在催化器作用下进行化学反应生成所需的反应物。温度是关系到反应速度、化学平衡和催化剂活性的重要工艺参数，生产过程中要防止原料温度过高，超出反应器的耐受上限。设计如图 6-26 所示的反应器温度控制系统，要求如下：

(1) 指出控制系统中的被控变量和操纵变量各是什么，并画出反应器温度控制的方框图。

(2) 确定控制系统各个环节的正/反作用方向。

(3) 分析当原料流量突然减少时,系统是如何实现自动控制的。

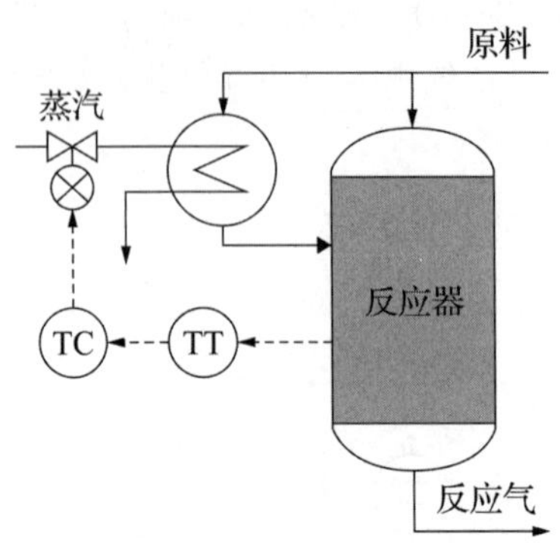

图 6-26 反应器温度控制系统流程图

5. 一个液位控制系统用 4∶1 衰减曲线法整定控制器的参数。已测得临界比例度 $\delta_k = 75\%$ 和临界振荡周期 $T_k = 3.5$。控制器选择 PI 作用和 PID 作用时,确定对应的控制器参数。

第 7 章

串级控制系统

随着工业生产过程向着大型化和复杂化发展，生产工艺不断革新，操作条件更加严格，对控制系统的精度和功能提出了新的要求。例如甲醇精馏塔的温度偏离不允许超过 1 ℃，石油裂解气的深冷分离中乙烯纯度要求达到 99.99%，单回路控制系统无法很好地解决。这就需要增加某些设备或采取某种措施，组成复杂控制系统。本章首先从最典型的串级控制系统入手，在介绍串级控制系统基本知识的基础上，对系统的分析与设计展开讨论。

7.1 串级控制系统的基本概念

7.1.1 串级控制问题的提出

【微信扫码】
观看本节微课

什么是串级控制系统？和单回路控制系统有什么不同？这些问题通过隔焰式隧道窑生产过程的案例加以说明。

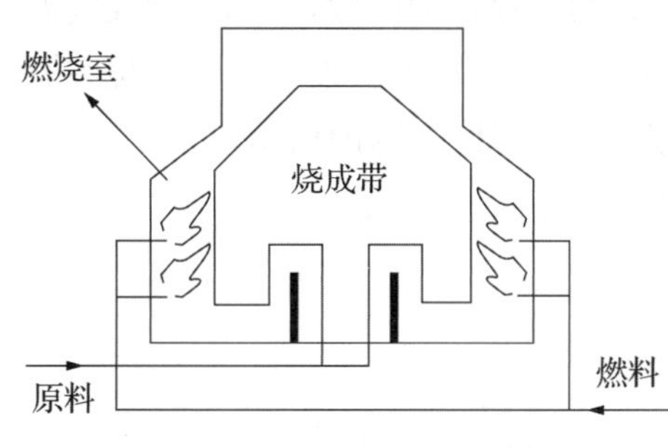

图 7-1 隔焰式隧道窑生产过程

例 7-1 隔焰式隧道窑是对陶瓷制品进行预热、烧成、冷却的装置，生产过程如图 7-1 所示。火焰的燃烧气体中有害物质会影响产品品质，因此在燃烧室中燃烧，热量经过隔焰板辐射加热烧成带。陶瓷制品在窑道的烧成带内按工艺规定的温度进行烧结，烧结温度一般为 1 300 ℃，偏差不得超过±5 ℃。设计一个隔焰式隧道窑生产过程的过程控制系统。

答：方案 1：烧成带的烧结温度是影响产品质量的重要控制指标之一，因此将窑道烧成带的温度 T_1 作为被控变量，将燃料的流量 Q 作为操纵变量，被控对象由燃烧室、隔热板和烧成带组成。设计一个烧成带温度简单控制系统，控制流程图如图 7-2(a)所示，控制方框图如图 7-2(b)所示。

系统的干扰因素主要包括两部分：作用于烧成带的窑车速度、原料成分、陶制品数量、环境温度等，用 D_1 表示，作用于燃烧室的燃料压力、燃料热值变化、助燃风流量、排烟机抽力波动等，用 D_2 表示。

这个控制方案将所有干扰因素都包含在控制回路中，只要干扰造成被控变量 T_1 偏离给定值，控制器都会产生调节作用。在实践过程中发现，一方面燃烧室干扰 D_2 表示影响到被控变量 T_1 容量滞后较大，另一方面从调节阀到烧成带控制通道的时间常数较长，会导致控制作用不及时，超调量增大，稳定性下降。系统克服干扰尤其是燃烧室引起干扰 D_2 的能力较差，无法取得满意的控制效果。

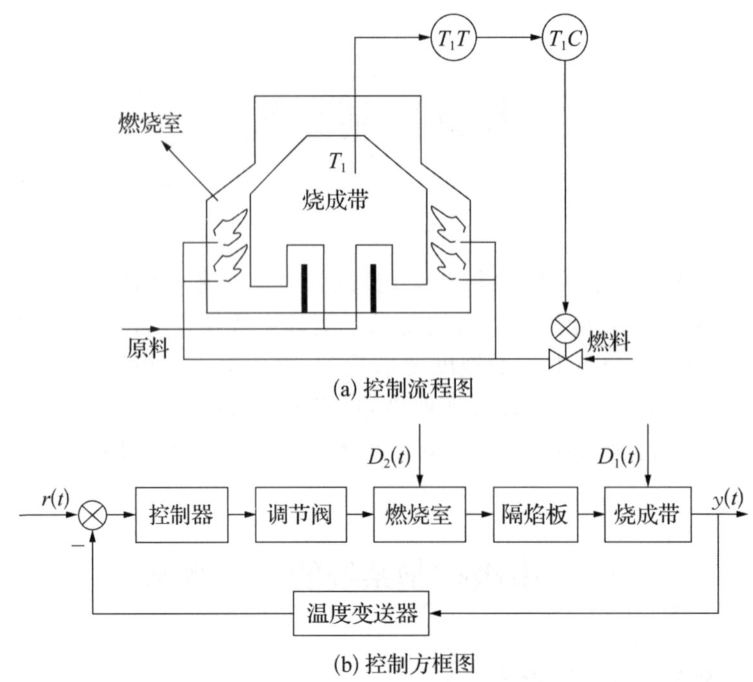

(a) 控制流程图

(b) 控制方框图

图 7-2　烧成带温度简单控制系统

方案 2:假定燃料的压力波动是主要干扰,它到燃烧室的滞后时间较小、通道较短,还有一些用 D_2 表示的次要干扰,都是先进入燃烧室。针对方案 1 存在的问题,考虑用燃烧室温度 T_2 代替烧成带温度 T_1 作为被控变量进行间接控制,缩短控制时间。设计一个燃烧室温度简单控制系统,控制流程图如图 7-3(a)所示,控制方框图如图 7-3(b)所示。

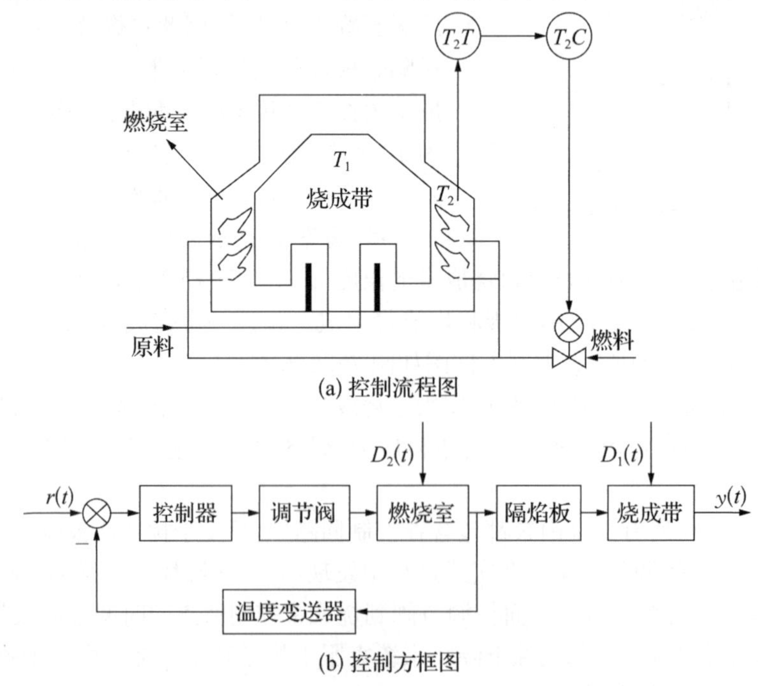

(a) 控制流程图

(b) 控制方框图

图 7-3　燃烧室温度简单控制系统

这种控制方案对于燃烧室引起的干扰 D_2 有很强的抑制作用，从图 7 - 3(b)可以清楚地看出，不管是容量滞后或者是控制通道都被缩减，能够尽早检测到干扰的影响，及时产生控制作用。但是，这种控制方案没能将烧成带的干扰 D_1 包含在控制回路中，意味着系统对烧成带引起的干扰毫无控制能力。

方案 3：比较上述两种方案，烧成带温度控制系统将所有干扰都包含在控制回路中，但通道时滞长，控制不及时；而燃烧室温度控制系统对包含在回路中的干扰能提前发现，及时控制，但对闭环以外的干扰无能为力。考虑将两种控制方案结合起来，以烧成带温度控制为主导作用，将燃烧室温度控制作为辅助作用，就构成了烧成带温度-燃烧室温度串级控制系统。串级控制方案的控制流程图如图 7 - 4(a)所示，控制方框图如图 7 - 4(b)所示。

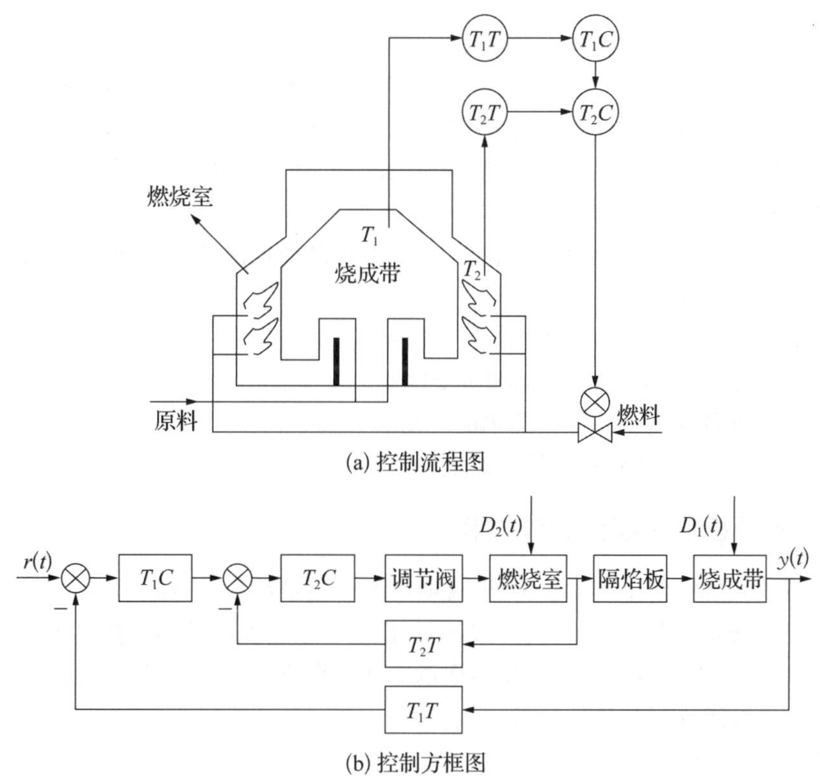

图 7 - 4　烧成带温度-燃烧室温度串级控制系统

7.1.2　串级控制系统的结构

串级控制系统标准结构如图 7 - 5 所示，与简单控制系统的主要区别在于，串级控制系统增加了一个测量变送器和一个控制器，形成了外环的主回路和内环的副回路两个闭合回路。副回路是随动控制系统，具有先调、粗调、快调特点，主回路定值控制系统，具有后调、细调、慢调特点，并对于副回路没有完全克服掉的干扰影响能彻底加以克服。

串级控制系统中常用的名词术语如下：

(1) 主变量 y_1：起主导作用的被控变量。

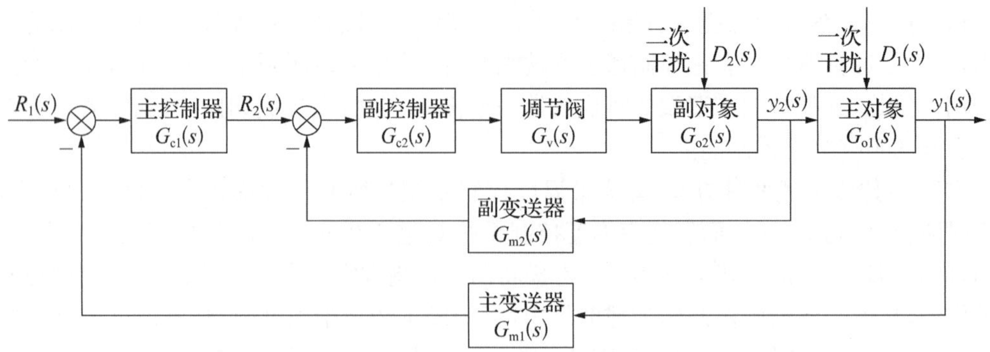

图 7－5　串级控制系统的标准结构

(2) 副变量 y_2：为稳定主变量而引入的中间辅助变量。

(3) 主对象 $G_{o1}(s)$：由主变量表征其特性的生产过程，输入为副变量，输出为主变量。

(4) 副对象 $G_{o2}(s)$：由副变量表征其特性的生产过程，输入为操纵变量，输出为副变量。

(5) 主控制器 $G_{c1}(s)$：按主变量的测量值与给定值的偏差进行工作的控制器，其输出作为副控制器的给定值。

(6) 副控制器 $G_{c2}(s)$：按副变量的测量值与主控制器输出的偏差进行工作的控制器，其输出控制调节阀的动作。

(7) 主变送器 $G_{m1}(s)$：主变量的测量变送器。

(8) 副变送器 $G_{m2}(s)$：副变量的测量变送器。

(9) 二次扰动 D_2：包括在副回路内的扰动。

(10) 一次扰动 D_1：不包括在副回路内的扰动。

7.1.3　串级控制系统的工作过程

以针对隔焰式隧道窑生产过程为例，说明串级控制系统如何克服不同的干扰、改善控制效果。为了便于分析，调节阀选择气开式，即正作用，主、副控制器均选择反作用。串级控制系统的各环节正/反作用选择原则留待后面章节详细介绍。下面针对干扰的不同情况，结合图对串级控制系统工作过程进行分析。

(1) 只有二次干扰

当干扰是燃料油压力或组分波动，即只有作用于燃烧室的二次干扰 D_2。二次干扰 D_2 引起副变量 y_2 变化，副控制器 T_2C 及时进行控制，通过副回路大幅削减干扰的影响；如果还有残余的干扰影响到主变量 y_1，主控制器 T_1C 进一步控制，由主回路彻底消除干扰的影响。

(2) 只有一次干扰

当干扰是原料油流量或组分变化，即只有作用于烧成带的一次干扰 D_1。一次干扰 D_1 引起主变量 y_1 变化，主控制器 T_1C 输出发生变化，副控制器 T_2C 也同样改变输出，调节阀随着改变开度；通过操纵变量的调节，副变量 y_2 变化，进而影响主变量 y_1，使它回复到给定值。

(3) 同时存在一次干扰和二次干扰

在烧成带和燃烧室同时出现干扰 D_1 和 D_2，会出现两种情况。

a. 干扰作用下主变量和副变量同方向变化，即同时增减。

假设 D_1 使主变量 $y_1\uparrow$，D_2 使副变量 $y_2\uparrow$。主控制器 T_1C 输入信号↑，输出信号↓。副控制器 T_2C 给定值↓且测量值↑，输出信号↓。调节阀开度关小使得操纵变量↓，副变量 $y_2\downarrow$ 进而影响主变量 $y_1\downarrow$，直至 y_1 回复到给定值。由于主、副控制器对阀门的动作方向一致，使得控制作用得到了加强。

b. 干扰作用下主变量和副变量反方向变化，即一增一减。

假设 D_1 使主变量 $y_1\downarrow$，D_2 使副变量 $y_2\uparrow$。主控制器 T_1C 输入信号↓，输出信号↑。副控制器 T_2C 给定值和测量值均↑，如果两者幅度接近，输出信号不变，阀门开度不变；如果两者幅度不同，相互抵消后偏差也不大，阀门开度稍微动作，系统就能达到稳定。实际上，二次干扰自身就对一次干扰实施了补偿。

7.2　串级控制系统的分析

串级控制系统与简单控制系统相比，只是在结构上增加了一个副回路，系统的控制性能就得到了提升，下面从几个方面展开进行分析。

7.2.1　系统抗干扰能力的增强

串级控制系统的副环具有快速作用，能够有效地克服二次扰动的影响。将图 7-5 中串级控制系统的二次干扰 D_2 对副变量 Y_2 的作用表示为 $G_{o2}^*(s)$，传递函数为：

$$G_{o2}^*(s)=\frac{Y_2(s)}{D_2(s)}=\frac{G_{o2}(s)}{1+G_{c2}(s)G_v(s)G_{o2}(s)G_{m2}(s)} \tag{7-1}$$

图 7-5 可以表示为如图 7-6 所示的串级控制系统的等效结构。

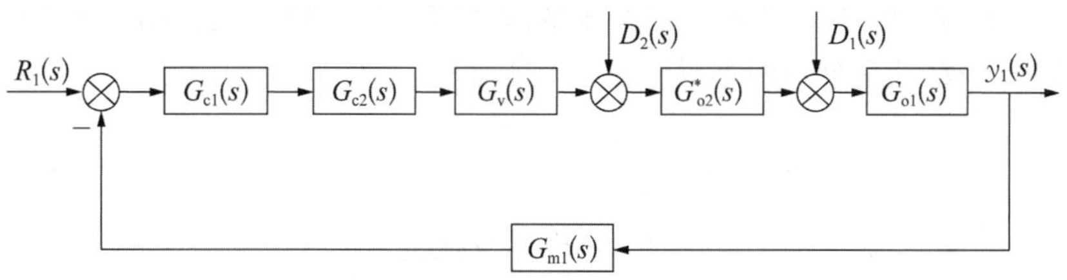

图 7-6　串级控制系统的等效结构框图

串级控制系统二次干扰 D_2 对主变量 y_1 的传递函数为：

$$\left.\frac{Y_1(s)}{D_2(s)}\right|_{串}=\frac{G_{o2}^*(s)G_{o1}(s)}{1+G_{c1}(s)G_{c2}(s)G_v(s)G_{o2}^*(s)G_{o1}(s)G_{m1}(s)} \tag{7-2}$$

将式(7-1)代入式(7-2)可得：

$$\left.\frac{Y_1(s)}{D_2(s)}\right|_{串}=\frac{G_{d2}(s)G_{o1}(s)}{1+G_{c2}(s)G_v(s)G_{o2}(s)G_{m2}(s)+G_{c1}(s)G_{m1}(s)G_{o1}(s)G_{c2}(s)G_v(s)G_{o2}(s)} \tag{7-3}$$

相同条件下采用单回路控制系统，用传递函数表示系统结构如图 7-7 所示。

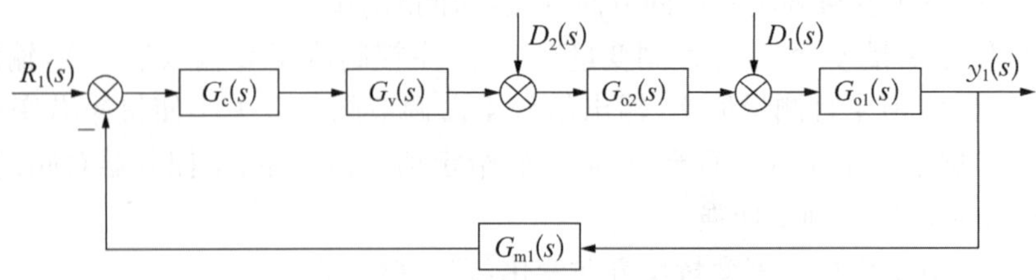

图 7-7　单回路控制系统的结构框图

单回路控制系统二次干扰 D_2 对主变量 y_1 的传递函数为：

$$\left.\frac{Y_1(s)}{D_2(s)}\right|_{单}=\frac{G_{d2}(s)G_{o1}(s)}{1+G_c(s)G_v(s)G_{o1}(s)G_{o2}(s)G_m(s)} \tag{7-4}$$

假定 $G_{m1}(s)=G_m(s)$，$G_{c1}(s)=G_c(s)$。通常情况下 $G_{c2}(s)>1$，在主回路工作频率下，式(7-3)分母中的 $G_{c2}(s)G_v(s)G_{o2}(s)G_{m2}(s)>1$。

对式(7-3)和式(7-4)进行比较，可知 $Y_1(s)/D_2(s)|_{单}>Y_1(s)/D_2(s)|_{串}$。说明串级控制系统的结构使二次干扰对被控变量通道的动态增益减小，二次干扰出现后很快就被副回路所克服。与单回路控制系统比较，被控变量受二次干扰的影响可以减小 10～100 倍。此外，对于作用于主环的一次干扰，串级控制系统由于副环的存在，等效时间常数减小了，工作频率提高，比单回路更为及时地对一次干扰进行控制。

7.2.2　对象动态特性的改善

串级控制系统动态特性的改善从两方面体现：减小了被控对象的等效时间常数；提高了系统工作频率。

1. 被控对象的等效时间常数

通过上一节的分析可知，串级控制系统的副回路代替了单回路控制系统中的一部分环节。为了方便比较，把整个副回路看作一个等效对象 $G'_{o2}(s)$，传递函数为：

$$\begin{aligned}G'_{o2}(s)&=\frac{Y_2(s)}{R_2(s)}\\&=G_{c2}(s)G_v(s)G^*_{o2}(s)\\&=\frac{G_{c2}(s)G_v(s)G_{o2}(s)}{1+G_{c2}(s)G_v(s)G_{o2}(s)G_{m2}(s)}\end{aligned} \tag{7-5}$$

假设副回路中各环节的传递函数为：

$$G_{c2}(s)=K_{c2},G_v(s)=K_v,G_{o2}(s)=\frac{K_{o2}}{T_{o2}+1},G_{m2}(s)=K_{m2} \tag{7-6}$$

将式(7-6)代入式(7-5)可得：

$$G'_{o2}(s)=\frac{\dfrac{K_{c2}K_\upsilon K_{02}}{1+K_{c2}K_\upsilon K_{02}K_{m2}}}{\dfrac{T_{02}}{1+K_{c2}K_\upsilon K_{02}K_{m2}}s+1}=\frac{K'_{o2}}{T'_{o2}s+1} \tag{7-7}$$

式中：K'_{o2} 和 $T'_{o2}s$ 分别为等效对象的增益和时间常数。

将串级控制系统副回路的等效对象 $G'_{o2}(s)$ 和单回路副对象 $G_{o2}(s)$ 进行比较，两者的时间常数之比为：

$$\frac{T'_{o2}}{T_{o2}}=\frac{1}{1+K_{c2}K_{v}K_{o2}K_{m2}} \tag{7-8}$$

因为 $1+K_{c2}K_{v}K_{o2}K_{m2}\gg 1$ 恒成立，故有 $T'_{o2}\ll T_{o2}$。串级控制系统等效时间常数缩短了 $1+K_{c2}K_{v}K_{o2}K_{m2}$ 倍，且会随着副控制器比例增益 K_{c2} 的增加而减小。等效时间常数减小，意味着控制通道缩短，调节响应速度更短，控制效率得到提升。此外，式(7-7)中可知等效对象的增益 $K'_{o2}<K_{o2}$，可以增大串级控制系统的主控制器增益 K_{c1}，提高系统的干扰能力。

2. 系统工作频率

串级控制系统的工作频率可以依据闭环系统的特征方式进行计算，特征方程表达式为：

$$1+G_{c1}(s)G'_{o2}(s)G_{o1}(s)G_{m1}(s)=0 \tag{7-9}$$

假设主回路中一些环节的传递函数为：

$$G_{c1}(s)=K_{c1},G_{o1}(s)=\frac{K_{o1}}{T_{o1}+1},G_{m1}(s)=K_{m1} \tag{7-10}$$

将式(7-7)和式(7-10)代入式(7-9)，经过整理得到：

$$s^{2}+\frac{T_{o1}+T'_{o2}}{T_{o1}T'_{o2}}s+\frac{1+K_{c1}K'_{o2}K_{o1}K_{m1}}{T_{o1}T'_{o2}}=0 \tag{7-11}$$

对比二阶标准系统的特征方程 $s^{2}+2\xi\omega_{0}s+\omega_{0}^{2}=0$，串级控制系统的工作频率为：

$$\omega_{串}=\omega_{0}\sqrt{1-\xi^{2}}=\frac{\sqrt{1-\xi^{2}}}{2\xi}\cdot\frac{(T_{o1}+T'_{o2})}{T_{o1}T'_{o2}} \tag{7-12}$$

式中：ω_{0} 和 ξ 分别为串级控制系统的自然频率和阻尼系数。

相同条件下采用单回路控制系统，特征方程表达式为：

$$1+G_{c}(s)G_{v}(s)G_{o2}(s)G_{o1}(s)G_{m1}(s)=0 \tag{7-13}$$

令 $G_{c}(s)=K_{c}$，其余和串级控制系统相同的环节用一样的传递函数，代入式(7-9)并经过整理可得：

$$s^{2}+\frac{T_{o1}+T_{o2}}{T_{o1}T_{o2}}s+\frac{1+K_{c}K_{v}K_{o2}K_{o1}K_{m1}}{T_{o1}T_{o2}}=0 \tag{7-14}$$

同样对比二阶标准系统的特征方程，可得单回路控制系统的工作频率为：

$$\omega_{单}=\omega'_{0}\sqrt{1-\xi'^{2}}=\frac{\sqrt{1-\xi'^{2}}}{2\xi'}\cdot\frac{(T_{o1}+T_{o2})}{T_{o1}T_{o2}} \tag{7-15}$$

式中：ω'_{0} 和 ξ' 分别为单回路控制系统的自然频率和阻尼系数。

通过控制器参数整定，可以令 $\xi=\xi'$，对比串级控制系统和单回路控制系统的工作频率：

$$\frac{\omega_{串}}{\omega_{单}}=\frac{(T_{o1}+T'_{o2})}{(T_{o1}+T_{o2})}\cdot\frac{T_{o1}T_{o2}}{T_{o1}T'_{o2}}=\frac{1+\dfrac{T_{o1}}{T'_{o2}}}{1+\dfrac{T_{o1}}{T_{o2}}} \tag{7-16}$$

通过之前的分析可知 $T'^{o2}\ll T_{o2}$，由此可得 $\omega_{串}\gg\omega_{单}$。串级控制系统副回路的存在，改善了对象特征，提高了系统工作频率，在阻尼比相同的情况下，调节时间缩短了，系统的快速性得到提升，改善了系统的控制品质。当主、副对象特性一定时，增加副控制器比例增益 K_{c2} 会进一步提升系统工作频率。

7.2.3 对负荷变化的自适应能力

实际生产过程中，被控对象都包含一定的非线性因素。随着操作条件和负荷的变化，被控对象的静态增益也会发生变化。因此，一定负荷下，按控制质量指标整定的控制器参数只适应于工作点附近的一个小范围。对于单回路控制系统，符合变化过大，超出了这个工作点范围，控制质量就会大幅下滑。

串级控制系统副回路的等效放大系数 K'_{o2} 可表示为：

$$K'_{o2}=\frac{K_{c2}K_{v}K_{02}}{1+K_{c2}K_{v}K_{02}K_{m2}} \tag{7-17}$$

通常情况下，$K_{c2}K_{v}K_{02}K_{m2}\gg 1$，可以得到：

$$K'_{o2}\approx\frac{1}{K_{m2}} \tag{7-18}$$

式(7－18)表明，串级控制系统中的等效对象仅与测量变送装置有关，而副对象和调节阀特性随负荷变化，副回路等效对象基本不受影响，无须重新整定控制器的参数。另一方面，由于串级控制系统的副回路通常是一个流量随动系统，当系统操作条件或负荷改变时，主控制器将改变其输出值，副回路能快速跟踪及时而又精确地控制流量，从而保证系统的控制品质。

7.2.4 串级控制系统性能的 MATLAB 验证

综合之前的分析，串级控制系统具有良好控制性能的原因在于：对干扰尤其是进入副回路的干扰有很强的抑制能力；改善了控制通道的动态特性，提高了系统的快速反应能力；对非线性情况下的负荷或操作条件变化有一定自适应能力。为了对理论分析进行验证，利用 MATLAB 进行串级控制性能的仿真研究。

1. 动态性能的仿真研究

令单回路控制系统副对象为 $G_{o2}(s)=\dfrac{1}{20s+1}$，令 $G_{m2}(s)=1,G_{v}(s)=1G_{c2}(s)=5$，代入式(7－5)可得副回路的等效对象为 $G'_{o2}(s)=\dfrac{5G_{o2}(s)}{5G'_{o2}(s)+1}$。建立如图 7－8(a)所示的 $G_{o2}(s)$ 和 $G'_{o2}(s)$ 的仿真模型，单位信号下的输出响应如图 7－8(b)所示。

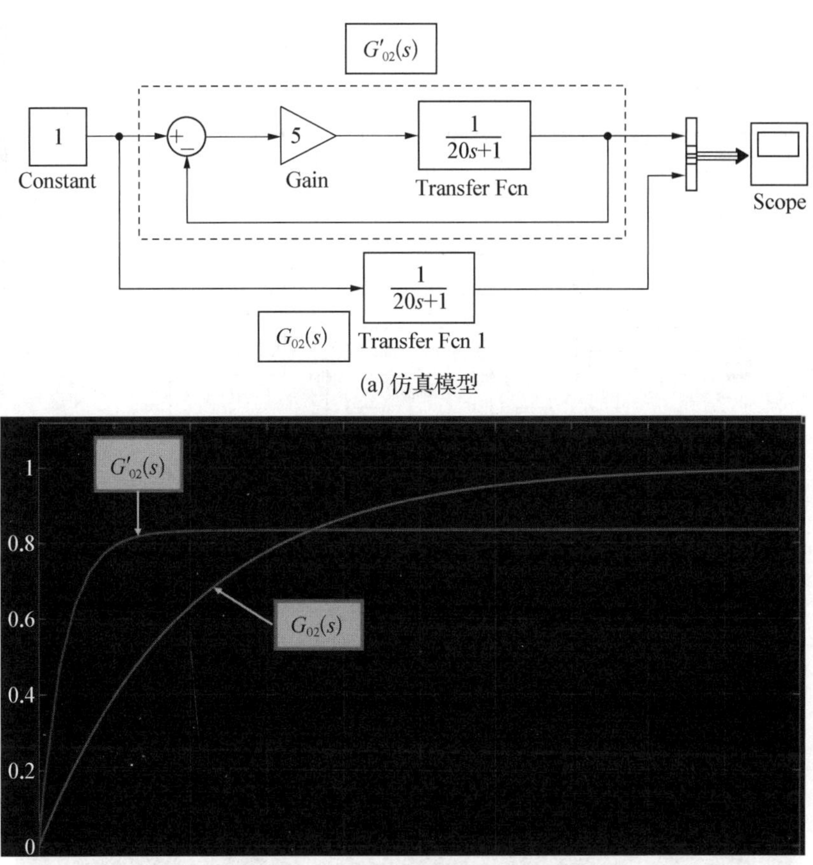

图 7-8　$G_{o2}(s)$ 和 $G'_{o2}(s)$ 的性能对比

仿真结果可以发现，$G'_{o2}(s)$ 比 $G_{o2}(s)$ 更快速地趋于稳定，这是因为串级控制副回路的存在使得等效对象的时间常数减小，反应速度得到了提升；而 $G'_{o2}(s)$ 的稳态值小于 $G_{o2}(s)$，说明串级控制等效对象的放大系数减小，可以通过增大主控制器比例增益的办法加以补偿。

2. 抗干扰能力的仿真研究

某个系统的副对象为 $G_{o2}(s)=\dfrac{1}{(10s+1)(s+1)^2}$，主对象为 $G_{o1}(s)=\dfrac{1}{(30s+1)(3s+1)}$，分别建立单回路控制系统和串级控制系统模型如图 7-9 所示，令 $G_{m1}(s)=G_{m2}(s)=1$，$G_v(s)=1$。串级控制主回路采用 PI 控制，副回路采用 P 控制，整定后的参数为 $K_{P1}=8.4$，$T_{I1}=12.8$，$K_{P2}=12$。单回路控制采用 PI 控制，整定后的参数为 $K_P=3.7$，$T_I=38$。

系统的给定值为单位信号，一次干扰 D_1 和二次干扰 D_2 均为阶跃干扰，施加不同情况的干扰，输出响应如图 7-10 所示。可以发现不论在一次干扰或二次干扰单独作用下，还是一次干扰和二次干扰同时作用下，串级控制都体现出了比单回路控制更好的性能，超调量更小，过渡时间更短。

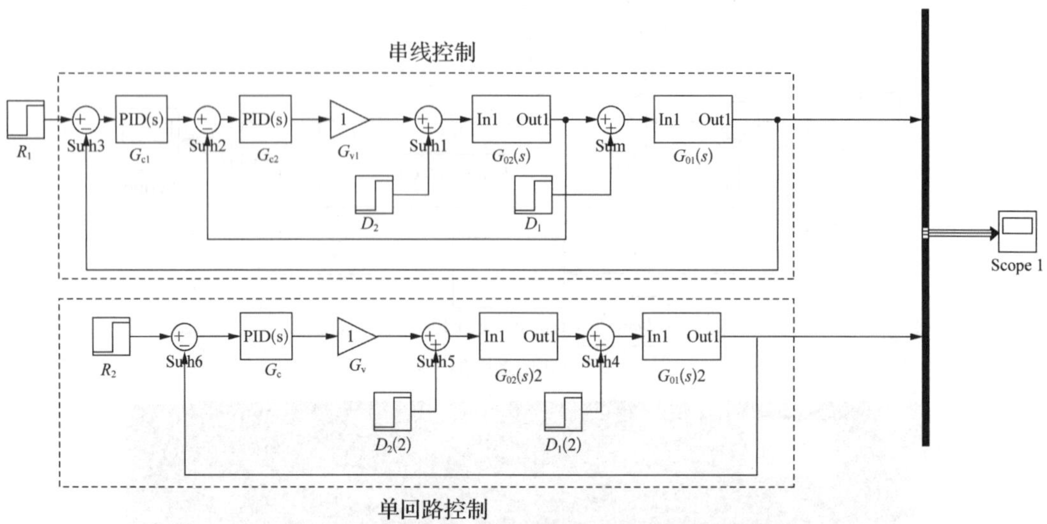

图 7-9　系统的单回路控制和串级控制仿真模型

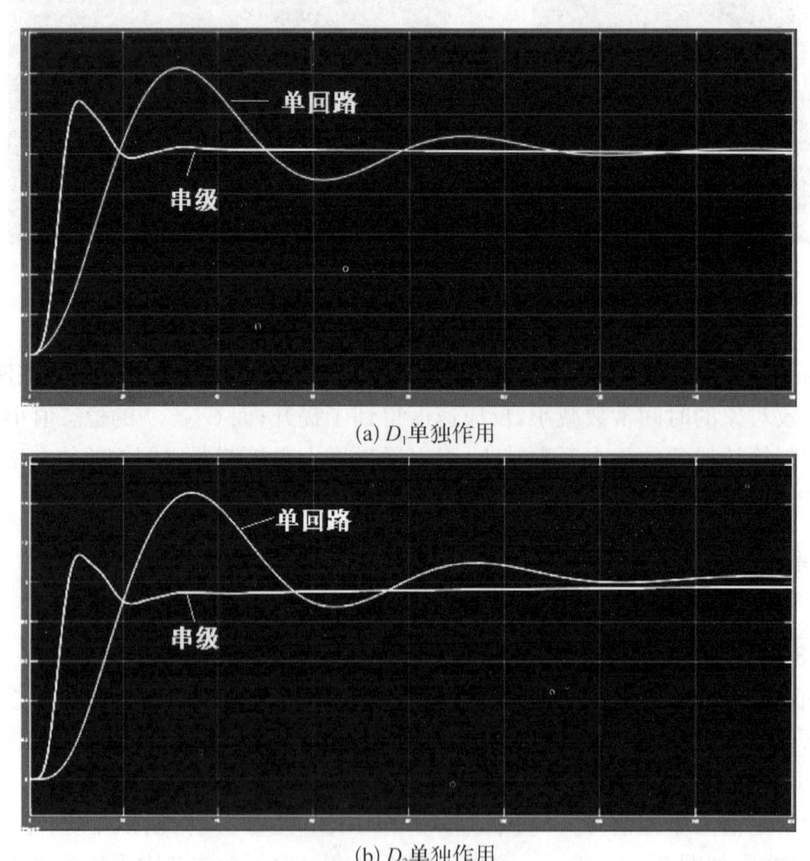

(a) D_1单独作用

(b) D_2单独作用

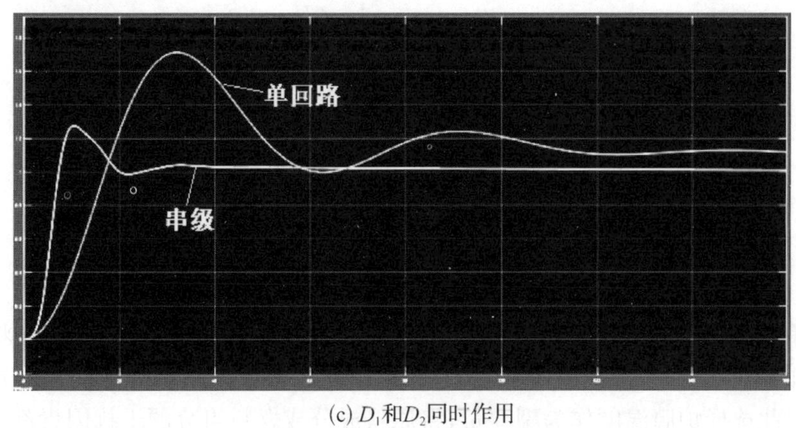

(c) D_1和D_2同时作用

图 7-10　系统仿真模型的抗干扰能力对比

7.3　串级控制系统的设计

7.3.1　设计原则

相同的生产过程用串级控制系统代替单回路控制系统，当干扰出现在副回路时最大偏差会减少 90%，当干扰出现在主回路时最大偏差也会减小 1/3～1/5。因此，合理地设计串级控制系统，才能使其良好的性能得到充分发挥。

串级控制系统主变量选择与单回路控制系统被控变量的选择原则一致，即选择直接或间接地反映生产过程的产品的产量、质量、节能以及安全等控制目的的参数作为主变量。

串级控制系统副回路设计时，遵循的原则主要包括：选择的副对象滞后不能太大，以保持副回路的快速响应能力；选择的副变量要保证副回路时间常数小、调节通道短；要将被控对象中具有显著非线性或时变特性的部分归于副回路中；要使系统的主要干扰和更多的次要干扰包含在副回路中。在实际应用时，保证副回路时间常数小、调节通道短与副回路尽可能多的包含干扰之间是矛盾的，要根据具体情况分析加以协调。

例 7-2　管式加热炉是原料油加热或重油裂解的重要设备，为了延长设备使用寿命，保证后道工序精馏分离的质量，经过加热炉的原料油出口温度要稳定，工艺上只允许±2%的波动。设计一个单回路控制系统，被控变量为原料油出口温度，操纵变量为燃料油的流量。要求改造成串级控制系统，以应对生产过程中遇到的两种情况。

(1) 原料成分比较稳定，燃料组分比较稳定，燃料压力比较波动。

(2) 燃料压力比较稳定，原料成分或者燃料组分经常变化。

答：(1) 这种情况下，要将燃料压力包含在副回路中及时调节，选择燃料油阀前压力作为副变量，主变量是原料油出口温度，操纵变量是燃料油的流量，构成如图 7-11 所示的出口温度-燃料压力串级控制系统。

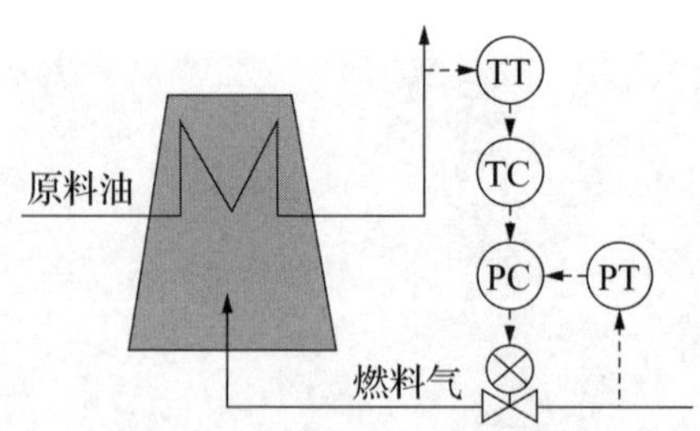

图 7-11　出口温度-燃料压力串级控制系统示意图

(2) 这种情况下仍然用图 7-11 的串级控制方案不能很好地解决问题，要将原料成分或燃料组分的关联因素包含在副回路中，考虑到原料成分或燃料组分的变化会首先影响到炉膛温度，因此选择炉膛温度作为副变量，将原料成分或燃料组分的干扰因素都包含在副回路中，主变量和操纵变量不变，构成如图 7-12 所示的出口温度-炉膛温度串级控制系统。

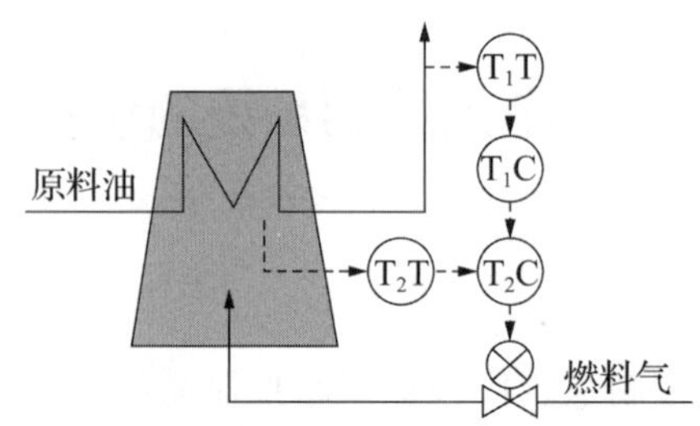

图 7-12　出口温度-炉膛温度串级控制系统示意图

此外，串级控制系统设计时要使主对象与副对象的时间常数匹配，避免引起共振，还应考虑生产工艺上的合理性和经济性。

7.3.2　主、副控制器选择

1. 控制规律的选择

在串级控制系统中，生产工艺对主变量和副变量的控制目的不同，因而主/副控制器的控制规律也有不同选择。

主变量是生产工艺的主要控制指标，要求比较严格通常不允许有误差。主控制器通常选择 PI 控制规律，实现主变量的无差控制。如果控制通道容量滞后较大或剧烈扰动落在副回路外，主控制器可以选择 PID 控制规律。

副变量是为了稳定主变量而引入的辅助变量，给定值会随着主控制器输出的变化而变化，允许有余差。副控制器一般选 P 控制规律，若采用 I 作用，会减弱副回路的快速跟踪效果。作为随动环节，由于给定值经常变化，显然不宜引入 D 规律。

2. 控制器正/反作用的选择

对串级控制系统来说，主、副控制器的正/反作用方式的选择原则依然是使整个系统构成负反馈，这就要求主、副回路开环时各个环节增益的乘积为负。具体步骤为：先依据副回路要保持负反馈，确定副控制器的作用方向；再把副回路等效对象代入主回路，同样依据保持负反馈，确定主控制器的作用方向。

(1) 副控制器作用方向

副回路包含副控制器、副对象、副测量变送器和执行器，各个环节的判定方法与简单控制系统相同。在认定副测量变送器增益为“＋”的情况下，副控制器作用方向判别式为：

$$(\text{副控制器}\pm)\times(\text{执行器}\pm)\times(\text{副对象}\pm)=(-)$$

假如执行器为气动调节阀，工艺安全考虑选择气开式，增益为“＋”。副对象的输出信号和输入信号作用方向相反，增益为“－”。要保证副回路各环节增益的乘积为负，副控制器应选择正作用，增益为“＋”。

(2) 主控制器作用方向

把副回路简化为一个等效对象，主回路包含主控制器、主对象、主测量变送器和等效对象四个环节。副回路的等效对象输入是主控制器的输出控制信号，输出是副变量，由于副回路是随动控制系统，其输入信号和输出信号作用方向始终是一致的。可以认定等效对象增益恒为“＋”，同样认定主测量变送器增益为“＋”。主控制器作用方向判别式为：

$$(\text{主控制器}\pm)\times(\text{主对象}\pm)=(-)$$

可以发现，主控制器作用方向完全由工艺情况决定，与主对象特性相反。主对象增益为“＋”时，主控制器选择反作用，增益为“－”；而主对象增益为“－”时，主控制器选择正作用，增益为“＋”。

例 7－3　物料贮存和运输时会用到双容贮槽，工作过程是物料从上贮槽流入，通过下贮槽后流出，工艺上重点关注上贮槽的液位 h。设计一个串级控制系统如图 7－13 所示，主、副对象为上贮槽和下贮槽，执行器为变频器，主变量为上贮槽的液位，副变量为下贮槽的液位，操纵变量为物料流入量。试分析主、副控制器的正/反作用方式。

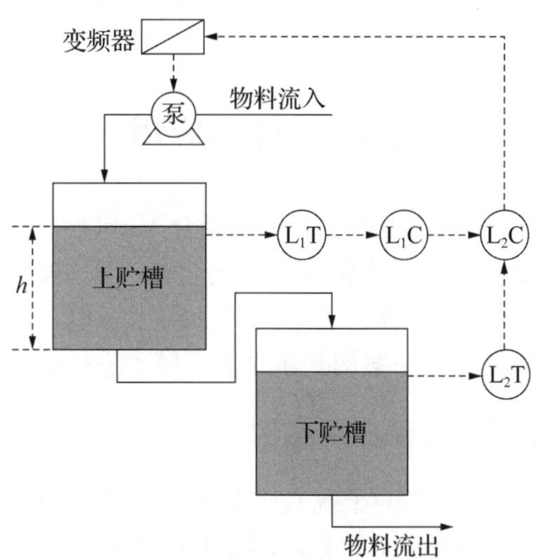

图 7－13　双容贮槽串级控制系统示意图

答：依照判别式依次确定副控制器和主控制器的作用方向。

(1) 副控制器作用方向：执行器是变频器，为正作用，增益为“＋”。副对象是下贮槽，输入信号为上贮槽的流出量，输出信号为下贮槽的液位，输入与输出作用方向一致为正作用，增益为“+”。依据判别式，副控制器选择反作用，增益为“−”。

（2）主控制器作用方向：主对象是上贮槽，输入信号为物料流入量，输出信号为上贮槽的液位，输入与输出作用方向一致为正作用，增益为“+”。依据判别式，主控制器选择反作用，增益为“−”。

根据上述分析，双容贮槽的主、副控制均选择反作用。

7.3.3　串级控制系统的整定

串级控制系统结构上为主、副控制器串联工作，两个控制器的参数都要进行整定。参数整定的实质同样是通过改变控制器参数，改善控制系统的性能，取得最佳的控制效果。

串级控制系统主回路是一个定值控制系统，要求主参数有较高的控制精度，其品质指标与单回路定值控制系统一样；而副回路是一个随动系统，只要求副参数能快速而准确地跟随主控制器的输出变化即可。在工程实践中，串级控制系统的整定方法包括逐步逼近法、两步整定法、一步整定法。

（1）逐步逼近法：步骤是循环反复的整定副回路和主回路，直到控制效果满意。这种方法适用于主、副对象的时间常数相差不大，主、副回路动态联系比较紧密的情况，整定需要反复进行、逐步逼近，往往费时较多。

（2）两步整定法：采用简单控制系统的衰减曲线法，按照先副回路后主回路，先比例再积分最后微分的顺序依次整定各个参数。这种方法在副回路整定好后，将其视作主回路的一个环节来整定主回路，适用于主、副对象的时间常数相差较大，主、副回路动态联系不紧密的情况。

（3）一步整定法：根据经验先确定副控制器的比例度，然后按照简单控制系统的方法对主控制器进行整定。这种方法尽管准确性低于两步整定法，但操作起来更简便，因而在工程上应用较广泛。

7.4　串级控制系统的应用

串级控制系统在工业生产过程中的主要应用场合为：包含较大容量滞后或纯滞后的生产过程；存在变化剧烈且大幅度干扰的生产过程；被控对象包含非线性。前文介绍的隔焰式隧道窑串级控制系统属于应用于包含较大容量滞后的生产过程，后面两类应用场合列举案例并建立仿真模型进行分析。

【微信扫码】
观看本节微课

7.4.1　抑制变化剧烈的扰动应用案例

串级控制系统对于纳入副回路的干扰有较强的抑制能力，因而在设计时，要将变化剧烈、幅度较大的干扰包含在副回路中，以减少干扰对主变量的影响。

例 7-4　精馏塔是石化、炼油生产中常用传质传热过程，其目的是将混合物组分分离，达成规定的纯度。塔釜温度是保证产品质量分离纯度的重要指标，工艺上要求温度偏差低于±1.5 ℃。设计一个单回路控制系统如图 7-14 所示，被控变量为塔釜温度，操纵变量为加热蒸汽流量。当蒸汽压力以较大幅度剧烈波动时，单回路控制系统的无法很好地克服这个干扰。

(1) 设计一个串级控制系统,确定主、副控制器的正/反作用。

(2) 建立仿真模型验证设计串级控制系统的性能。

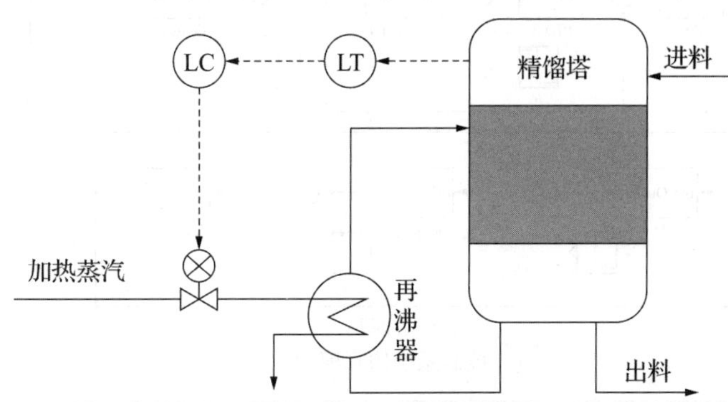

图 7 - 14　塔釜温度单回路控制系统示意图

答:(1) 可以将阀前的蒸汽流量作为副变量,把蒸汽压力的干扰包含在副回路,构成精馏塔温度-蒸汽流量串级控制系统如图 7 - 15 所示。

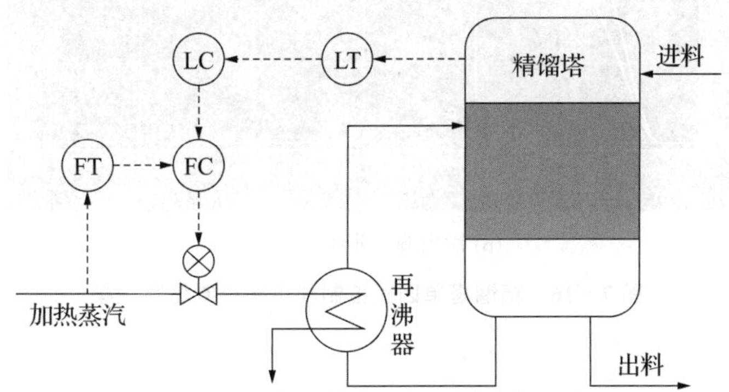

图 7 - 15　塔釜温度-蒸汽流量串级控制系统示意图

副回路中,执行器是调节阀,为了防止精馏塔烧坏,信号中断阀门要关紧,选择气开阀是正作用,增益为“+”;副对象是蒸汽输入管路,阀门开度和流量作用方向一致是正作用,增益为“+”;依据判别式,副控制器选择反作用,增益为“−”。

在主回路中,主对象是精馏塔,输入信号为蒸汽流入量,输出信号为塔釜温度,输入与输出作用方向一致为正作用,增益为“+”。依据判别式,主控制器选择反作用,增益为“−”。

根据上述分析,精馏塔串级控制系统的主、副控制均选择反作用。

(2) 对精馏塔生产过程进行仿真建模,设主对象传递函数为 $G_{o1}(s)=\dfrac{e^{-25s}}{(10s+1)^2}$,副对象传递函数为 $G_{o2}(s)=\dfrac{2e^{-10s}}{15s+1}$,给定值为 1 300,设计如图 7 - 16(a)所示的控制系统仿真模型。单回路控制系统采用 PI 控制,参数整定值为 $K_P=0.14$,$T_I=117.6$。串级控制系统主回路采用 PI 控制,参数整定值为 $K_{P1}=0.85$,$T_{I1}=26.3$;副回路采用 P 控制,参数整定值为 $K_{P2}=0.24$。两种控制方式的输出响应如图 7 - 15(b)所示,单回路控制超调量为 16.8%,调节时间约为 430 s;串级控制超调量仅有 3.8%,调节时间约为 240 s。

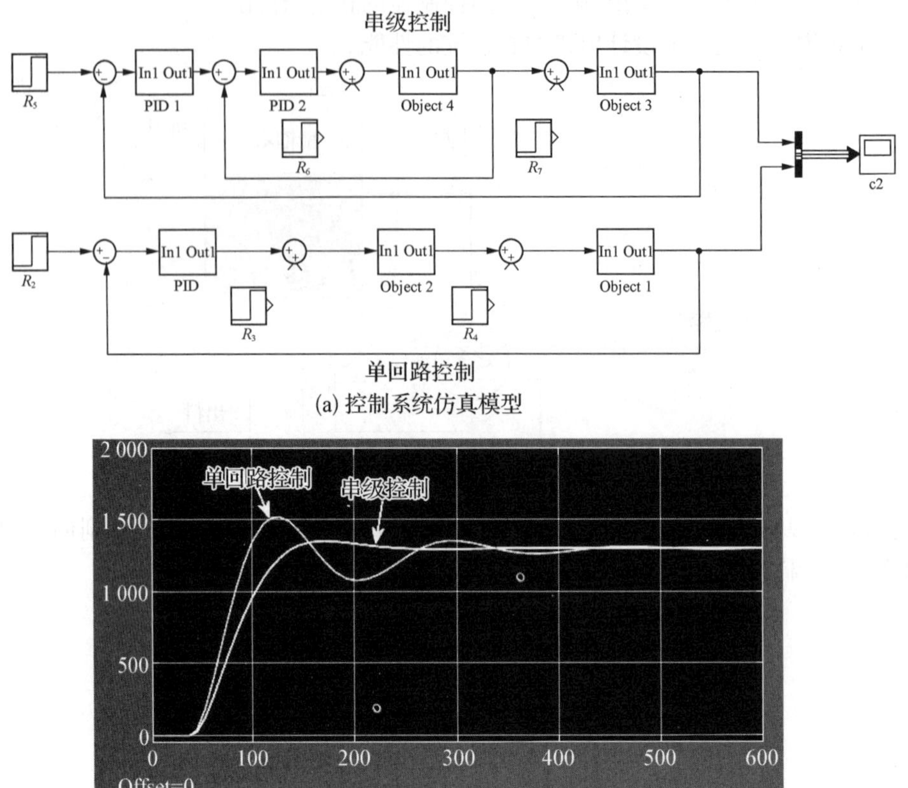

(a) 控制系统仿真模型

(b) 输出响应曲线

图 7-16　精馏塔单回路控制和串级控制仿真建模

在系统稳定运行 600 s 时，分别施加幅度为给定值 40%的一次干扰和二次干扰，输出响应曲线如图 7-17 所示。一次干扰作用下，串级控制的超调量是 37.7%，调节时间为 190 s；而单回路控制的超调量是 42.1%，调节时间为 300 s。二次干扰作用下，串级控制的超调量是 49.8%，调节时间为 210 s；而单回路控制的超调量是 68.8%，调节时间为 500 s。通过对比可知，串级控制表现出比单回路控制更强的抗干扰尤其是二次能力，尤其是应对剧烈的二次干扰，体现在超调量更小，调节时间更短。

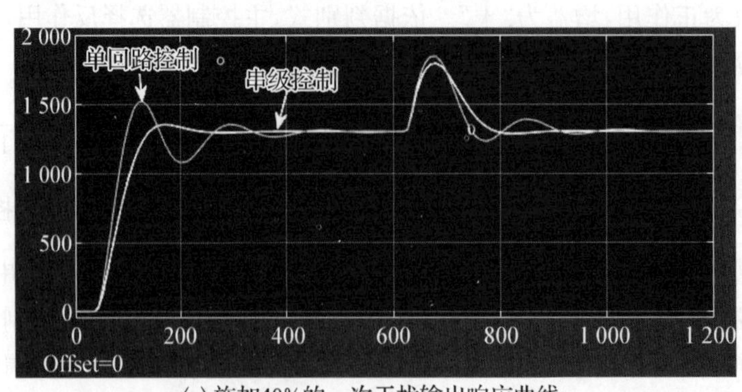

(a) 施加40%的一次干扰输出响应曲线

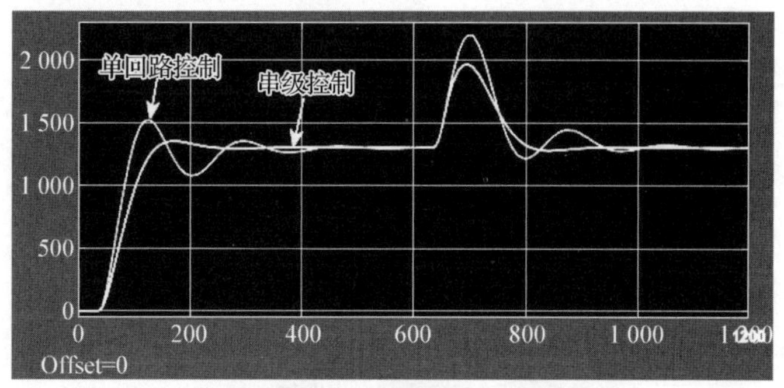

(b) 施加40%的二次干扰输出响应曲线

图 7－17　两种控制方式抗干扰能力对比

7.4.2　克服被控过程的非线性应用案例

串级控制系统可以抑制非线性情况下的负荷或操作条件变化，而实际工业生产中大多数被控对象特性都有一定的非线性，可以将具有较大非线性的部分对象包含在副回路中，以保证整个系统的控制质量。

例 7－5　化工行业中，醋酸生产要用到乙炔合成反应器。生产过程中醋酸和乙炔混合气体要经过换热器再进入反应器，反应器中部的温度关系到合成气体的质量，要对其精度严格控制。设计一个单回路控制系统如图 7－18 所示，被控变量为反应炉中部温度，操纵变量为混合气流量。

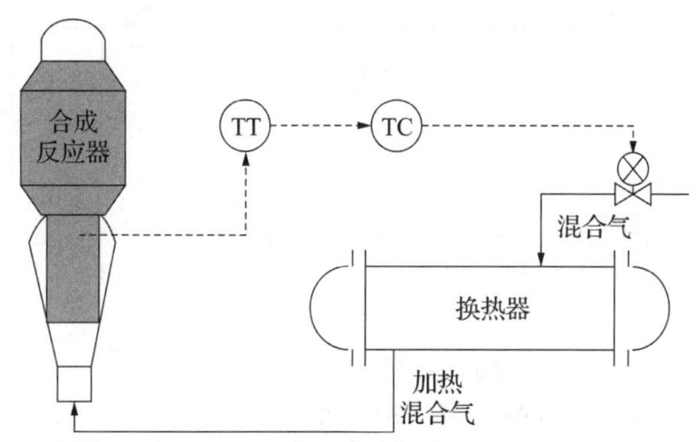

图 7－18　反应器温度单回路控制系统示意图

(1) 分析单回路控制存在的问题，并设计一个串级控制系统。

(2) 建立仿真模型验证所设计串级控制系统的性能。

答：(1) 从图中可以看出，控制通道包含了一个换热器和一个反应器，换热器具有明显的非线性。当负荷或操作条件变化时，为了保证控制质量必须不断地改变控制器参数，这显然是难以实现的。

设计一个如图 7－19 所示的串级控制系统，选取反应器温度为主变量，换热器出口温度为副变量，把随负荷变化的那一部分非线性过程特性包含在副回路中，提高了控制质量。当操作条件或负荷发生变化时，主控制器会自动修改副控制器的给定值，使副回路运行在一个新的工作点，从而克服了非线性的影响。

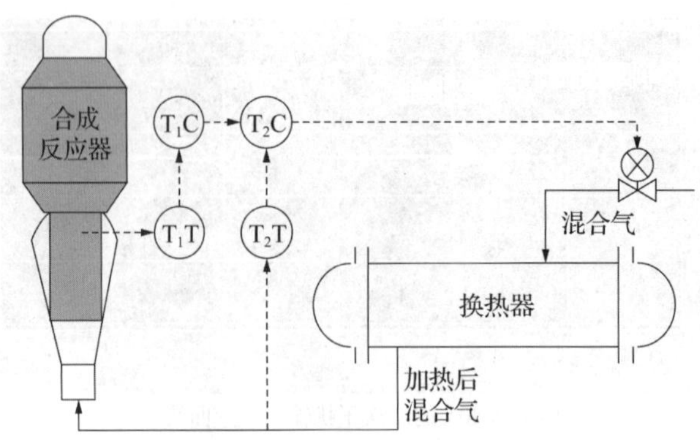

图 7-19　反应器温度-温度串级控制系统示意图

(2) 对混合气体的合成反应生产过程进行仿真建模，设主对象换热器传递函数为 $G_{o1}(s)=\frac{e^{-15s}}{(30s+1)^2}$，副对象换热器传递函数为 $G_{o2}(s)=\frac{(s+4)}{(10s+1)(s+1)^2}e^{-45s}$，给定值为单位信号，设计如图 7-20(a)所示的控制系统仿真模型。单回路控制系统采用 PI 控制，参数整定值为 $K_P=0.18$，$T_I=555.6$。串级控制系统主回路采用 PI 控制，参数整定值为 $K_{P1}=1.05$，$T_{I1}=50$；副回路采用 P 控制，参数整定值为 $K_{P2}=0.16$。两种控制方式的输出响应如图 7-20(b)所示，单回路控制超调量为 22%，调节时间约为 810 s；串级控制超调量仅有 3.6%，调节时间约为 460 s。

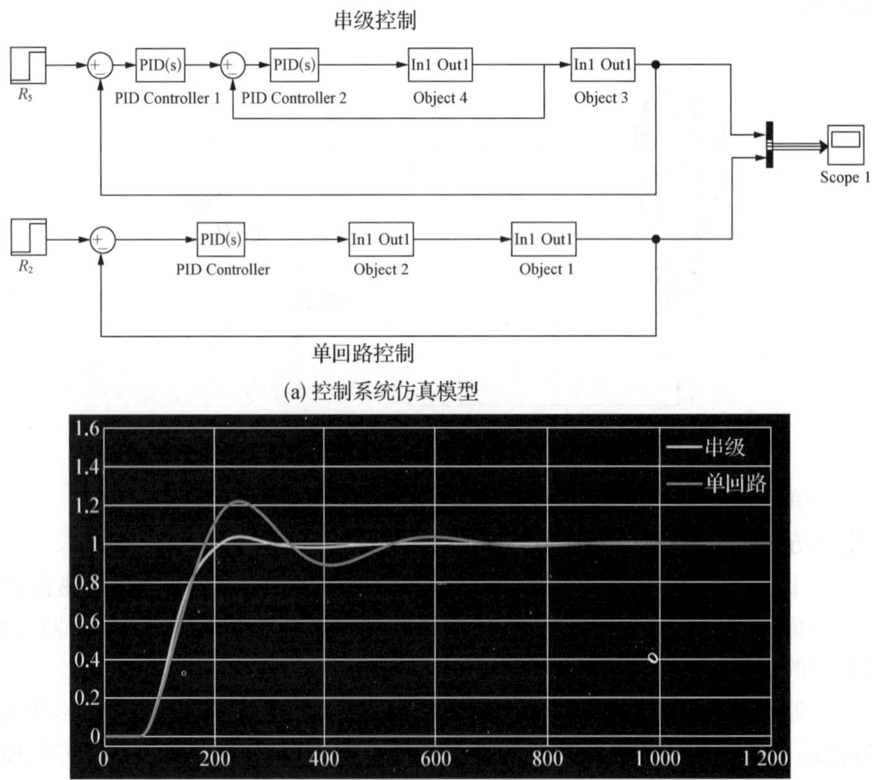

(a) 控制系统仿真模型

(b) 输出响应曲线

图 7-20　反应器单回路控制和串级控制仿真建模

假定某一时刻负荷的变化，导致副对象换热器数学模型的参数和结构发生变化，输出响应曲线如图 7 - 21 所示。数学模型的参数发生变化，即传递函数的 $G_{o2}(s)$ 中的 $10s+1$ 变为 $25s+1$，串级控制的超调量是 12.5%，调节时间为 510 s；而单回路控制的超调量是 29.7%，调节时间为 960 s。当数学模型的结构发生变化，即传递函数的 $G_{o2}(s)$ 中的 $10s+1$ 变为 $(s+1)^2$，串级控制的超调量仅有 2.2%，调节时间为 405 s；而单回路控制的超调量是 46.3%，调节时间约为 1 110 s。通过对比可知，具有非线性特性的单回路控制系统，当被控对象的特性发生变化时，原来工作较好的系统可能控制效果下降甚至不能工作；而串级控制系统将具有非线性的部分包括在副回路中，当被控对象特性变化时控制品质基本不受的影响，表现出对非线性的自适应能力。

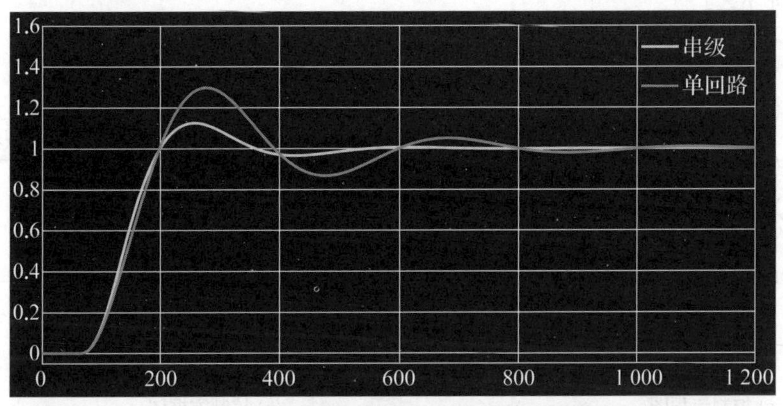

(a) 被控对象参数变化时输出响应曲线

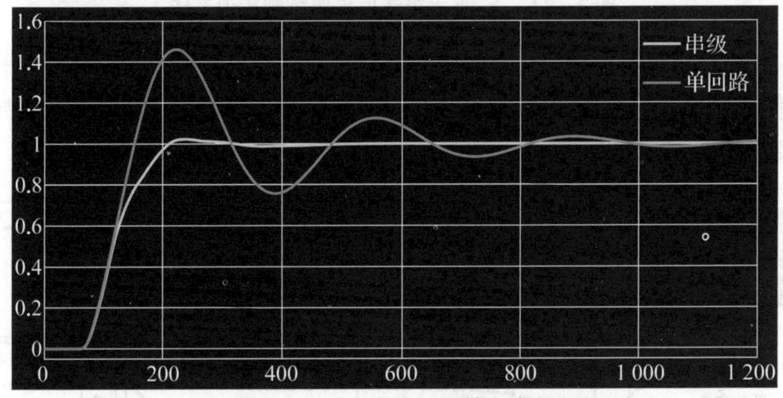

(b) 被控对象结构变化时输出响应曲线

图 7 - 21　两种控制方式克服非线性能力对比

7.5　串级控制系统的实验

7.5.1　上、下水箱液位串级控制系统

1. 实训目的

(1) 熟悉上、下水箱液位串级控制系统的结构与组成。

(2) 掌握上、下水箱液位串级控制系统的投运与参数的整定方法。

(3) 研究不同干扰对液位串级控制系统的影响。

2. 实训知识点

上、下水箱液位串级控制实训系统的控制流程图和控制方框图如图 7-22 所示。主回路是液位定值控制系统,主变量为下水箱的液位,控制目的是保持主变量恒定,控制规律选择 PI 或 PID;副回路是液位随动控制系统,副变量为上水箱的液位,控制目的是使副回路输出跟随主回路控制器输出变化而变化,控制规律选择 P。

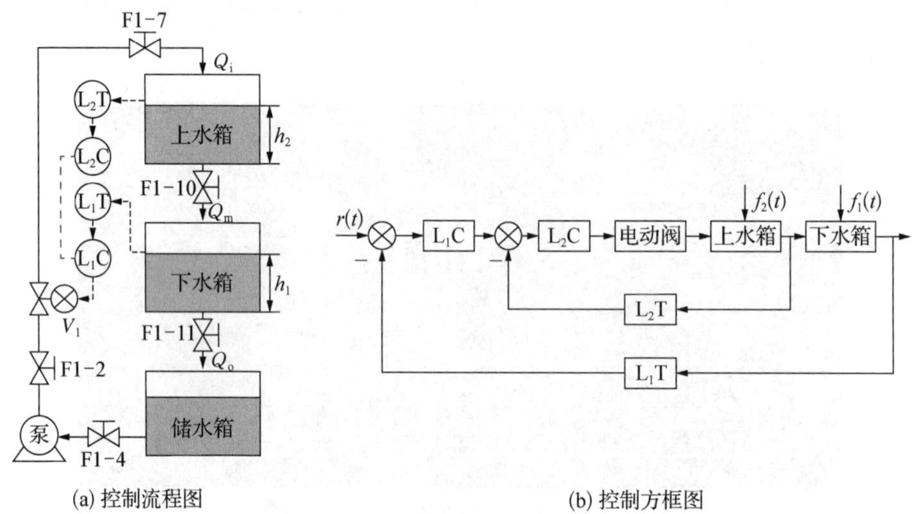

(a) 控制流程图 (b) 控制方框图

图 7-22 上、下水箱液位串级控制实训系统

3. 实训模块与连接

该项目使用的模块包括直流稳压电源、三相电源、两个智能调节仪、液位传感器、电动调节阀,模块接接线如图 7-23 所示。

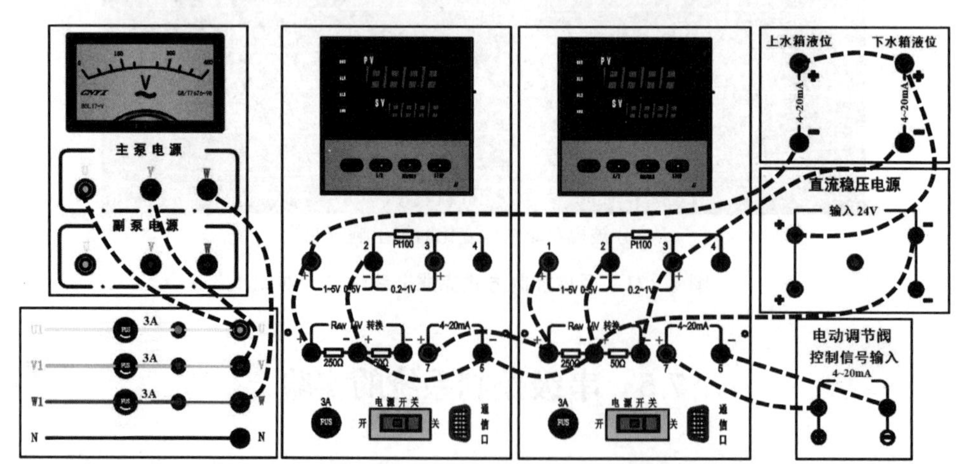

图 7-23 上、下水箱液位串级控制实训系统模块接线图

4. 实训内容与步骤

(1) 按图 7-23 要求连接模块,将主回路手动阀 F1-1、F1-2、F1-4、F1-6 全开,F1-7 开

45°,令 F1-6 开度略大于 F1-7,其余阀关闭。

(2) 接通电源,登录 MCGS 软件打开运行界面。点击实验目录中的“锅炉内胆水温与循环水流量串级控制”,出现 MCGS 组态画面。

(3) 智能调节仪 1 和智能调节仪 2 分别为主、副控制器,先副回路后主回路整定控制器参数整定,直至主变量下水箱液位的过渡过程曲线衰减比为 4∶1。

(4) 系统稳定后,令给定值发生变化,令下水箱液位增加或减少 10%,观察并记录给定值受干扰下主变量液位曲线的变化。

(5) 系统再次稳定后,对系统副回路上下箱施加干扰,改变上水箱的流出量,观察并记录系统受干扰时主变量液位曲线的变化。

5. 实训总结与思考

(1) 分别画出给定值施加干扰和系统副回路施加干扰时的输出响应曲线。

(2) 在不同主、副控制器参数下,对系统的性能做出分析。

(3) 当二次干扰作用于主对象时,系统的动态性能比单回路系统的动态性能有何改进?原因是什么?

7.5.2　锅炉内胆水温与循环水流量串级控制实验

1. 实训目的

(1) 熟悉温度-流量串级控制系统的结构与组成。

(2) 掌握温度-流量串级控制系统的投运与参数的整定方法。

(3) 研究不同干扰对水温-流量串级控制系统的影响。

2. 实训知识点

锅炉内胆水温与循环水流量串级控制实训系统的控制流程图和控制方框图如图 7-24 所示。主回路是温度定值控制系统,主变量为锅炉内胆的水温,控制目的是保持主变量恒定,控制规律选择 PI 或 PID;副回路是流量随动控制系统,副变量为支路循环水流量,控制目的是使副回路输出跟随主回路控制器输出变化而变化,控制规律选择 P。

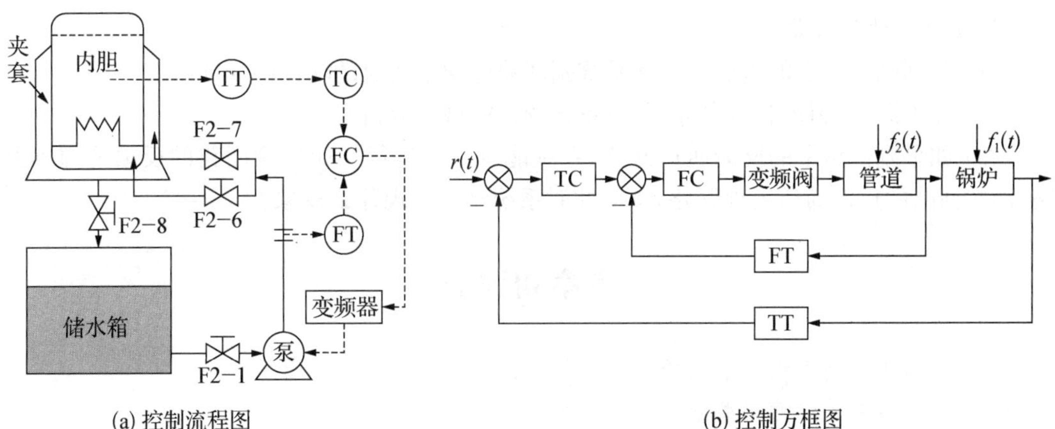

(a) 控制流程图　　(b) 控制方框图

图 7-24　锅炉内胆水温与循环水流量串级控制实训系统

3. 实训模块与连接

该项目使用的模块包括直流稳压电源和三相电源、两个智能调节仪、流量和温度传感器、变频器,模块接接线如图 7-25 所示。

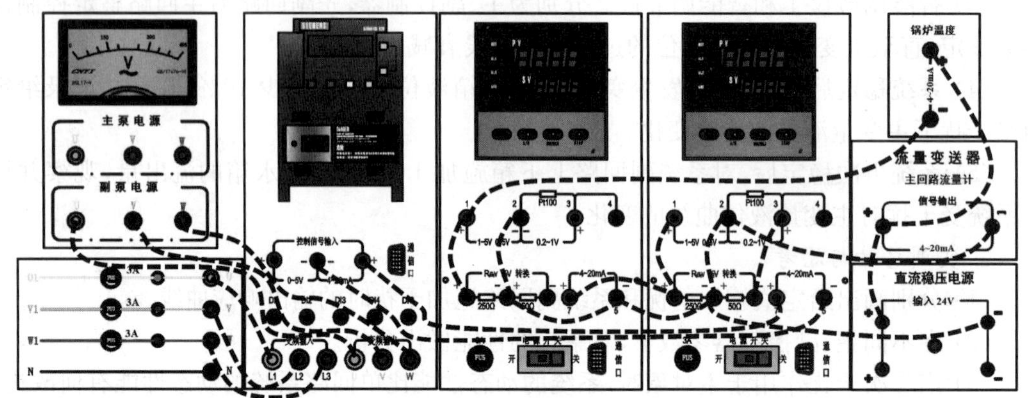

图 7-25　温度-流量串级控制实训系统模块接线图

4. 实训内容与步骤

(1) 按图 7-25 要求连接模块,将副回路手动阀 F2-1、F2-6 全开,F2-8 打开适当开度,令 F2-6 开度略大于 F2-8,其余阀关闭。

(2) 接通电源,登录 MCGS 软件打开运行界面。点击实验目录中的“锅炉内胆水温与循环水流量串级控制”,出现 MCGS 组态画面。

(3) 智能调节仪 1 和智能调节仪 2 分别为主、副控制器,先副回路后主回路整定控制器参数整定,直至主变量温度的过渡过程曲线衰减比为 4∶1。

(4) 系统稳定后,令给定值发生变化,令给定值增加或减少 10%,观察并记录给定值受干扰下主变量温度曲线的变化。

(5) 系统再次稳定后,对系统副回路施加干扰,改变循环水某个阀门开度,观察并记录系统受干扰时主变量温度曲线的变化。

5. 实训总结与思考

(1) 分别画出给定值施加干扰和系统副回路施加干扰时的输出响应曲线。

(2) 在不同主、副控制器参数下,对系统的性能做出分析。

(3) 如果副回路中的反馈通道开路,系统能否正常运行?如果副回路的反馈通道不开路,而主回路的反馈通道出现开路,试问此时系统将会出现什么现象?

本章知识点

(1) 单回路控制系统与串级控制系统的对比。

(2) 串级控制系统的典型结构。

(3) 串级控制系统的特点。

(4) 串级控制系统的设计方法。

(5) 串级控制系统的应用场合。

本章练习

1. 釜式反应器在化工领域应用广泛,设计如图 7－26 所示的过程控制系统。将丙烯和溶剂通入反应釜,通过调节夹套内的冷水稳定反应温度,使得反应器处于最佳操作条件。工艺要求的反应器内温度不允许过高,否则易发生事故。

(1) 这是一个什么类型的控制系统? 试画出它的方框图。

(2) 确定主、副控制器的正/反作用。

(3) 如果选择夹套内的水温作为副变量构成串级控制系统,试画出它的控制流程图和控制方框图。

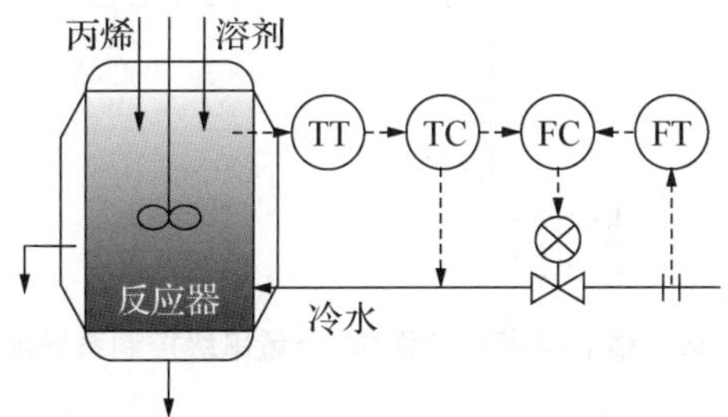

图 7－26　釜式反应器过程控制系统

2. 一个加热器串级控制系统,如图 7－27 所示用传递函数表示其方框图。其中 $G_{o1}(s)=\dfrac{1}{(2s+1)(s+1)}$、$G_{o2}(s)=\dfrac{e^{-2s}}{(s+5)^2}$、$G_{m1}(s)=G_{m2}(s)=1$、$G_V(s)=0.5$,主控制器选择 PI 控制规律,经过参数整定 $K_{P1}=0.24$、$T_I=500$,副控制器选择 P 控制规律,经过参数整定 $K_{P2}=0.15$。

(1) 写出二次干扰 D_2 与副变量 Y_2 间的传递函数 $G_{o2}^*(s)$。

(2) 如果将副回路看作一个等效对象,写出其传递函数 $G'_{o2}(s)$。

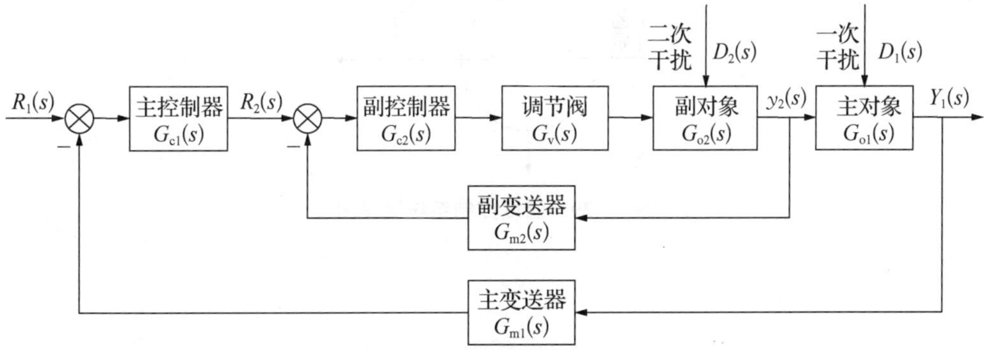

图 7－27　加热器串级控制系统方框图

3. 精馏塔塔顶的液位-流量串级控制系统如图 7－28 所示,工艺要求极限情况下,不允许塔顶组分回流。

(1) 画出该过程控制系统的方框图。

(2) 确定主、副控制器的正/反作用。

(3) 当冷凝器无法正常工作,导致回流罐液位过高或过低时,简述系统的控制过程。

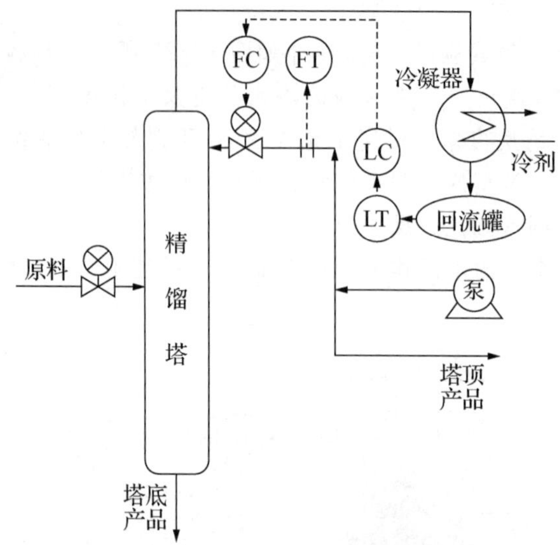

图 7-28　精馏塔塔顶的液位-流量串级控制系统流程图

4. 一个温度控制系统如图 7-29 所示,用载热体对介质进行加热的,工艺要求介质出口温度恒定于某个数值。试分析下列情况下,如何设计串级控制系统。

(1) 载热体的压力不稳定。

(2) 工艺介质流入量频繁波动。

(3) 未加热的工艺介质温度不稳定。

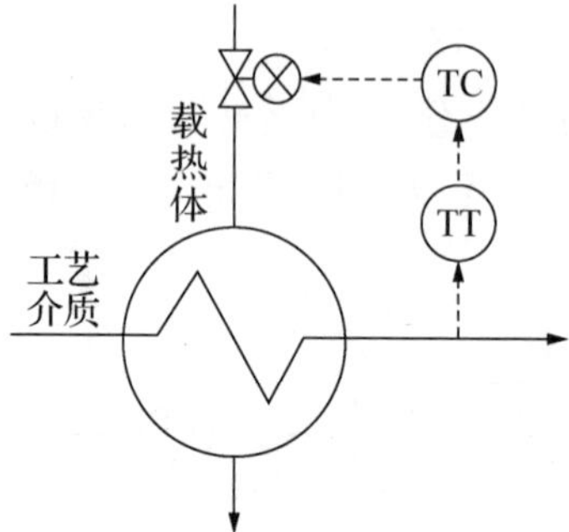

图 7-29　温度控制系统流程图

第 8 章

复杂过程控制系统

除了串级控制系统，还有很多实现特殊工艺要求和目的的复杂过程控制系统，应对诸如被控过程滞后较大、负荷和干扰变化剧烈而频繁、前后生产工序协调和物料配比等问题。本章选取具有代表性的前馈控制系统、比值控制系统、均匀控制系统和分程控制系统进行介绍，着重这些控制系统的设计和应用。

【微信扫码】
观看本节微课

8.1　前馈控制系统

8.1.1　前馈控制的基本概念

顾名思义，前馈控制与反馈控制是相对的。反馈控制是按照被控变量与给定值的偏差而进行控制的系统，不论什么干扰只要引起被控变量变化，都可以进行控制。而前馈控制是依据引起被控变量变化的扰动，扰动一旦发生，立即实施控制。

例 8－1　一个换热器物料出口温度的反馈控制系统如图 8－1 所示，加热蒸汽通过换热器排管的外表面，将热量传递给排管内部流过的被加热物料。控制系统以物料出口温度 T_o 为被控变量，蒸汽流量 Q_z 为操纵变量。

(1) 如果进料流量 Q_i 波动频繁且幅度大，反馈控制会产生较大的动态偏差，试设计一个前馈控制系统。

(2) 对换热器温度的前馈和反馈两种控制方式进行比较。

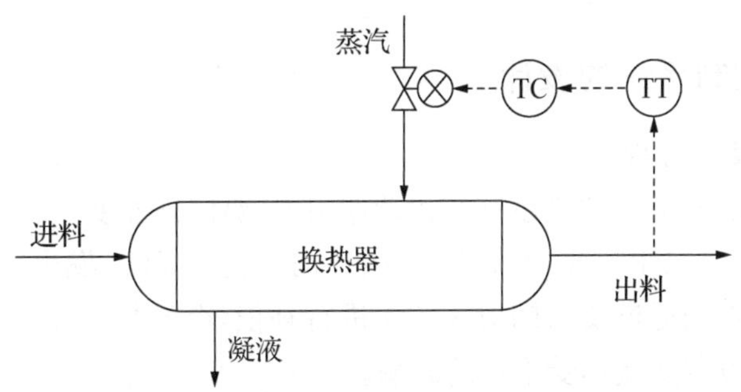

图 8－1　换热器的温度反馈控制系统示意图

答：(1) 设计如图 8－2 所示的温度前馈控制系统，通过流量变送器 FT 检测进料流量 Q_i，将其变化送至前馈控制器 FC，按一定的运算规律调节阀门开度，对干扰特定引起的物料出口温度 T_o 变化进行提前补偿。

(2) 采用反馈控制方式，包含在控制回路中的干扰产生后，只要引起了被控变量的变化，控制器就会产生控制作用。反馈的控制作用是滞后于干扰的，会存在控制不及时的局限

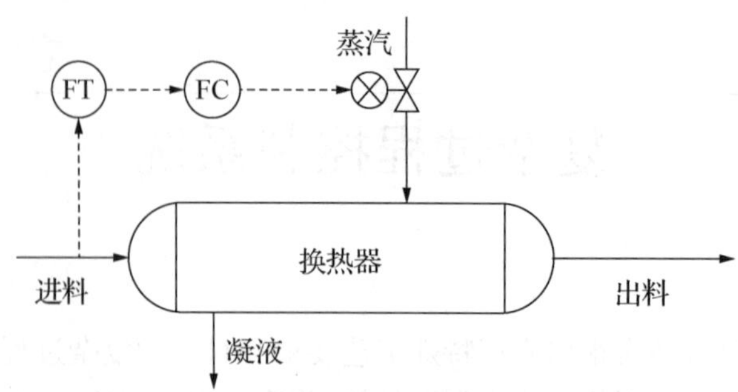

图 8-2　换热器的温度前馈控制系统示意图

性。采用前馈控制方式，一旦检测到特定干扰的变化，控制器立刻进行控制，力求将特定干扰对被控变量的影响消灭在萌芽状态。前馈的控制作用是同步于特定干扰的，对于其他干扰则不能起到很好的控制。

为了更清晰地了解前馈控制的特点，通过对比的方式将前馈控制和反馈控制的控制依据、控制作用发生时刻、系统结构、校正范围和控制规律整理列在表 8-1 中。

表 8-1　前馈控制和反馈控制的比较

控制类型	反馈控制	前馈控制
控制依据	基于偏差来消除偏差。	基于扰动来消除扰动对被控量的影响。
控制时刻	干扰引起被控变量发生偏差后动作，是一种“不及时”的控制。	扰动发生后动作，是一种“及时”的控制。
系统结构	是闭环结构，存在稳定性问题。	是开环结构，只要系统中各环节是稳定的，则控制系统必然稳定。
校正范围	可消除被包围在闭环内的一切扰动对被控量的影响。	只对被前馈的扰动有校正作用，具有指定性补偿的局限性。
控制规律	通常是 P、PI、PD、PID 等典型规律。	取决于过程扰动通道与控制通道特性之比。

8.1.2　前馈控制系统的设计

1. 前馈控制的设计思想

依据不变性的原理，前馈控制系统在扰动作用下，要使被控变量 $y(t)$ 与扰动作用 $d(t)$ 完全无关。设计思想可以用图 8-4 来表示，在 t_0 时刻扰动 $d(t)$ 发生，扰动导致被控变量的变化为 $y_d(t)$，前馈控制通道要力图对 $y_d(t)$ 进行补偿，令被控变量发生大小相等、方向相反的变化 $y_c(t)$，使被控变量不受干扰的影响。

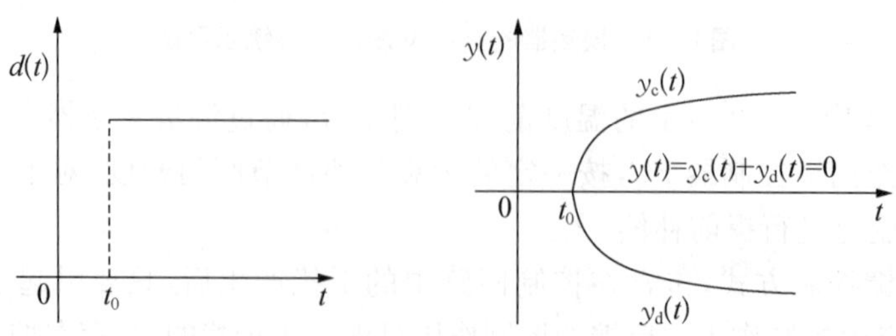

图 8-3　前馈控制的设计思路

前馈控制系统的控制方框图如图8-3所示。图中$G_{ff}(s)$为前馈控制器，$G_o(s)$和$G_d(s)$分别为控制通道和干扰通道的传递函数。

在扰动量$D(s)$作用下的系统输出$Y(s)$为：

$$\frac{Y(s)}{D(s)}=G_d(s)+G_{ff}(s)G_o(s) \tag{8-1}$$

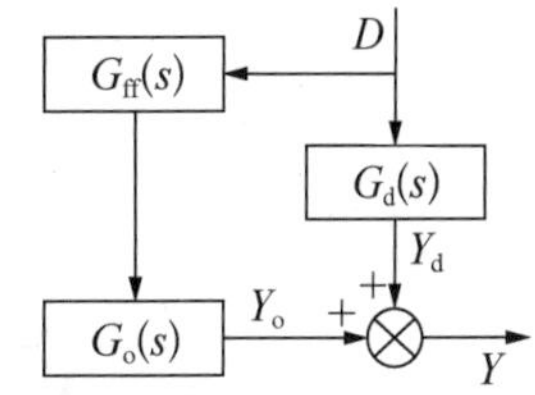

图8-4　前馈控制系统的控制方框图

基于不变性原理的设计思想可表示为：

$$Y(s)\equiv 0, D(s)\neq 0 \tag{8-2}$$

将式(8-2)代入式(8-1)，可得前馈控制器的传递函数为：

$$G_{ff}(s)=-\frac{G_d(s)}{G_o(s)} \tag{8-3}$$

由此可知，前馈控制器是由干扰通道与控制通道特性之比所决定。

2. 静态和动态前馈控制

依据结构的不同，前馈控制系统可以分为静态前馈控制和动态前馈控制。

(1) 静态前馈控制

静态前馈控制的控制规律为：

$$G_{ff}(s)=-K_{ff} \tag{8-4}$$

式中：K_{ff}为静态前馈系数。控制器是一个比例环节，结构简单、容易实现。静态前馈控制的目标是系统最终静态偏差接近或等于零，但未考虑两通道时间常数不同引起的动态偏差，因此无法实现全补偿。

(2) 动态前馈控制

动态前馈控制的控制规律为：

$$G_{ff}(s)=-K_{ff}\times\frac{T_1s+1}{T_2s+1} \tag{8-5}$$

式中：T_1和T_2为控制通道和干扰通道的时间常数。控制器使得控制通道和干扰通道的动态特性相匹配，但结构会比较复杂。静态前馈控制兼顾了系统的静态偏差和动态偏差，能够实现全补偿。

3. 前馈-反馈复合控制系统

对比反馈控制，前馈控制能够及时地补偿特定干扰的影响，主要用于克服“可测不可控”的干扰和变化频繁、幅度较大的干扰。如果对每一个扰动都使用一套测量变送仪表和一个前馈控制器，这将会使控制系统庞大而复杂，此外有一些扰动无法在线测量。

因此，在实际应用中，往往将前馈控制和反馈控制相结合，组成前馈-反馈复合控制系统。利用前馈控制克服主要干扰，反馈控制克服其余干扰，提高系统的控制质量。前馈-反馈复合控制系统的控制方框图如图8-5所示，图中$G_{ff}(s)$和$G_c(s)$为前馈和反馈控制器，$G_o(s)$和$G_d(s)$分别为控制通道和干扰通道的传递函数。

前馈-反馈复合系统的输出$Y(s)$为干扰量$D(s)$和给定值$R(s)$的共同作用：

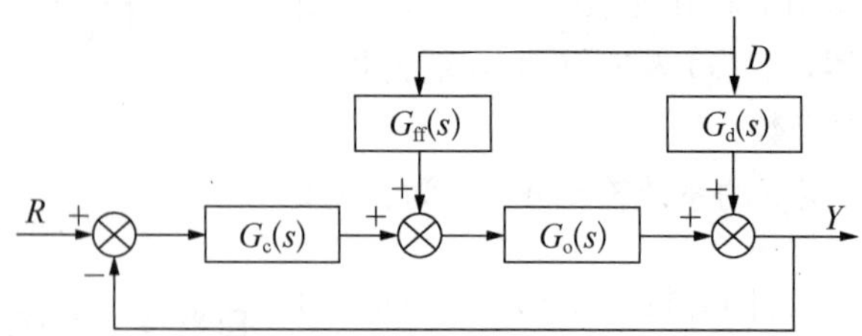

图 8-5　前馈-反馈复合控制系统的控制方框图

$$Y(s)=\frac{G_c(s)G_o(s)}{1+G_c(s)G_o(s)}R(s)+\frac{G_d(s)+G_{ff}(s)G_o(s)}{1+G_c(s)G_o(s)}D(s) \tag{8-6}$$

要实现对干扰的全补偿,同样要满足 $D(s)/Y(s)=0$,代入式(8-6)可得:

$$G_d(s)+G_{ff}(s)G_o(s)=0 \tag{8-7}$$

可以发现与式(8-2)相同,表明前馈-反馈复合系统和前馈控制实现全补偿的条件完全相同,并且干扰量 $D(s)$ 对输出的影响削减为前馈控制的 $1/|1+G_c(s)G_o(s)|$。

8.1.3　前馈控制系统的建模仿真

通过对工业生产实际案例的 MATLAB 建模仿真,进一步深化对前馈控制和前馈-反馈复合控制的认识。

例 8-2　将例 8-1 中的换热器物料温度前馈控制系统改造成前馈-反馈复合系统,通过建模仿真进行性能验证。

答:(1) 换热器前馈-反馈复合控制系统设计如图 8-6 所示,将反馈控制和前馈控制作用相加,共同通过加热蒸汽量的调节维护出口温度的恒定。当进料负荷变化时,前馈控制器 FC 发出控制指令,补偿进料流量变化 Q_i 对换热器出口温度 T_o 的影响;对于诸如进料温度变化、蒸汽压力波动等其他干扰的影响,由反馈控制器 TC 通过 PID 控制规律来克服。

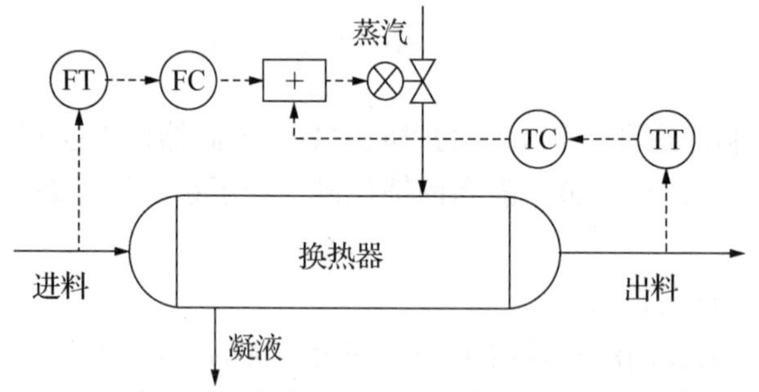

图 8-6　换热器前馈-反馈复合系统控制示意图

(2) 分别建立换热器前馈控制系统和前馈-反馈复合控制系统的模型,通过仿真比较两种控制方式的性能。

先建立如图 8-7 所示的换热器温度前馈控制系统模型,干扰通道传递函数为 $G_d(s)=\frac{5e^{-20s}}{8s+1}$,控制通道传递函数为 $G_d(s)=\frac{e^{-12s}}{5s+1}$,依据式(8-3)可得前馈控制器传递函数为

$G_{ff}(s) = -5e^{-8s} \times \dfrac{(5s+1)}{(8s+1)}$。系统给定值设为 $R=1$，可测干扰 D_1 和不可测干扰 D_2 分别设定为均值 0.5 和 0.4 的随机信号，设计实验 D_1 在 200 s 时出现，D_2 在 300 s 时出现。

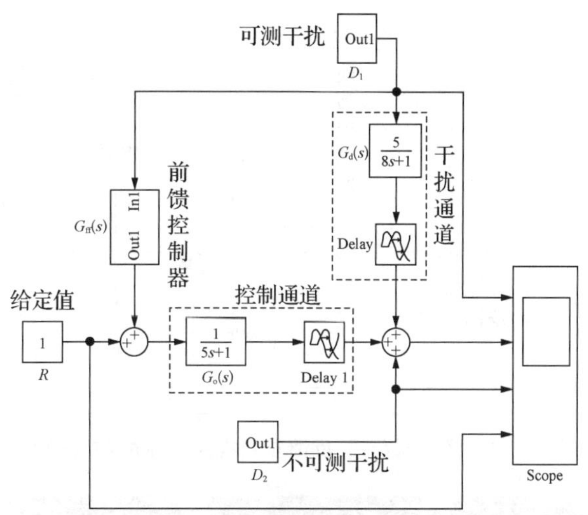

图 8-7　换热器前馈控制系统的仿真模型

仿真实验结果如图 8-8 所示，可以发现被控变量 Y 初始阶段于给定值 R 相同，当 200 s 出现可测干扰 D_1 后，被控变量 Y 在给定值 R 上下小幅波动，当 300 s 出现不可测干扰 D_2 后，被控变量 Y 跳变到 $R+D_2 \approx 1.4$ 附近波动。表明前馈控制系统可以很好地克服可测扰动，而对不可测扰动毫无控制作用。

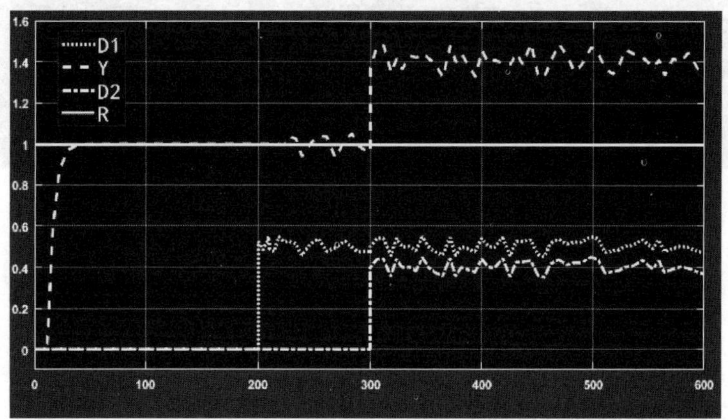

图 8-8　换热器前馈控制系统的仿真实验结果

接着建立如图 8-9 所示的换热器温度前馈-反馈复合控制系统模型，反馈控制器采用 PI 控制，参数整定值为 $K_P=0.4$，$T_I=20$，其余环节的传递函数与前馈控制系统相同。

设置相同的参数进行抗干扰实验，实验结果如图 8-10 所示。可以发现当 200 s 出现可测干扰 D_1 后，前馈控制发挥作用，被控变量 Y 始终能很好地跟踪给定值 R。当 300 s 出现不可测干扰 D_2 后，被控变量 Y 初始有一定的超调，但反馈回路马上实施控制，被控变量 Y 很快回复到给定值 R 的附近。表明前馈-反馈复合控制系统结合了两种控制作用的优点，不仅可以克服可测扰动，对不可测扰动也可以发挥很好的控制作用。

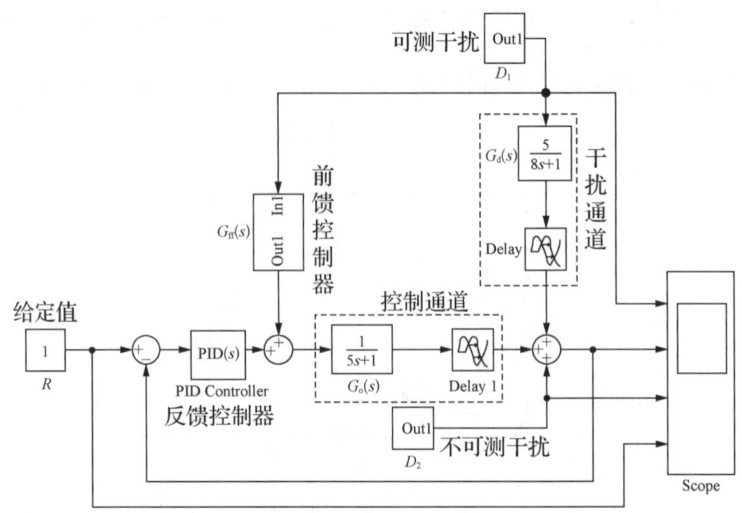

图 8-9 换热器前馈-反馈复合控制系统的仿真模型

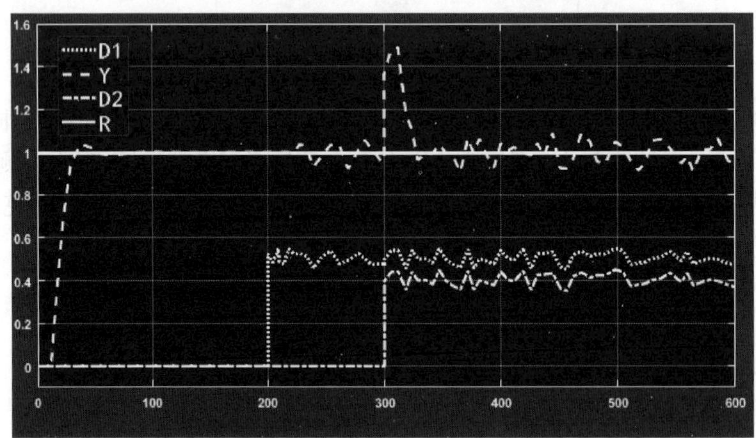

图 8-10 换热器前馈-反馈复合控制系统的仿真实验结果

8.2 比值控制系统

8.2.1 比值控制的基本概念

比值控制系统是两种或多种物料自动维持一定比值关系的过程控制系统。工业生产过程中很多场景要用到比值控制系统，例如化工过程中，硝酸生产，氨气和空气按一定比例在氧化炉中进行氧化反应，控制不好会引起爆炸；燃烧过程中，为保证燃烧经济性，需保持燃料量和空气量按一定比例混合后送入炉膛；造纸过程中，为保证纸浆浓度，必须控制纸浆量和水量按一定的比例混合。

需要保持一定比例关系的两种物料，起主导作用的物料称为主动量 Q_1，如燃烧过程中的燃料量、造纸中的纸浆量；随主动量变化的物料称为从动量 Q_2，如燃烧过程中的空气量、造纸中的水量。生产工艺要求比值控制系统中 Q_1 与 Q_2 保持一定的比值 k，即

$$\frac{Q_2}{Q_1}=k \tag{8-8}$$

8.2.2　比值控制系统的类型

在生产过程中,根据工艺条件和产品质量要求不同,实现两种物料比值关系的有不同的方案。

1. 开环比值控制

开环比值控制系统流程图和方框图如图 8-11 所示,图中 FT 为主动量的测量变送器,FY 为比值器。这种控制系统结构简单,只需一台纯比例控制器就可实现,比例度可以根据比值要求来设定。

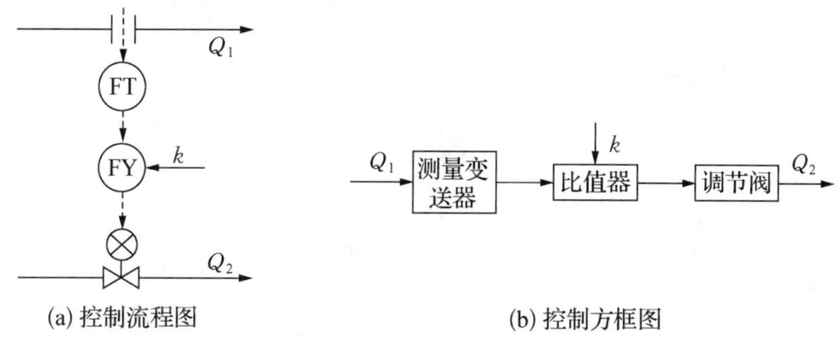

(a) 控制流程图　　(b) 控制方框图

图 8-11　开环比值控制系统

开环比值控制在稳定状态下两种物料满足 $Q_2=kQ_1$,当主动量 Q_1 受到干扰发生变化时,比值器根据 Q_1 变化情况,按比例改变从动量 Q_2,维持比值 k 关系不变。但不难发现,当从物料流量 Q_2 受到干扰而发生变化时,比值关系将遭到破坏,系统对此无能为力,因此开环比值控制在工程上很少应用。

2. 单闭环比值控制

单闭环比值控制克服了开环比值控制方案的不足,在开环比值控制系统的基础上,通过增加一个从动量的闭环控制系统而组成的。控制流程图和方框图如图 8-12 所示,图中 F_1T 和 F_2T 分别为主动量 Q_1 和从动量 Q_2 的测量变送器,FC 为从动量的控制器。这种控制系统结构简单,实施方便,尤其适用于主动量在工艺上不允许进行控制的场合。

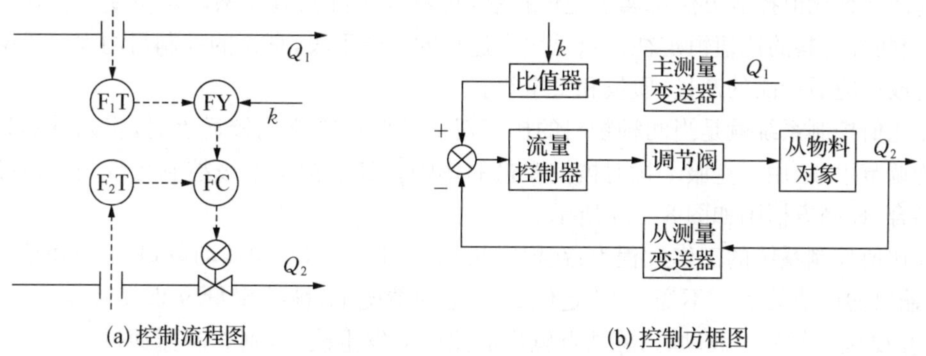

(a) 控制流程图　　(b) 控制方框图

图 8-12　单闭环比值控制系统

单闭环比值控制能实现从动量 Q_2 随着主动量 Q_1 的变化而变化，还可以克服从动量 Q_2 波动对比值 k 的影响。主动量不变时，从动量回路是定值控制系统；主动量变化时，从动量回路是随动控制系统。但当负荷变化较大时，主动量 Q_1 出现大幅波动，从动量 Q_2 的调整需要一定的时间，会造成比值 k 较大的偏离工艺要求，这在生产过程中是不允许的。

3. 双闭环比值控制

单闭环比值控制存在问题的根源在于无法对主动量 Q_1 进行调节，考虑对主物料也进行定值控制，这就形成了双闭环比值系统。控制流程图和方框图如图 8－13 所示，图中 F_1C 和 F_2C 分别为主动量 Q_1 和从动量 Q_2 的控制器。这种控制系统适用于主动量干扰频繁、工艺上不允许负荷有较大波动或工艺上经常需要提降负荷的场合。

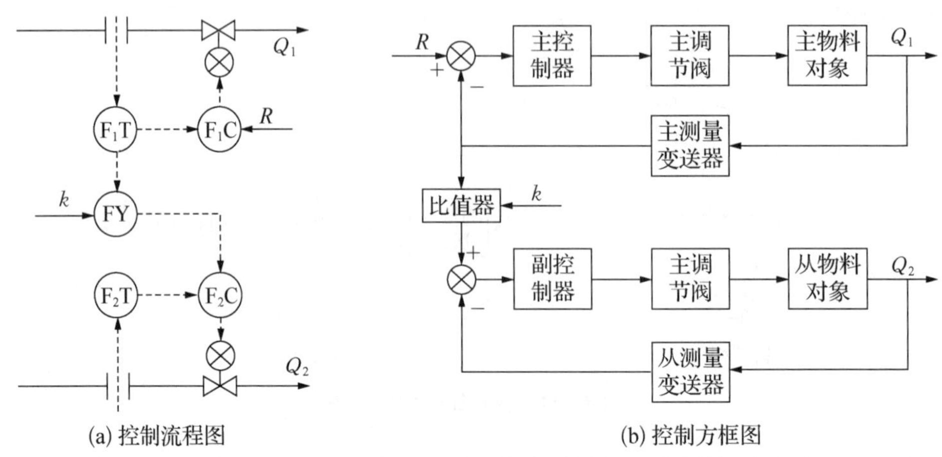

图 8－13　双闭环比值控制系统

双闭环比值控制可以实现比较精确的比值关系，也能确保两种物料总量基本不变。主动量回路是一个定值控制系统，使主动量 Q_1 克服干扰的影响，始终稳定在给定值附近；而从动量回路是一个随动控制系统，不管是主动量的变化还是干扰作用的影响，可以通过从动量 Q_2 的调节跟随比值器的输出 k。此外，双闭环比值控制提降负荷比较方便，只要缓慢地改变 F_1C 的给定值 R，就可以提降主动量 Q_1，同时从动量 Q_2 也就自动跟踪提降，并保持两者比值 k 不变。但是系统结构较复杂，使用的仪表较多，投资较大，调整起来较麻烦。

4. 变比值控制系统

前面几种比值控制方法都属于定值控制，也就是保持比值关系确定不变。实际生产过程中，使两种物料的比值恒定往往只是生产过程的一个手段，真正的控制目的大多是两种物料混合或反应后产品的产量、质量和安全等。

变比值控制系统就是当两种物料的比值对被控变量影响比较显著时，将两种物料的比值作为调节手段，用于克服干扰对被控变量的影响。其结构是串级控制系统与比值控制系统的结合，控制方框图如图 8－14 所示。

变比值控制系统的工作过程为：在稳定状态下，主动量 Q_1 和从动量 Q_2 的测量值送入除法器，输出的比值关系 k 不变，在给定值 R 恒定的情况下，被控变量 y 保持稳定不变；当主动量 Q_1 受到干扰发生波动时，除法器输出的比值 k 发生改变，副控制器通过改变调节阀的开度，使从动量 Q_2 也发生变化，使比值 k 保持不变；当主对象收到干扰引起被控变量 y 发生

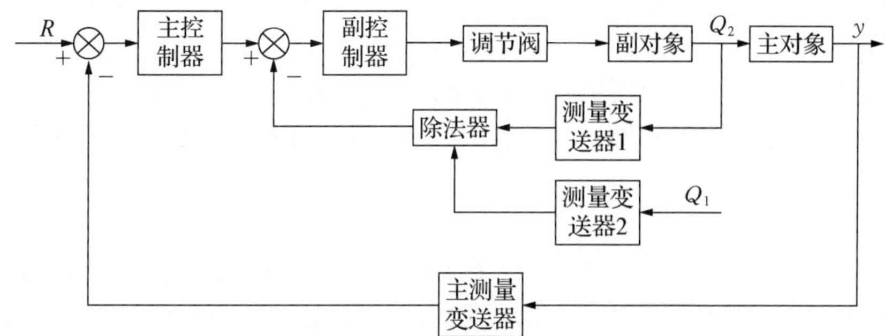

图 8－14　变比值控制系统的控制方框图

变化时，主控制器的输出即副控制器的设定值发生变化，副回路不断改变从动量，使得比值关系 k 跟随设定值，被控变量 y 也逐渐恢复到给定值 R。

例 8－3　氧化炉是硝酸生产中的关键设备。原料氨气和空气在混合器中混合过滤，预热后进入氧化炉，在触媒的作用下进行氧化反应。整个生产过程中，稳定氧化炉的操作是保证产品质量和安全的首要条件。试设计一个能够保证氧化炉稳定运行的过程控制系统。

答：稳定氧化炉操作的重要指标是炉内反应温度，一般要求在 840±5 ℃。而影响氧化炉反应温度的主要因素是氨气和空气的比值，当混合器中氨气含量减小 1%时，氧化炉温度将会下降 64 ℃。因此，设计如图 8－15 所示的变比值控制系统，以空气为主动量 Q_1，氨气为从动量 Q_2，两者的比值 k 作为调节手段，保证被控变量炉内反应温度 y 的恒定。

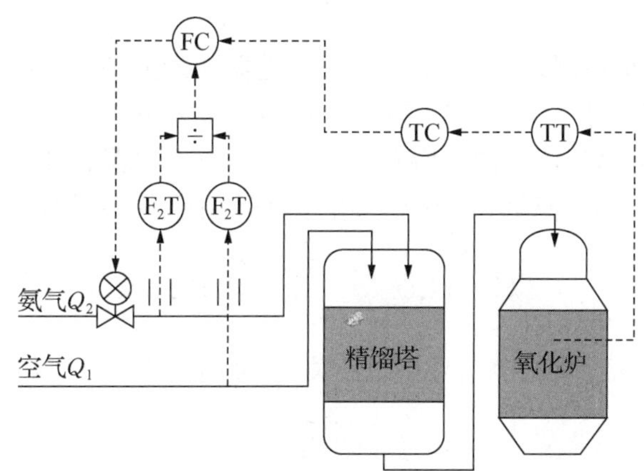

图 8－15　氧化炉温度变比值控制系统流程图

8.2.3　比值控制系统的设计

1. 主、从动量的选择

设计比值控制系统时，首先要确定主动量和从动量，主要遵循的原则包括：

(1) 在可测两种物料中，如果一种可控而另一种不可控，将可测不可控的物料流量作为主动量，可测又可控的物料流量作为从动量。

(2) 分析两种物料的供应情况，将有可能供应不足的物料流量作为主动量，供应充足的物料流量作为从动量。

(3) 将对生产负荷起关键作用的物料流量作为主动量。

(4) 一般选择流量较小的物料流量选作从动量，这样在控制过程中调节阀的开度较小，系统控制灵敏。

2. 比值系数的计算

前面所提的比值系数 k 是生产工艺中要求两种物料之间保持的体积或流量比，而比值器显示的比值系数 k' 体现了参数之间的标准检测信号的关系，两者是不同的概念。当采用常规仪表实施比值控制系统时，受检测仪表的测量范围及采用类型的影响，通常要将工艺上要求的比值系数 k 折算成仪表间传输标准信号之间的比值系数 k'。

(1) 流量和检测信号呈线性关系：流量检测使用转子流量计、涡轮流量计等方法，或者在差压式仪表后加上开方器，这两类情况下流量与测量信号之间呈现线性关系，比值系数转换关系式为：

$$k' = k\frac{Q_{1\max}}{Q_{2\max}} \tag{8-9}$$

式中：$Q_{1\max}$ 和 $Q_{2\max}$ 分别为测量主动量和从动量所用变送器的最大量程。

(2) 流量和检测信号呈非线性关系：流量检测中采用差压式仪表，压差与流量的平方成正比，比值系数转换关系式为：

$$k' = \left(k\frac{Q_{1\max}}{Q_{2\max}}\right)^2 \tag{8-10}$$

例 8-4 一个比值控制系统，采用差压式变送器测量主动量和从动量，主动量和从动量变送器的最大量程分别为 $Q_{1\max}=17.5\ \mathrm{m^3/h}$ 和 $Q_{2\max}=25\ \mathrm{m^3/h}$，生产工艺要求 $k=1.5$，试计算：(1) 不加开方器时，比值器的比值系数 k'。(2) 加开方器后，比值器的比值系数 k'。

答：(1) 不加开方器时，流量和检测信号呈非线性关系，采用式(8-10)计算：

$$k' = \left(1.5\times\frac{17.5}{25}\right)^2 = 1.1025$$

(2) 加开方器后，流量和检测信号呈线性关系，采用式(8-9)计算：

$$k' = 1.5\times\frac{17.5}{25} = 1.05$$

通过实例可知，相同的工艺要求下，根据流量和检测信号呈不同的对应关系，比值器的比值系数的计算结果也是不同的。

8.2.4 比值控制系统的建模仿真

通过对工业生产实际案例的 Simulink 建模仿真，进一步深化对单闭环比值控制系统、双闭环比值控制系统和变比值控制系统的认识。

1. 单闭环比值控制系统应用案例

例 8-5 丁烯洗涤塔的任务是用洗涤水除去丁烯馏分残留的微量乙醇。为了保证洗涤质量，要求根据进料量配以一定比例的洗涤水。设计一个单闭环控制系统，并通过仿真建模验证性能。

答：(1) 丁烯洗涤塔单闭环比值控制系统设计如图 8-16 所示，主动量 Q_1 为丁烯馏分，从动量 Q_2 为洗涤水流量。设计的比值控制系统能实现洗涤水流量随着丁烯馏分的变化而变化，还可以克服洗涤水的波动对比值 k 的影响。

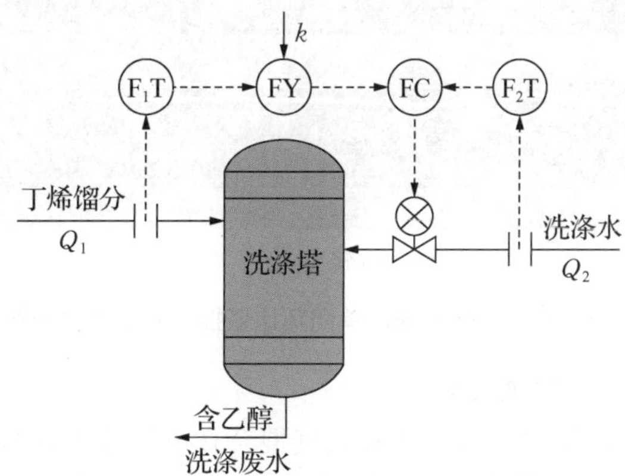

图 8-16　丁烯洗涤塔单闭环比值控制系统流程图

(2) 建立如图 8-17(a)所示的丁烯洗涤塔单闭环比值控制系统模型，从物料对象的传递函数为 $G_o(s)=\dfrac{3e^{-20s}}{(15s+1)(s+1)}$，主动量 Q_1 给定值 $R=10$，比值系数 $k=4$。从动量控制器 FC 选择 PI 控制规律，整定后参数为 $K_P=0.2, T_I=110$。图中 Y_1、Y_2 和 Y_3 分别表示无干扰、从动量受干扰 D_1 和主动量受干扰 D_2 时从动量 Q_2 的输出响应，D_1 和 D_2 为均值为 2 的随机信号。

输出响应如图 8-17(b)所示，可以发现无干扰和从动量受干扰时，从动量输出为 40，保持比值系数 $k=4$ 不变。而主动量受干扰时，从动量输出约为 48，物料间的比值关系发生变化。表明单闭环比值控制系统不适用负荷变化大的场合，主动量 Q_1 大幅度波动，从动量 Q_2 难以跟踪。

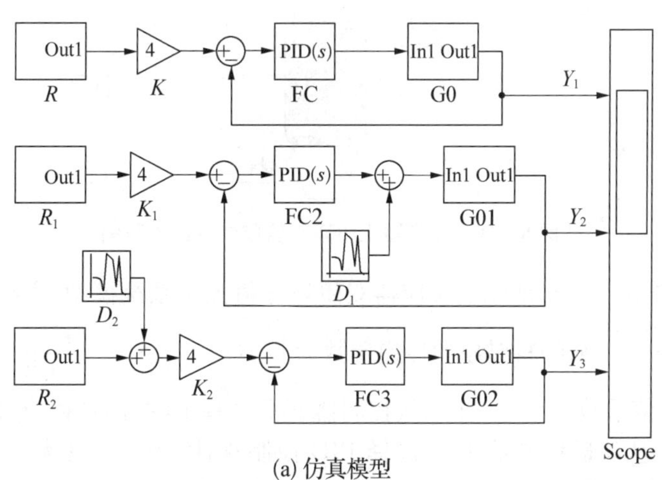

(a) 仿真模型

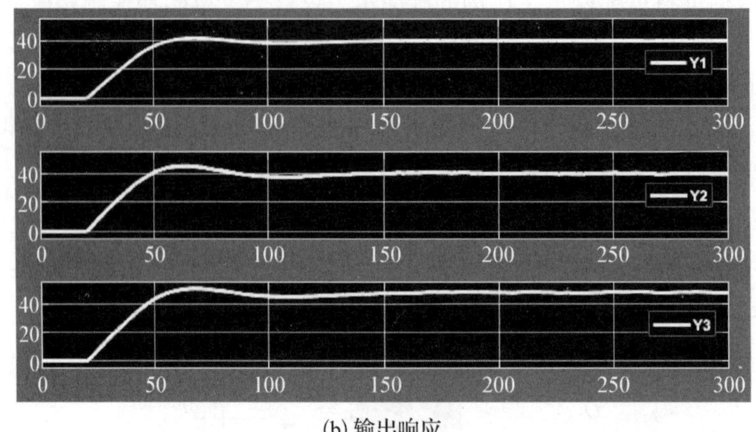

(b) 输出响应

图 8 - 17　丁烯洗涤塔单闭环比值控制系统仿真建模

2. 双闭环比值控制系统应用案例

例 8 - 6　溶剂厂生产要将二氧化碳和氧气混合在反应器中进行反应，其中氧气供应充足，二氧化碳受生产负荷制约可能供应不足，两种气体传输过程中因管线压力波动流量不稳定。化学反应器中两种气体的比值有严格要求，否则容易发生事故。设计一个合理的比值控制系统，并通过仿真建模验证性能。

答：(1) 因为两种气体流量因管线压力波动而不稳定，且对气体流量比值要求严格，应该设计成双闭环比值控制系统。由于二氧化碳受生产负荷制约可能供应不足，根据主、从动量的选择原则，主动量 Q_1 为二氧化碳流量，从动量 Q_2 为氧气流量。系统控制流程图如图 8 - 18 所示，双闭环比值控制系统可以克服管道压力波动的影响，实现比较精准的二氧化碳和氧气比值关系。

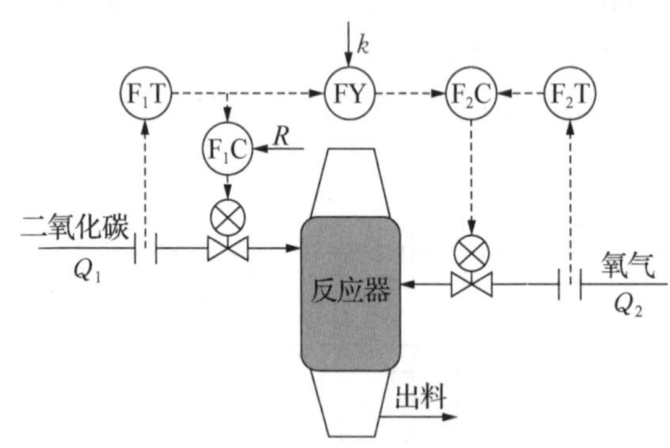

图 8 - 18　反应器双闭环比值控制系统流程图

(2) 建立如图 8 - 19(a)所示的反应器双闭环比值控制系统模型，主物料对象的传递函数为 $G_{o1}(s)=\dfrac{e^{-10s}}{5s+1}$，从物料对象的传递函数为 $G_{o2}(s)=\dfrac{5e^{-5s}}{(10s+1)(20s+1)}$，主动量 Q_1 设定值 $R=4$，比值系数 $k=5$。主动量控制器 F_1C 选择 PI 控制规律，整定后参数为 $K_P=0.46$，$T_I=16.67$；从动量控制器 F_2C 选择 PID 控制规律，整定后参数为 $K_P=0.42$，$T_I=62.5$，$T_D=2.5$。图中 D_1 是施加在主动量均值为 0.5 的随机干扰，D_2 是施加在从动量均值为 1 的随机干扰，Q_1 和 Q_2 为主动量和从动量的输出响应。

输出响应如图 8-19(b)所示，可以发现主动量 Q_1 受到随机干扰 D_1 作用，输出响应维持在给定值 4；而从动量 Q_2 受到随机干扰 D_2 作用，输出响应是 20，保持比值系数 $k=5$ 不变。表明双闭环比值控制系统控制精度较高，能够同时克服主动量和从动量的干扰。

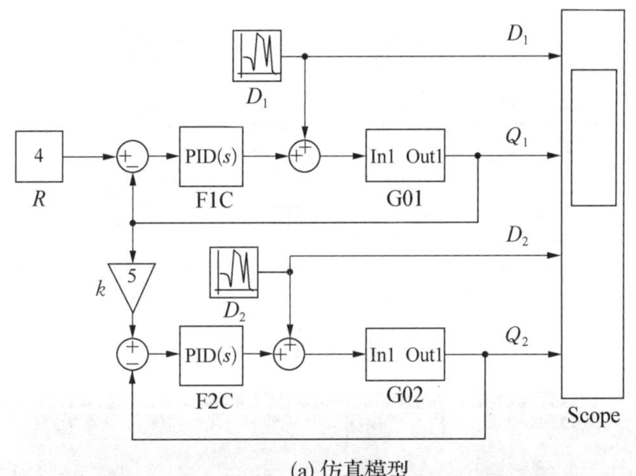

(a) 仿真模型

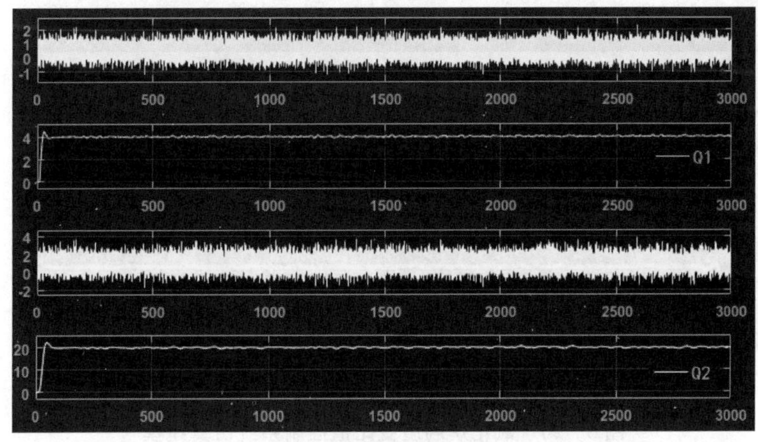

(b) 输出响应

图 8-19　反应器双闭环比值控制系统仿真建模

3. 变比值控制系统应用案例

例 8-7　建立例 8-3 的氧化炉温度变比值控制系统的仿真模型并验证性能。

答：建立如图 8-20(a)所示的反应器双闭环比值控制系统模型，副对象的传递函数为 $G_{o2}(s)=\dfrac{6e^{-10s}}{(15s+1)(20s+1)}$，主对象的传递函数为 $G_{o1}(s)=\dfrac{5e^{-5s}}{(2s+1)(8s+1)}$，被控变量的设定值 $R=10$，主动量 Q_1 设为 3 并施加了幅值为 0.1 的随机干扰，副对象施加幅值为 0.2 的随机干扰 D_2，主对象施加幅值为 0.15 的随机干扰 D_1。主控制器 F_1C 选择 PID 控制规律，整定后参数为 $K_{P1}=0.8$，$T_I=54.05$，$T_D=9.85$；副控制器 F_2C 选择 P 控制规律，整定后参数为 $K_{P2}=0.048$。图中的 Y 表示被控变量的输出响应，Q_1 和 Q_2 为主动量和从动量输出，k 为比值系数输出。

输出响应如图 8－20(b)所示，可以发现被控变量在干扰作用下始终稳定地保持在 10，与给定值相符。主动量 Q_1 和从动量 Q_2 输出值分别为 3 和 2，比值系数 k 输出在 0.67 上下小幅波动。可以发现比值控制系统以主动量 Q_1 和从动量 Q_2 的比值 k 作为调节手段，确保被控变量 Y 恒定于给定值。

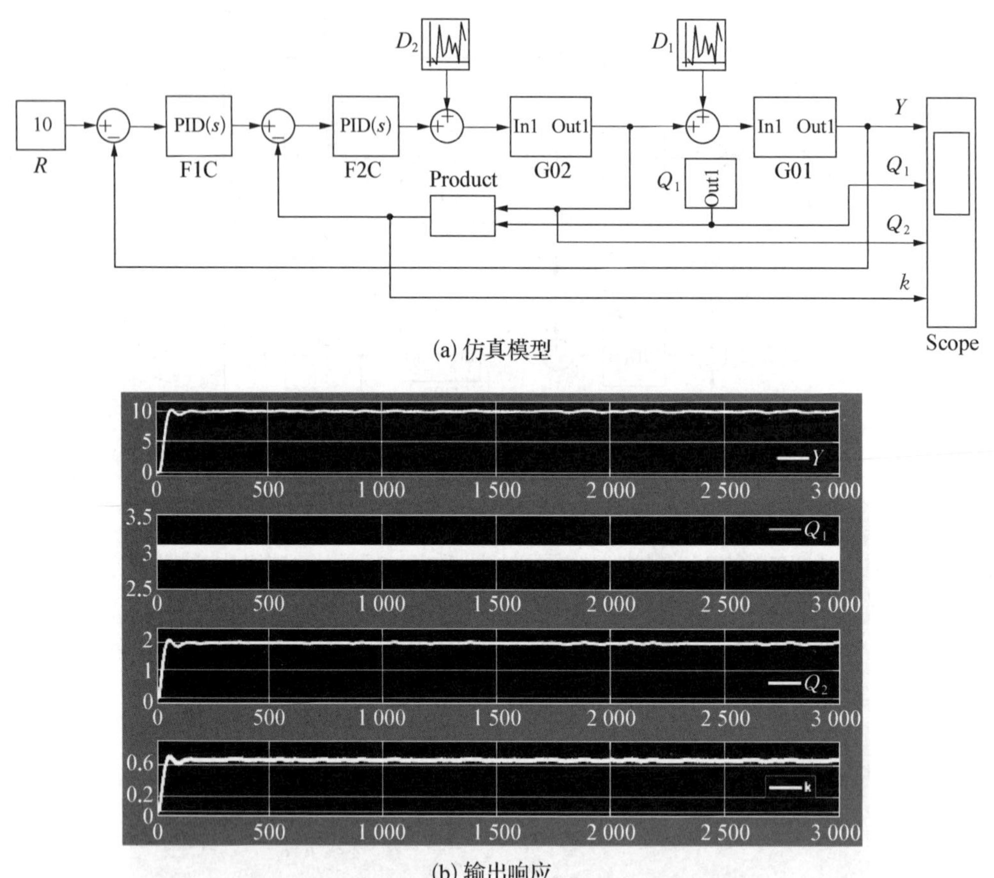

(a) 仿真模型

(b) 输出响应

图 8－20 氧化炉温度变比值控制系统仿真建模

8.3 均匀控制系统

8.3.1 均匀控制的基本概念

1. 均匀控制系统的定义

均匀控制系统是在连续生活过程中，前后设备互相影响的情况下，提出的一种特殊要求的控制系统。下面以一个实际案例存在的问题引出均匀控制系统。

例 8－8 为了将石油裂解气分离出各种成分，串联了多个精馏塔。各个精馏塔相互关联，前一个塔的出料是后一个塔的进料。以图 8－21 所示的前后精馏塔为例，为了保证精馏塔生产过程稳定，一方面要求塔釜的液位保持在一定范围之内，在甲塔设置了液位定值控制系统；另一方面要求进料量的稳定保证操作平稳，在乙塔设置了流量定值控制系统。分析这样的控制系统设计是否存在问题，如果有问题的话该如何解决。

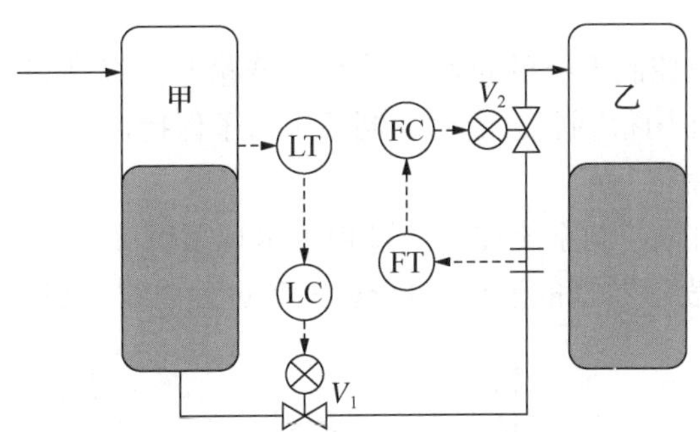

图 8-21　前后精馏塔物料供求关系

问题分析：单独来看的话，甲塔液位定值控制系统和乙塔的流量定值控制系统都没有问题，但将相邻的甲、乙两塔整体来看，两种控制系统是矛盾的。对于甲塔：进行液位调节，改变阀 V_1 开度，甲塔流出量即乙塔流入量会变化；对于乙塔：进行流量调节，改变阀 V_2 开度，甲塔流出量变化导致甲塔液位变化。显然，按照两种控制系统的设计要求，调节过程会顾此失彼，两塔的工艺参数供求关系是矛盾的。

解决办法：(1) 早期解决问题的方法是在两塔之间设置一个中间贮罐，同时满足甲塔液位恒定和乙塔进料平稳的要求，但这样增加了设备投资成本，还会导致物料储存时间过长可能导致的分解或聚合。

(2) 从早期的方法中得到启示，考虑在过程控制中模拟中间贮罐的缓冲作用，提出了均匀控制系统。设计思想是将甲塔的液位控制和乙塔的流量控制放在一个控制系统中，从内部解决两种工艺参数之间的矛盾。设计如图 8-22 的均匀控制方案，删去流量控制系统，只设置液位控制系统。控制目标是使得甲塔的液位保持在允许范围内变化，并允许乙塔的流入量有小幅波动，使甲、乙两塔物料供求均匀协调。

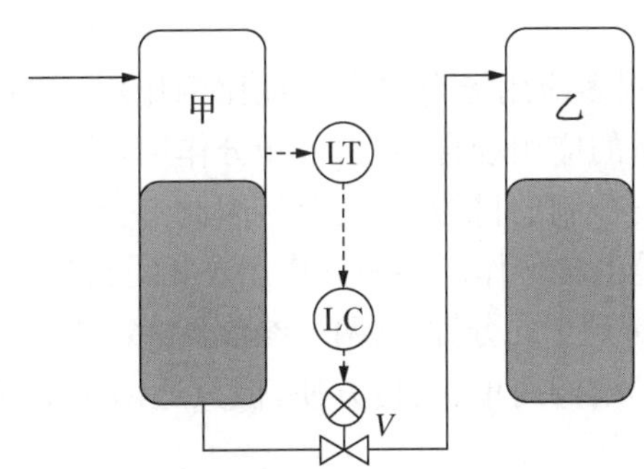

图 8-22　前后精馏塔的简单均匀控制方案

均匀控制系统定义：为了解决前后工序供求矛盾、达到统筹兼顾，使得彼此关联的两个工艺参数在规定范围内缓慢而均匀变化的系统。

2. 均匀控制系统的特点

通过与定值控制系统的对比，结合上述例子归纳出均匀控制系统的特点：

(1) 系统结构:从图 8-22 可以看出,均匀控制系统与定值控制系统的结构完全相同。一个单回路控制系统,根据控制作用强弱的不同,可以是一个定值控制系统,也可以称为均匀控制系统。

(2) 控制目的:均匀控制系统的目的是使被控变量和操纵变量在一定的范围内都缓慢而均匀地变化,即控制作用很"弱"。定值控制系统为了保持被控变量为定值,操纵变量可作较大幅度变化,控制作用很"强"。

例 8-9 贮罐单回路控制系统在调试过程中出现了图 8-23 所示的过程曲线,图中 q 表示贮罐的流出量,h 表示贮罐的液位,试分析三条过程曲线分别对应哪种控制。

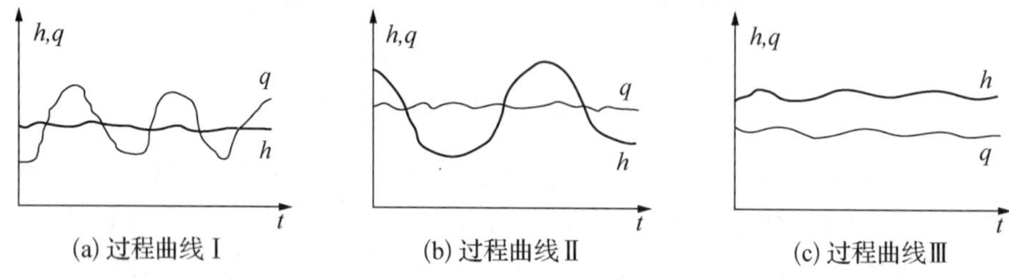

图 8-23 单回路控制系统的过程曲线

答:过程曲线Ⅰ为液位定值控制,为了将液位 h 保持恒定,流出量 q 大幅波动。过程曲线Ⅱ为流量定值控制,为了使流出量 q 控制平稳,液位 h 上下振荡。过程曲线Ⅲ为均匀控制系统,液位 h 和流出量 q 均呈现缓慢而均匀的变化。

8.3.2 均匀控制系统的设计

根据应用场合和控制要求的不同,均匀控制系统可以选择简单均匀控制系统和串级均匀控制系统两种方案。

1. 简单均匀控制系统设计

简单均匀控制系统结构上与定值控制系统相同,均匀控制的效果是通过控制规律选择和控制参数整定来实现的。

(1) 选择控制规律时,很多应用场合只需要纯比例作用,控制器选择 P 控制规律;在避免同向干扰造成过大超调量的应用场合,要引入积分作用,控制器选择 PI 控制规律;微分作用对被控变量的影响与均匀控制的目的完全相反,因此不会采用。

(2) 参数整定时,控制器的比例作用和积分作用要相对比较弱,通常比例度 δ 在 100%~200%,积分时间 T_{I} 为几分钟到十几分钟,这两个参数要整定的比定值控制时大得多。

简单均匀控制系统虽然结构简单、投运方便,但只适用于干扰较小、对控制要求较低的场合。

2. 串级均匀控制系统设计

为了提高系统抗干扰能力,在简单均匀控制系统基础上,增加一个副回路,构成了串级均匀控制系统。对例 8-8 设计的串级均匀控制系统如图 8-24 所示。从结构来看,它与典型的串级控制系统也相同。引入流量副回路,是为了克服塔内或出口端压力波动等干扰,保证流量的平缓稳定。串级均匀控制系统通过主、副控制器相互配合,使液位和流量两个变量在干扰作用下始终保持在规定范围内缓慢而均匀地变化。

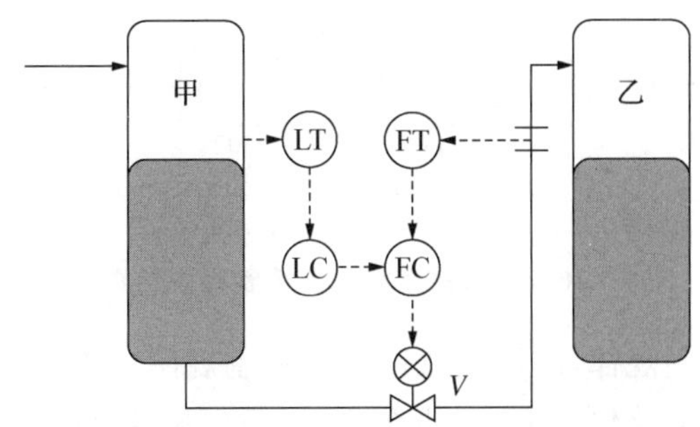

图 8-24　前后精馏塔的串级均匀控制方案

串级均匀控制系统的控制目的同样由控制规律选择和参数整定实现。控制规律选择时，主控制器通常选择 PI 控制规律，副控制器根据控制要求选择 P 或 PI 控制规律。参数整定时，为了保持相对较弱的控制作用将参数整定的比较大，可以采用"先副后主"的经验法，取值范围是比例度 δ 在 100%～250%，积分时间 T_I 在 5～15 min。

串级均匀控制系统能克服较大的干扰，但仪表较多、投运复杂。因此在方案选择时，要根据工业生产的特点、扰动情况和控制要求综合衡量。

8.3.3　均匀控制系统的建模仿真

通过对工业生产实际案例的 Simulink 建模仿真，进一步深化对均匀控制系统的认识。

例 8-10　冶金行业浮选工艺中，经磨机研磨的原矿矿浆进入矿浆池，由渣浆泵抽取到浮选设备进入下一道作业流程。生产工艺要求矿浆池的液位和出浆流量均保持相对稳定，只允许在较小范围内波动。设计一个满足工艺要求的控制系统，并通过仿真建模验证性能。

答：(1) 液位定值控制系统通过调节泵改变出浆流量，保证液位稳定，但势必会造成出浆流量大幅波动，不符合要求。简单均匀控制系统，对出浆流量是不测不控的兼顾操作，在干扰作用下无法保证其稳定性。根据以上分析，采用串级均匀控制方案，以矿浆池的液位为主变量，出浆流量为副变量，确保两个参量均缓慢而均匀的变化，控制流程图如图 8-25 所示。

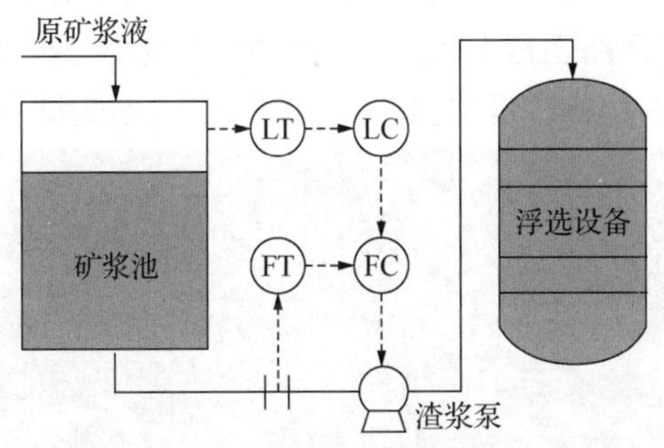

图 8-25　矿浆池串级均匀控制系统

(2) 建立如图 8-26 所示的矿浆池串级均匀控制系统模型。主变量为液位 H，副变量为流量 Q，副对象的传递函数为 $G_{o1}(s)=\dfrac{3e^{-20s}}{(15s+1)(s+1)}$，主对象的传递函数为 $G_{o2}(s)=\dfrac{3e^{-20s}}{(15s+1)(s+1)}$，液位给定值 R 设为 5 并施加了幅值为 10%的随机干扰。

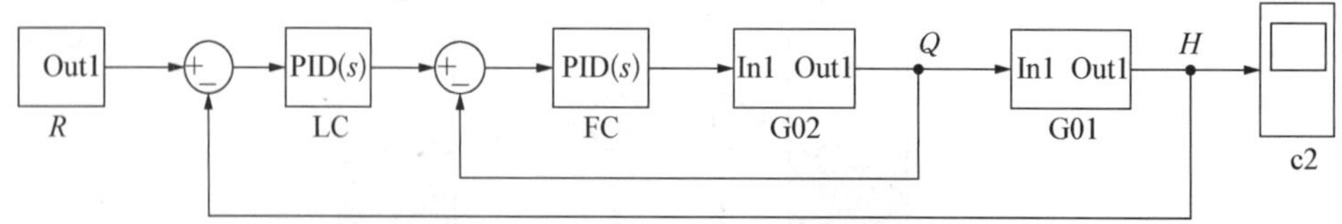

图 8-26 矿浆池串级均匀控制系统仿真建模

主控制器选择 PI 控制规律，副控制器选择 P 控制规律。整定过程是先固定主控制器参数，由大到小改变副控制器比例度 K_{P2}，直至 $K_{P2}=0.018$ 出现缓慢非周期衰减过渡过程；再固定副控制器参数，由小到大先后整定 K_{P1} 和 T_I，直到 $K_{P1}=1.8$ 和 $T_I=10.42$ 出现缓慢非周期衰减过渡过程。主变量和副变量的响应曲线如图 8-27 所示，可以发现通过参数的整定，使系统呈现出主变量 H 和副变量 Q 都缓慢而均匀变化的特性。

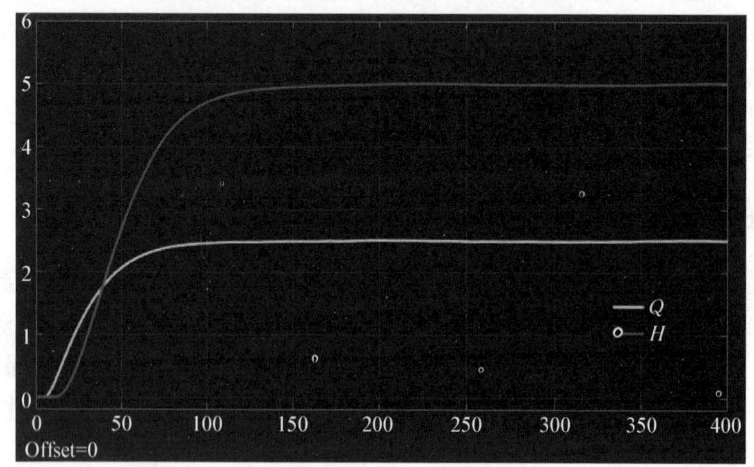

图 8-27 参数整定后的主变量和副变量输出响应

为了研究系统抗干扰能力，对副对象施加幅值为 0.3 的随机干扰 D_2，对主对象施加幅值为 0.5 的随机干扰 D_1。D_1 和 D_2 单独作用和共同作用下，主变量和副变量的响应曲线如图 8-28 所示。不管是副回路还是主回路出现干扰，串级均匀控制系统在保证主变量相对恒定的情况下，副变量只有小幅缓慢的波动，能够兼顾主、副变量的工艺要求。

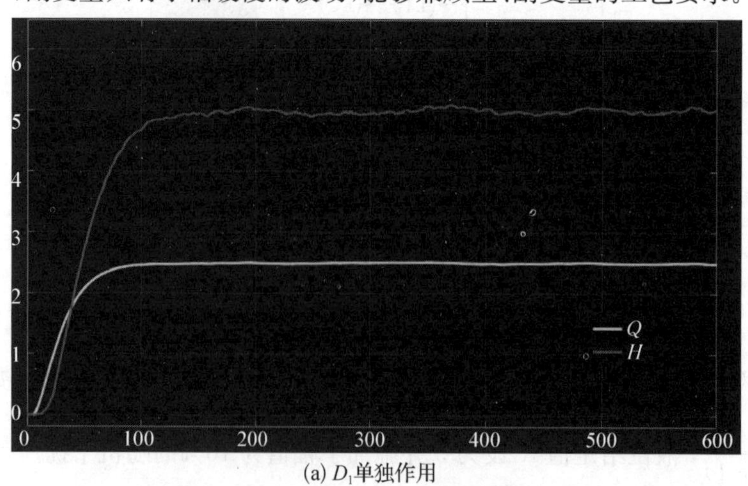

(a) D_1单独作用

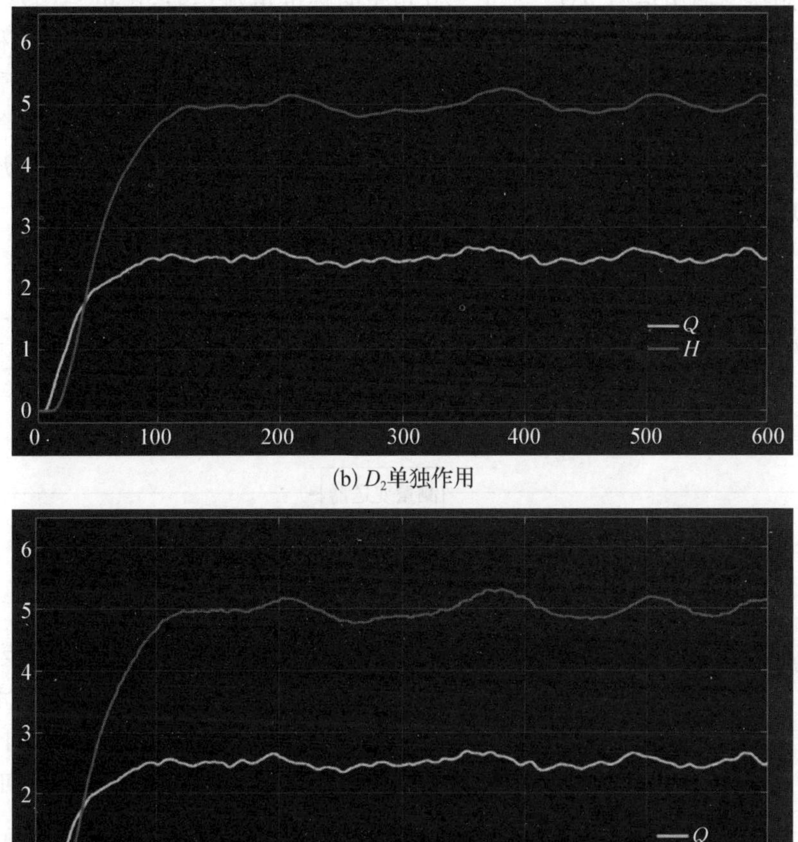

(b) D_2单独作用

(c) D_1和D_2共同作用

图 8－28　干扰作用下的主变量和副变量输出响应

8.4　分程控制系统

8.4.1　分程控制的基本概念

1. 分程控制系统定义

在简单过程控制系统中，一个控制器的输出控制一个调节阀。然而有些工业生产场合，要将控制器的输出分割成若干信号端，每一段信号都控制一个调节阀，这就形成了分程控制系统。

分程控制系统定义

一个控制器的输出信号分段去控制两个或两个以上调节阀动作的系统。

分程控制系统的方框图如图 8－29 所示，控制器输出信号的分段通常由电-气转换装置来完成。控制器的输出信号 $u(t)$ 为 4～20 mA 的标准电流信号，由电-气转换器转换为 20～100 kPa 的标准气压信号 $p(t)$，并将 $p(t)$ 划分为 $p_1(t)$ 的 20～60 kPa 和 $p_2(t)$ 的 60～100 kPa 两段压力信号。当转换的气压信号在 $p_1(t)$ 段时，先通过阀门定位器将信号放大到 $p(t)$，以保证调节阀 A 做全行程动作，此时调节阀 B 不动作；而当转换的气压信号在 $p_2(t)$ 段时，同样通过阀门定位器将信号放大到 $p(t)$，让调节阀 B 可以全行程动作，此时调节阀 A 不动作。

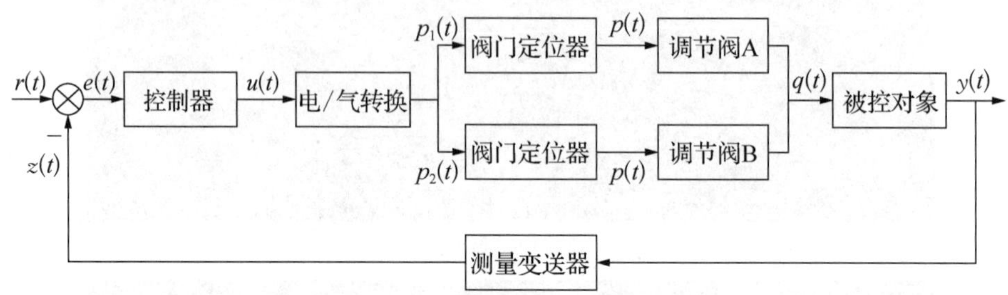

图 8-29　分程控制系统的方框图

2. 分程控制系统的分类

分程控制系统根据调节阀的气开和气关形式，以及两个调节阀是同向还是反向动作，可以分成如图 8-30 所示的四种类型。图 8-30(a)和 8-30(b)所示的两阀气开式和两阀气关式是两个调节阀同方向动作，随着控制气压信号的增大或减小，两阀同方向的开大或关小。图 8-30(c)和图 8-30(d)所示的气开气关式和气关气开式是两个调节阀反方向动作，一个是气开阀，另一个就是气关阀。

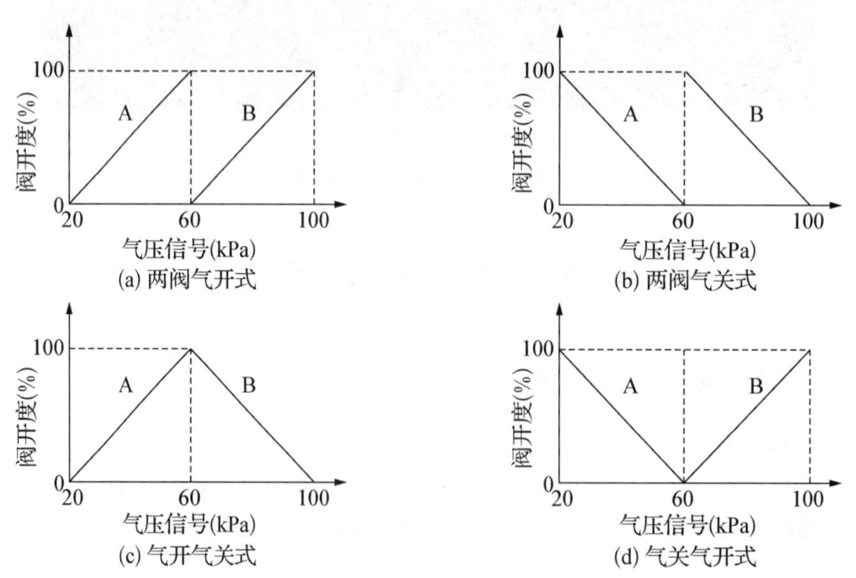

图 8-30　分程控制系统的四种类型

以气关气开式为例，气压信号为 20 kPa 时，A 阀全开 B 阀全关，随着气压信号的增加，A 阀开度减小 B 阀不动作；当气压信号达到 60 kPa 时，A 和 B 两阀均为全关，随着气压信号进一步增加，A 阀不动作 B 阀开度增加；当气压信号增长至 100 kPa 时，A 阀全关而 B 阀全开。

8.4.2　分程控制系统的应用

分程控制系统应用范围包括提高调节阀的可调比，按照工艺要求控制不同介质及安全生产的保护措施，下面通过典型案例来说明分程控制的实际应用。

1. 提高调节阀的可调比

有些工业生产的场合需要有较大范围的流量变化，但是控制阀的可调范围是有限的。只采用一个调节阀，能够控制的最大流量和最小流量不可能相差太大，满足不了流量大范围变化的生产要求。这种情况下采用分程控制系统，将大小两个阀并联使用，从而扩大了可调比。

例 8-11　一个锅炉厂产出 10 MPa 高压蒸汽，而生产上需要压力平稳的 4 MPa 中压蒸汽，需要通过节流减压的方式降低蒸汽压力。在选择调节阀时，为了适应大负荷的蒸汽供应量需要，要选择大口径的阀。然而在正常工作状态，蒸汽需求量相对较少，阀的开度相应要很小。口径大的阀长期工作于小开度，容易产生噪声和振荡，控制效果会严重下降。根据生产要求，设计一个锅炉蒸汽减压控制系统。

答：针对上述问题，设计如图 8-31 所示的锅炉蒸汽减压分程控制系统，测量中压蒸汽管道的压力来了解负荷状况，由控制器调配不同口径的两阀协同工作。小负荷时只开小口径的 A 阀，负荷增大时再开大口径的 B 阀，从而扩大了系统的流量可调范围。阀的气开或气关形式同样取决于工艺要求，为了防止过高的压力损坏管路设备，A、B 两阀都采用气开式。控制器 PC 为反作用。

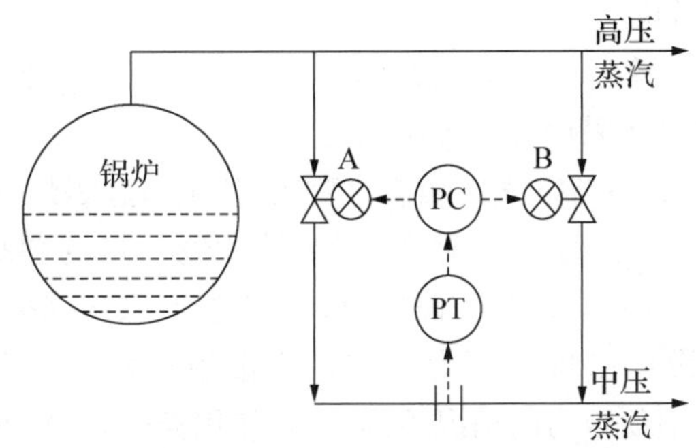

图 8-31　锅炉蒸汽减压分程控制系统流程图

正常情况小负荷时，控制信号低于 60 kPa，此时大口径的 B 阀处于关闭状态，只通过小口径的 A 阀开度变化来调节输出蒸汽。特殊情况下要求大负荷时，控制信号超过 60 kPa，A 阀全开也满足不了蒸汽需求，这时 B 阀开始逐渐打开，弥补蒸汽供应量的不足。

2. 按照工艺要求控制不同的介质

某些化工设备在生产过程中，根据工艺要求在不同的时间段，要传输不同的介质，只采用一个调节阀无法完成任务。这种情况下采用分程控制系统，用多个调节阀控制不同的介质。

例 8-12　间歇式反应器在生产过程中，开始时温度达不到反应要求，需要用蒸汽加热提供热量；反应进行过程中会不断释放出热量，一段时间的聚焦有爆炸的危险，需要通过冷水移走热量。根据生产要求，设计一个间歇式反应的控制系统。

答:针对上述的生产要求,设计以反应器温度为被控变量的间歇式反应温度分程控制系统。控制流程如图 8-32 所示,控制器根据反应器内温度的不同,交替使用调节阀 A 和调节阀 B 操纵冷水和蒸汽,满足工艺上要求冷却和加热的不同需求。为了设备安全,系统出现故障时应避免反应器温度过高,A 阀采用气关式,B 阀采用气开式。控制器 TC 为反作用。

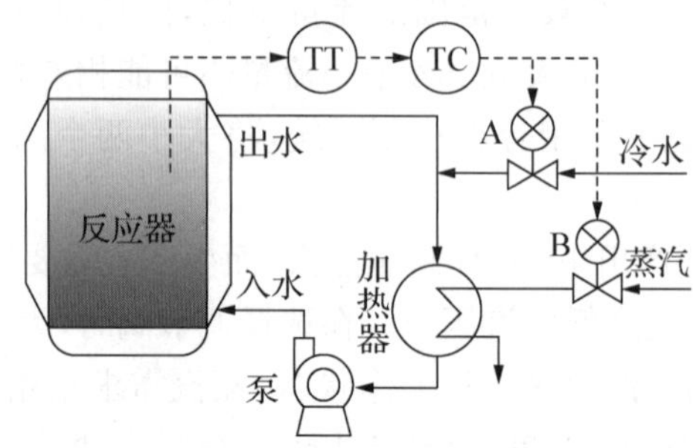

图 8-32　锅炉蒸汽减压分程控制系统流程图

反应器温度较低时,控制信号大于 60 kPa,A 阀关闭,B 阀打开,蒸汽进入加热器使循环水称为热水,通入反应器夹套使反应物温度上升;随着温度升高,控制信号减小、B 阀也逐渐关小。达到反应温度开始反应后,热量的释放导致反应器温度高于给定值,控制信号小于 60 kPa,B 阀关闭,A 阀打开,此时夹套内流过的是冷水,反应产生的热量就由冷水带走,从而维持反应器温度的恒定。

3. 安全生产的保护措施

在石油化工行业,有许多存放油品和石化产品的贮罐,安全起见要通过多个阀门实现不同的控制方式,这种情况可次采用分程控制系统。

例 8-13　为了防止油品与空气接触氧化变质、甚至引起爆炸,化工厂的贮油罐顶端会补充氮气,使油品与空气隔绝,称之为氮封。而贮罐中物料量的增减会导致氮封压力的变化,操作不当会造成贮罐被吸瘪或鼓坏,需要设计一个控制系统维持罐顶压力稳定。

答:针对上述问题,设计以罐顶压力为被控变量的分程控制系统。控制流程图如图 8-33所示。控制器根据罐顶压力的情况不同,交替使用充气阀 A 和排气阀 B 调节氮气量,保证生产过程的安全。系统故障时,应避免贮油罐压力过高,因此 A 阀采用气开式,B 阀采用气关式。控制器 PC 为反作用。

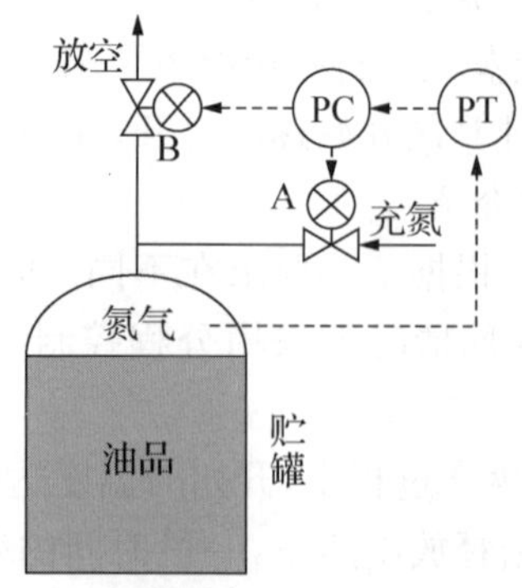

图 8-33　贮罐压力分程控制系统流程图

向贮罐注油时，罐顶压力升高，控制信号小于 60 kPa 时，此时充气阀 A 关闭、排气阀 B 打开；从贮罐抽油时，罐顶压力下降，控制信号高于 60 kPa 时，此时排气阀 B 关闭，充气阀 A 打开。

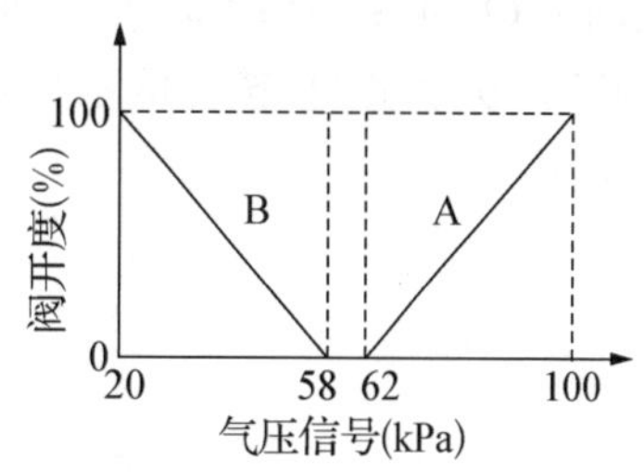

图 8 - 34　带间歇区的分程控制阀门特性

实际应用过程中，为了避免压力在给定值附近变化时 A、B 两阀频繁开关动作，也有效地节省氮气，可以如图 8 - 34 所示在控制信号交界处设置一个间歇区。对阀门定位器重新设置，使得 B 阀在 20～58 kPa 范围内做全动作，而 A 阀在 62～100 kPa 范围内做全动作，控制信号处于 58～62 kPa 时，A、B 均保持全关，从而提高了系统的稳定性。

8.5　复杂控制系统的实验

8.5.1　单闭环流量比值控制

1. 实训目的

(1) 熟悉单闭环控制系统的原理与结构组成。

(2) 掌握比值系数的计算。

(3) 掌握比值控制系统的参数整定与投运。

2. 实训知识点

单闭环流量比值控制的实训系统结构如图 8 - 35 所示。系统中有两条支路，一路是电动调节阀 V_1 支路，流量为 Q_1 是主动量；另一路是变频器支路，流量为 Q_2 是从动量。控制系统要求从动量 Q_2 跟随主动量 Q_1 变化而变化，两者之间保持比例关系：$k=Q_2/Q_1$。

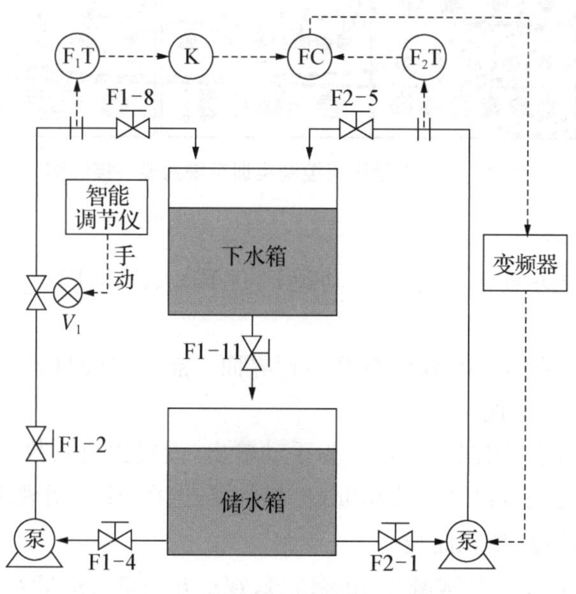

图 8 - 35　流量比值控制实训系统结构

单闭环流量比值控制系统的方框图如图 8－36 所示，从动量 Q_2 是一个闭环控制系统。当主动量 Q_1 不变，从动量 Q_2 受到干扰时，闭合回路对 Q_2 进行定值控制。当主动量 Q_1 受到干扰时，从动量 Q_2 按比例系数 k 跟随 Q_1 变化。比值器可以由智能调节仪设置成纯比例控制来实现。

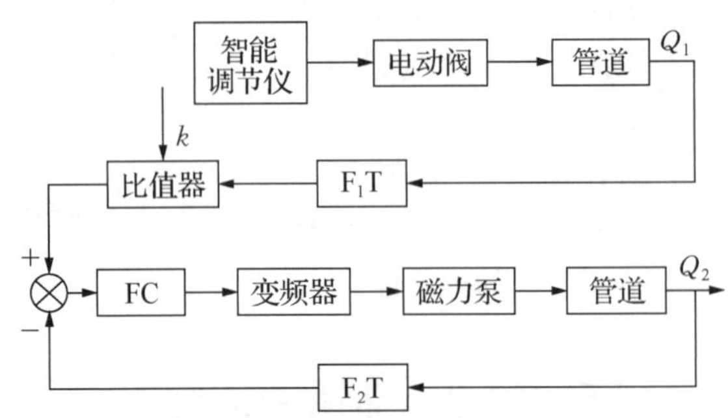

图 8－36　流量比值控制系统的方框图

3. 实训模块与连接

该项目使用的模块包括直流稳压电源、三相电源、两个智能调节仪、两个流量传感器、变频器和电动调节阀，模块接接线如图 8－37 所示。

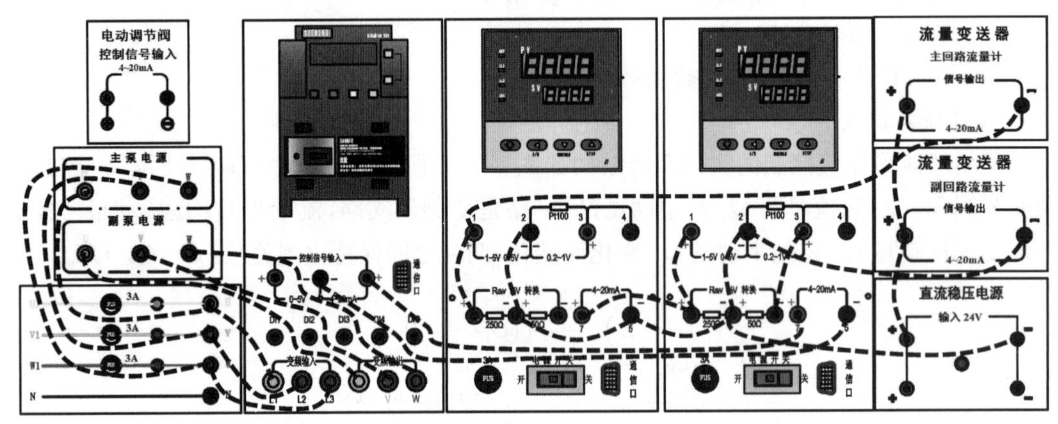

图 8－37　流量比值控制实训系统的模块接线图

4. 实训内容和步骤

(1) 按图 8－37 要求连接模块，将手动阀 F1-1、F1-3、F1-5、F1-9、F2-1、F2-2，F2-4 全开，其余阀关闭。

(2) 接通电源，登录 MCGS 软件打开运行界面。点击实验目录中的“单闭环流量比值控制”，出现 MCGS 组态画面。

(3) 智能调节仪 1 作为比值器，设置为手动输出，设置比值系数 k 值，以控制电动调节阀支路流量 Q_1。智能调节仪 2 为从动量 Q_2 控制器，选择 PI 控制规律，进行参数整定。等系统稳定，记录从动量 Q_2 变化曲线。

(4) 改变主动量 Q_1，增加或减小 10％流量，观察并记录从动量 Q_2 的变化曲线。

(5) 改变比值器的系数 k，观察并记录从动量 Q_2 的变化曲线。

5. 实训总结与思考

(1) 记录主动量和从动量的过渡过程曲线，并进行分析。

(2) 实测比值器的比值系数，并与设计值进行比较，考虑产生偏差的原因。

(3) 如果主动量 Q_1 是一个斜坡信号，从动量 Q_2 是否能够保持与 Q_1 的比值关系？

本章知识点

(1) 区分前馈控制和反馈控制。

(2) 按照结构将前馈控制系统分类。

(3) 不同比值控制系统的类型和特点。

(4) 区分定值控制和均匀控制。

(5) 分程控制的结构和分类。

(6) 前馈、比值、均匀、分程控制适用的工业生产场合。

本章练习

1. 一个换热器温度单回路控制系统如图 8－38 所示，一加热炉用蒸汽在换热器中加热原油，工艺要求原油出口温度保持稳定。

(1) 若原油流量波动为主要干扰，设计一个前馈-反馈控制系统。

(2) 若蒸汽压力波动为主要干扰，设计一个串级控制系统。

2. 造纸生产工艺中，一个浓纸浆和水的比值控制系统如图 8－39 所示。

(1) 指出图中的 Q_1、Q_2、k 和 R 分别代表什么。

(2) 这是哪一种比值控制系统？画出其控制系统方框图。

(3) 若后续设备对物料来说是不允许断料的，试选择调节阀的气开、气关形式。

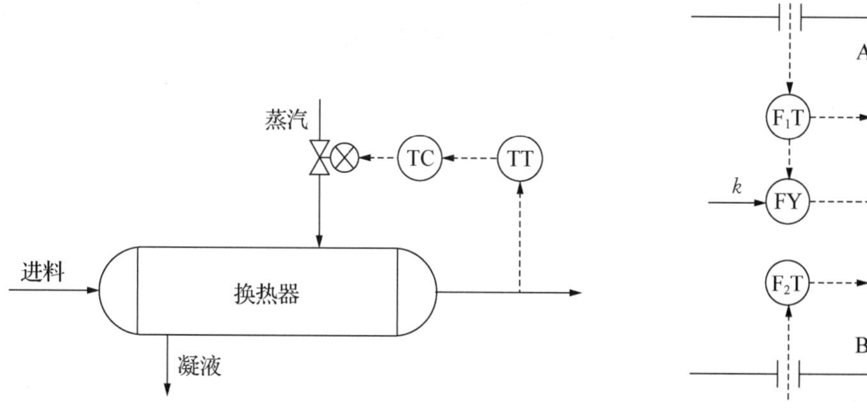

图 8－38　换热器温度单回路控制系统流程图

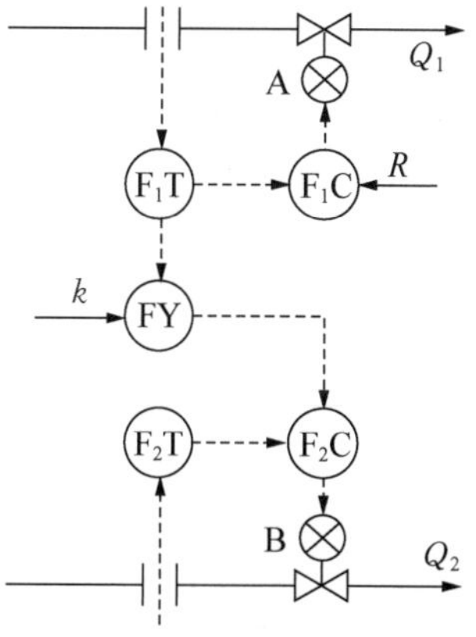

图 8－39　浓纸浆和水的比值控制系统流程图

3. 精馏塔的塔釜液位与流出量的串级均匀控制系统如图 8－40 所示。

(1) 画出该控制系统的方框图，并说明它和一般串级控制系统的异同。

(2) 如果极限情况下塔釜的液体不允许溢出，试确定调节阀以及主、副控制器的正/反作用方向。

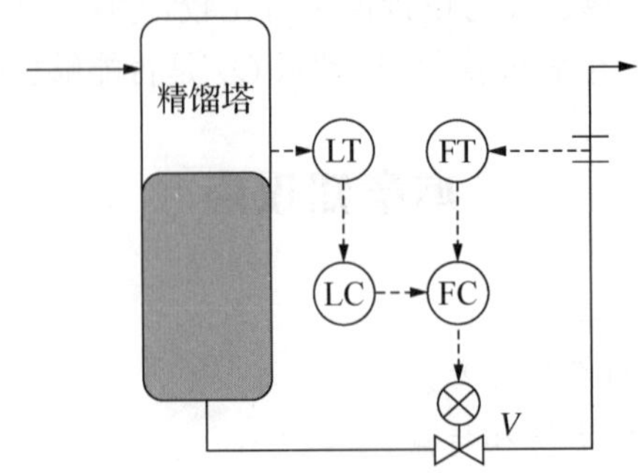

图 8－40　塔釜液位与流出量的串级均匀控制系统流程图

4. 一个燃料气混合罐如图 8－41 所示，工艺要求罐内压力保持恒定。罐内压力降低时，要降低甲烷流出量 Q_o 来维持罐压；当甲烷流出量 $Q_o=0$ 时，罐压依然低于给定值，则逐渐打开燃料气流入量 Q_i，使得压力达到给定值。

(1) 设计一个符合工艺要求的分成控制系统，画出控制流程图和方框图。

(2) 工艺要求罐内压力不允许过高，确定调节阀的气开/气关形式。

(3) 画出控制信号与阀门开度的分程特性图。

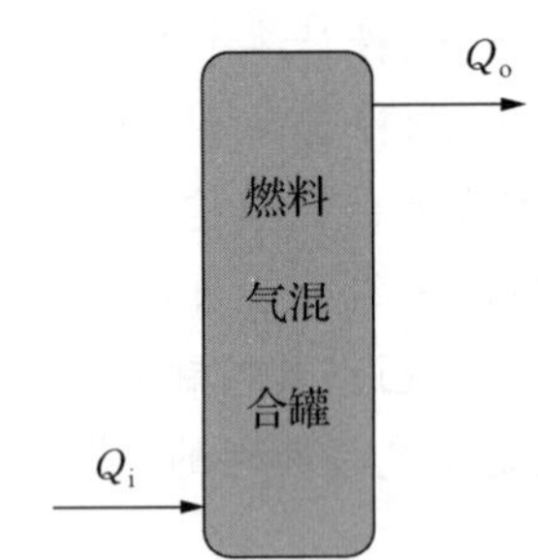

图 8－41　燃料气混合罐生产流程图

第 9 章

计算机过程控制系统

在常规仪表构成的控制系统无法满足现代化企业的控制要求时，速度快、精度高、存储量大、通信能力强的计算机系统，在过程控制中得到了更多的应用。本章引入集散控制系统、现场总线控制系统和先进过程控制方法的概念，着重介绍它们在过程控制领域的应用。

9.1 常规计算机过程控制系统

9.1.1 计算机过程控制系统的基本概念

计算机与工业生产过程联系越来越紧密，过程控制系统的控制器也由计算机逐渐取代模拟控制器，形成了计算机过程控制系统。过程控制的计算机不同于个人电脑(PC)，包括单片机或嵌入式系统构成的数字控制器、工业控制计算机(IPC)、PLC、集散控制系统(DCS)和现场总线系统(FCS)等。

计算机过程控制系统的基本结构如图 9-1 所示，不同于模拟式控制器，计算机的输入和输出都是数字信号，需要配有输入接口装置模/数(A/D)转换器和输出接口装置数/模(D/A)转换器。计算机控制器完成的工作包括数据采集、控制决策和控制输出。

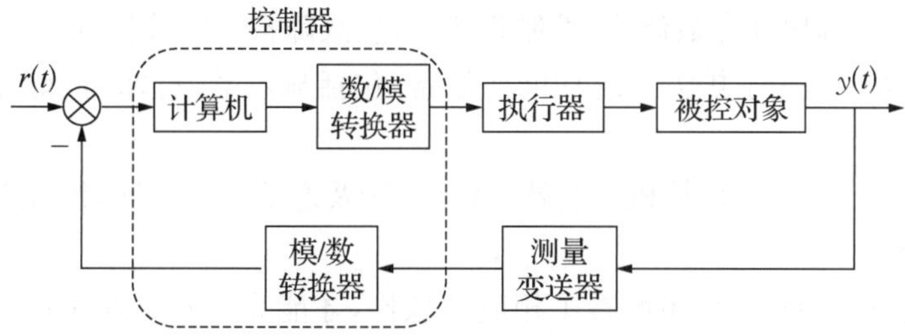

图 9-1 计算机过程控制系统的方框图

与常规过程控制系统相比，计算机过程控制系统的特点主要体现在：操作与监控更便利；功能实现与方案修改更灵活；生产信息与运行数据掌握更全面；故障诊断与异常处理更及时。

9.1.2 计算机过程控制的组成

工业生产过程实施计算机控制，依赖于硬件部分与软件部分的协同工作。

1. 硬件部分

计算机控制系统的硬件部分除了常规的测量仪表和执行器外，还包括计算机主机、过程输入/输出(I/O)通道、控制台、外部设备和通信设备等，总体硬件结构如图 9-2 所示。

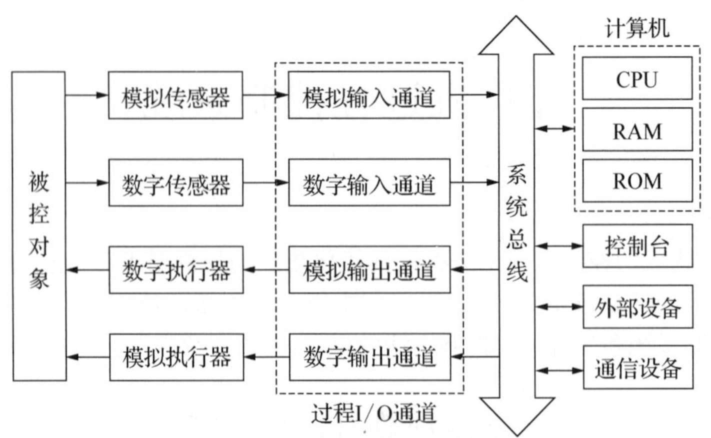

图 9-2　计算机控制系统的硬件结构图

(1) 计算机控制器。包括微处理器(CPU)和存储器(ROM、RAM),根据过程输入通道送来的现场测量信息,按照预设在存储器中的算法程序计算控制输出,通过过程输出通道送给执行器。

(2) 传感器与执行器。计算机控制器的输入设备和输出设备,包括模拟式和数字式两种。

(3) 过程 I/O 通道。将系统中各个环节连接起来,进行信息的传递和变换。包括模拟 I/O 通道和数字 I/O 通道。模拟输入通道由 A/D 转换器及其接口电路组成,模拟输出通道由 D/A 转换器及其接口电路组成。

(4) 控制台。操作员与系统之间进行人机交互的装置。操作员通过控制台了解生产过程和控制状态,执行程序和参数修改、控制指令发送、故障自诊断等任务。

(5) 外部设备。是为了扩大系统功能而设备,包括显示器、打印机、键盘、指示灯、报警灯等。

(6) 通信设备。与其他计算机控制器、数字仪表及通信网络相连,组成工业控制网络。

2. 软件部分

计算机控制系统的硬件设备配置了相应的软件,才能完成对工业生产过程关键参数的控制。计算机控制系统的软件包括系统软件和应用软件。

(1) 系统软件:是计算机基本配置的软件,一般包括操作系统、监视程序、诊断程序、程序设计系统、数据库系统、通信网络软件等。

(2) 应用软件:是针对某一生产过程,依据设计人员对控制系统的设计思想,为达到控制目的而设计的程序。通常分为系统用户程序软件、设备接口通信软件和设备功能软件。

9.1.3　计算机过控系统的发展

工业生产过程的计算机控制系统初期先后经历了开环的巡回检测和数据处理系统、对多个回路实现多种形式控制的直接数字控制系统(DDC)、在线计算最有设定值的监督控制系统(SCC)。

随着生产规模的不断扩大，企业希望将生产管理和过程控制相结合，逐渐发展出了将直接数字控制系统（DDC）、监督控制系统（SCC）和管理信息系统（MIS）整合成一体的计算机多级控制系统。系统的三级控制结构如图 9－3 所示，MIS 处于最高级，进行计划和调度、指挥监督控制系统完成工作；SCC 处于第二级，指挥 DDC 的工作；DDC 处于最末级，完成对生产过程的数据检测、参数控制和安全报警等功能。

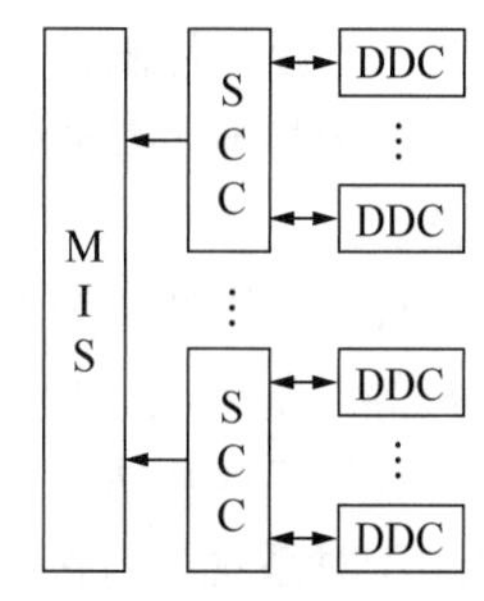

图 9－3　计算机多级控制系统的结构图

集散控制系统（DCS），也称分布式控制系统，是在多级控制系统基础上发展起来更为完善的控制和管理系统。随着现场级信息网络技术的发展，现场总线控制系统（FCS）成了国际自动化领域的新热点。后面两节会对 DCS 和 FCS 展开介绍。

9.2　集散控制系统

9.2.1　集散控制系统的概念

集散控制系统将分散型的控制装置、通信系统、集中操作与信息管理系统综合于一体的计算机过程控制系统，具有分散控制和集中管理的显著特征。

（1）分散控制是指对过程参数的检测、运算处理、控制策略的实现、控制信息的输出等都是在现场的过程控制单元中自动进行，实现了功能的高度分散。

（2）集中管理是对全系统的信息综合后更全面科学管理决策，包括对产品计划、产品设计、制造、检验等生产方面的管理以及对包装运输、产品销售等商务方面的管理。

9.2.2　集散控制系统的结构

集散控制系统（DCS）采用标准化、模块化和系列化的设计，主要由过程控制站、操作站、工程师站、服务器和通信网络组成，总体结构如图 9－4 所示。通常一个 DCS 只配备一个工程师站和一台服务器，根据实际需求会配置多台过程控制站和操作站。

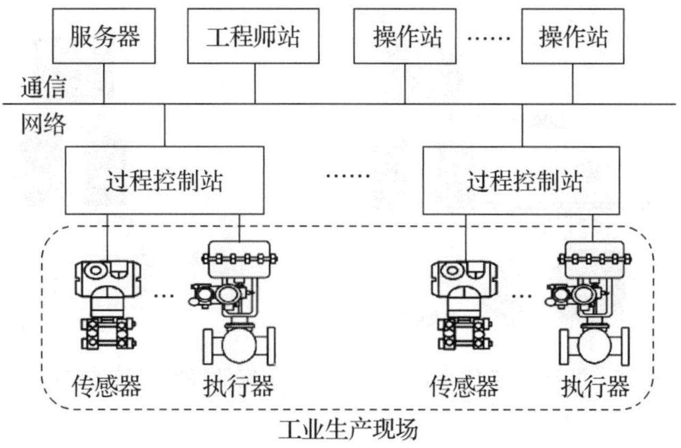

图 9－4　集散控制系统的基本结构

(1) 过程控制站。直接与现场设备相连接,完成 I/O 处理、数据传送及参量控制等任务。过程控制站按地理位置分散于工厂的各个工业生产现场,可以独立控制一个或多个回路。

(2) 操作站。为系统的运行提供人机交互,通常由工业计算机、显示屏、键盘、鼠标、打印机等设备组成。操作人员通过操作站了解现场运行状态、对参数进行配置和修改。

(3) 工程师站。为专业的工程技术人员设计,装有组态软件和维护工具。工程师站主要用于对系统进行离线的配置或组态、在线的监督和维护。

(4) 服务器。用于系统的信息管理和优化控制。

(5) 通信网络。将过程控制站、操作站、工程师站和服务站等部分连接起来构成一个完整的系统,实现信息传递和交互。

9.2.3 集散控制系统在的应用

随着制造业自动化和信息化一体化程度的提升,集散控制系统已经广泛应用于大型的石油、化工、电力、钢铁、污水处理领域。国外代表性的 DCS 厂商由美国的霍尼韦尔 Honeywell、西屋 Westinghouse、瑞士的 ABB、日本的横河 YOKOGAWA,国内主流的 DCS 企业包括浙江力控、北京和利时、南京科远等。图 9-5 为浙江力控 HOLLiAS MACS-K 集散控制系统的结构框架。下面通过重油催化裂化生产过程和薄页纸生产线的应用案例来深化对 DCS 的了解。

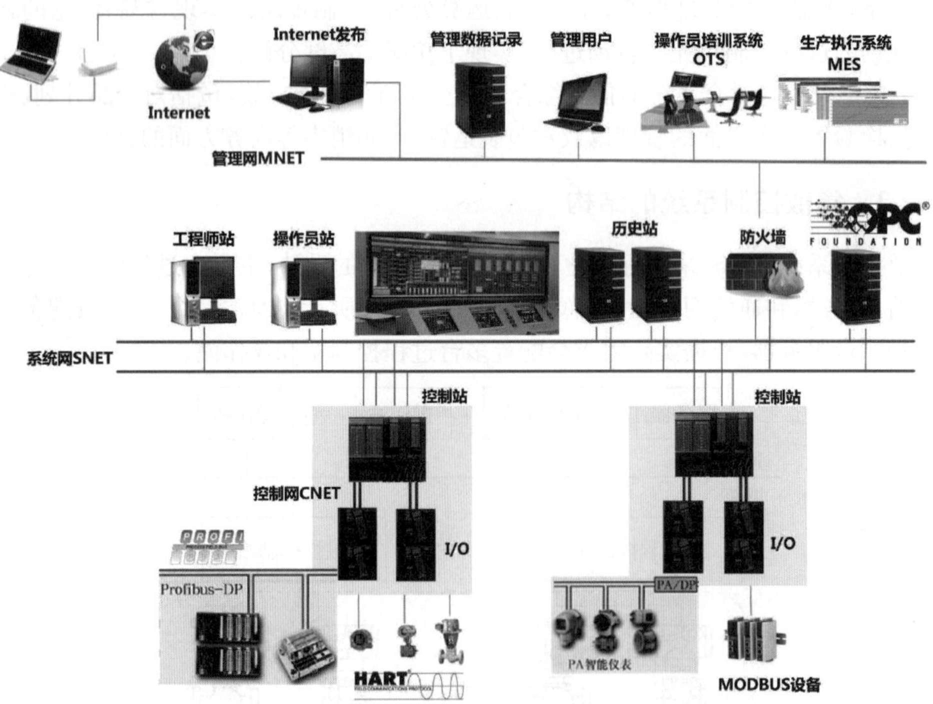

图 9-5 浙江力控 HOLLiAS MACS-K 集散控制系统的结构框架

例 9-1 重油催化裂化生产过程具有高度的连续性，生产系统庞杂，易燃易爆，工艺流程复杂。催化裂化生产装置包括反应/再生单元、分馏单元、吸收稳定单元、产汽单元、公用工程单元等。控制方式主要采用单回路控制、串级控制，也由部分用到了选择控制、分程控制、联锁控制等。设计一个重油催化裂化生产过程的集散控制系统。

答：集散控制系统总体结构框架如图 9-6 所示，根据工艺要求和现场情况，要配置一台打印机、三个过程控制站、五个操作站、一个工程师站、四个控制柜和二十一个机笼，所有控制回路配置冗余系统。系统用到了 866 个 I/O 口，包括 953 个 AI，116 个 AO，144 个 DI、13 个 DO。

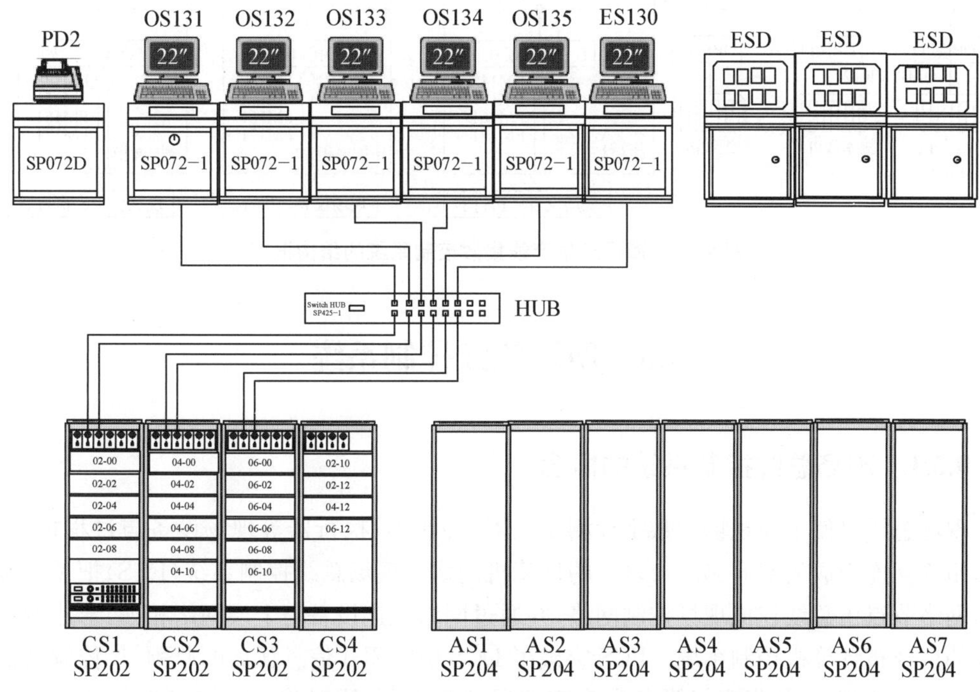

图 9-6 重油催化裂化生产过程的集散控制系统的结构框架

例 9-2 薄页纸生产线主要生产拷贝纸、卷烟纸、字典纸等产品，原料为纯针木浆或阔木浆，一般两者混合造纸，生产过程中还要控制加入各种助剂。浆料从流浆箱出来后上纸机网部、真空系统、白水回收系统以及蒸汽系统，最后到卷纸机。设计一个薄页纸生产线的集散控制系统。

答：集散控制系统总体结构框架如图 9-7 所示，根据工艺要求和现场情况，设置位于纸间和浆间的两个 DCS 主控室，主控柜和 1＃扩展柜以及浆间操作站位于浆间 DCS 室，2＃扩展柜和纸间操作站位于纸间 DCS 室，三个 PLC 分别安装在现场操作台内，通信网络采用 PROFIBUS－DP 总线。主控柜内安装有互为冗余的 2 个主控单元 FM801，有 6 个 AI 模块 FM148A，4 个 AO 模块 FM151，4 个 DI 模块 FM161，3 个 DO 模块 FM171。1＃扩展柜内有 7 个 AI 模块，5 个 AO 模块，5 个 DI 模块，3 个 DO 模块。2＃扩展柜内有 4 个 AI 模块，3 个 AO 模块，DI 和 DO 模块各 1 个。

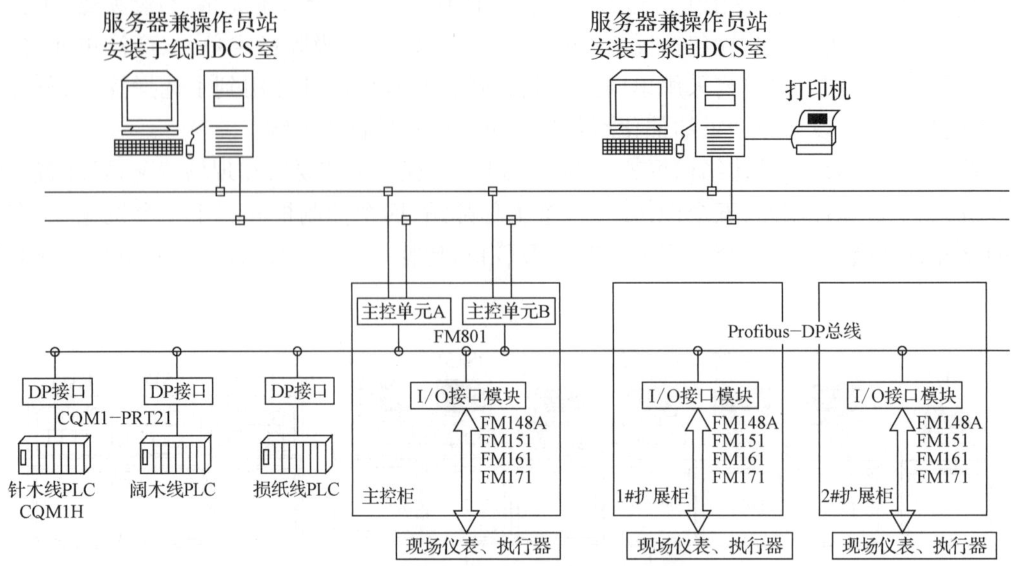

图 9－7　薄页纸生产线集散控制系统的结构框架

9.3　现场总线控制系统

9.3.1　现场总线控制系统的概念

现场总线是使工业现场的数字检测变送器、控制器、执行器等现场设备与过程控制站、操作站等互连而成的双向、分散、多点的计算机网络。现场总线控制系统(FCS)把现场设备作为网络节点由总线连成现场控制网络,并通过网络互连设备与上层网络相连,形成网络集成式的全分布计算机控制系统。FCS突破了DCS中封闭式信息孤岛的瓶颈,将控制功能彻底下放到工业现场,依靠现场设备自身实现通信与控制,同时将企业信息沟通延伸到工业现场。

FCS与传统的计算机控制系统相比,具有的显著技术特点包括:

(1) 现场设备智能化。现场设备已成为以微处理器为核心的智能化设备,彼此通过双绞线、同轴电缆或光纤等以传输媒体总线拓扑相连;

(2) 全分散式结构。构成了一种全分散式的控制系统,摒弃了DCS中的I/O控制站,将这一级功能分配给现场智能化仪表来完成,提高了系统可靠性,也便于维护、管理与扩展;

(3) 开放式互连网络。建立了一种开放式的底层网络,既可与同层网络相连,也可通过网络互连设备与控制级网络或管理信息级网络相连;

(4) 互操作性。在遵守同一通信协议的前提下,不同厂家的现场设备产品可以互相通信、统一组态,构成所需的控制网络。

9.3.2　现场总线控制系统的结构

国际标准化组织和国际电工委员会制定了多种现场总线标准,主流的现场总线包括

AS-I总线、DeviceNet 总线、ControlNet 总线、Profibus 总线、FF 总线、LonWorks 总线、HART 总线。现场总线的通信模型是在开放系统互联(OSI)模型基础上制定的,根据现场总线控制系统的通信要求,保留了 OSI 模型中的物理层、数据链路层和应用层,并设置了现场总线访问子层。

以图 9-8 所示的 FF 现场总线控制系统结构为例,各类传感器、执行器等现场设备均为智能化仪表,接入低速的 H1 总线,成为控制网络中的节点。这些现场设备完成检测信号和控制信号的传输及转换、常规控制算法的运算和执行等任务。链路设备将 H1 控制网络接入高速以太网(HSE),使工程师站或操作站能够与工业现场进行过程参数、控制组态、诊断结果等信息的交互。

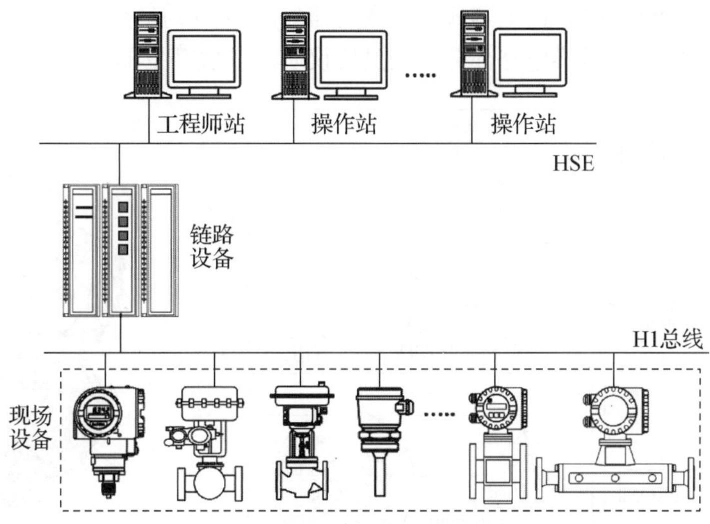

图 9-8　FF 总线控制系统的基本结构框架

例 9-3　结合图 9-9 所示的系统结构图,对 DCS 和 FCS 进行比较。

答:DCS 按照控制回路,采用一对一的现场设备连接,位于现场的测量变送器将检测信号送入控制室内的控制器,经过运算后的控制信号再从控制室送往现场的执行器。FCS 采用了智能设备,现场的智能测量变送器与智能执行器间可以之间传送信号,控制功能不依赖于控制室的控制器可以在现场完成。

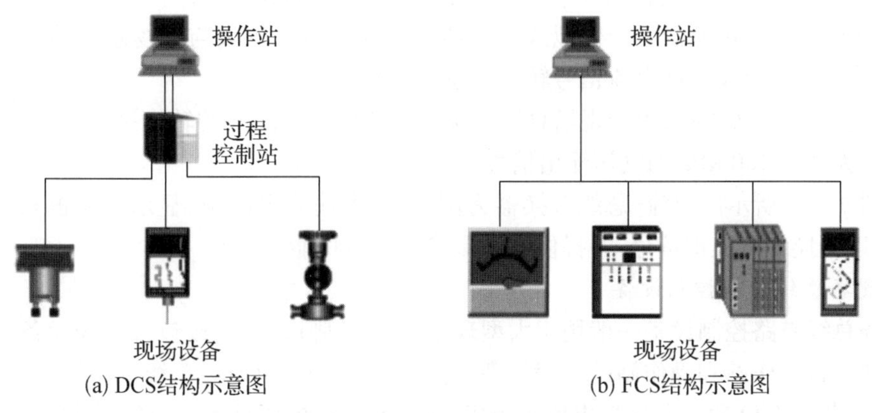

图 9-9　DCS 和 FCS 的比较

与 DCS 相比，FCS 的全分布式结构可以节省电缆、铺设和 I/O 模块等工程成本，同时 FCS 使用现场设备传输信号完全的数字化，也提高了系统的准确性和可靠性。

9.3.3 现场总线设备

现场总线设备就是挂接在总线上构成 FCS 的各种智能仪表，按照功能可以分为变送器和执行器类设备、转换类设备、低压电器控制类设备、接口类设备和附件类设备等。

1. 现场总线变送器

现场总线变送器通常由传感器部分、主电路板和显示电路板组成，可以实现信号处理、PID 控制、本体设备的自诊断以及网络通信等功能。常用的现场总线变送器包括差压变送器、压力变送器、温度变送器等，电容式差压变送器如图 9－10 所示，可以测量表压、差压，也可间接测量液位和流量，转换电路部分是经过协议芯片二次开发的。

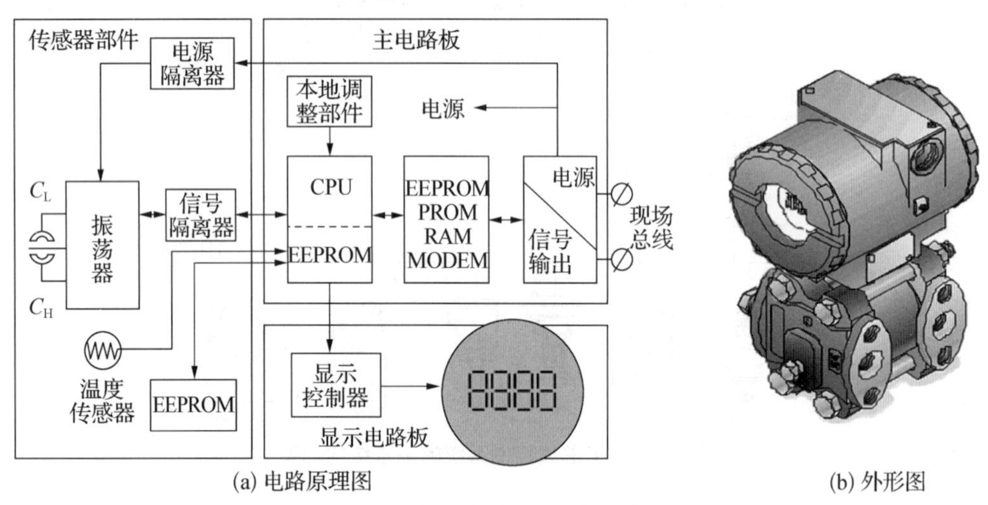

(a) 电路原理图　　(b) 外形图

图 9－10　现场总线电容式差压变送器

2. 现场总线转换器

现场总线转换器包括总线-电流转换器、电流-总线转换器、总线-气压转换器等。

(1) 总线-电流转换器用于现场总线系统与电动执行器或其他模拟式仪表之间的转换接口，将总线的控制信号转换为 4～20 mA 标准电流信号输出。

(2) 电流-总线转换器用于模拟式变送器或其他模拟式仪表与现场总线系统之间的转换接口，将 4～20 mA 标准电流信号转换为总线信号。

(3) 总线-气压转换器用于现场总线系统与气动执行器之间的转换接口，将总线的控制信号转换为 20～100 kPa 的气压输出信号。

以图 9－11 所示的电流-总线转换器为例，主要由输入电路板、显示电路板和主电路板组成，可以转换多路模拟信号，并提供多种形式的切换功能。

3. 现场总线链路控制设备

现场总线链路控制设备一般用于大型现场总线控制系统，连接包含现场设备的现场控制子网和包含工作站和操作站的过程管理子网。图 9－12 为现场总线链路设备，由微处理器、存储设备和 I/O 通道及接口电路等组成，除了网络连接还具备高级控制功能。

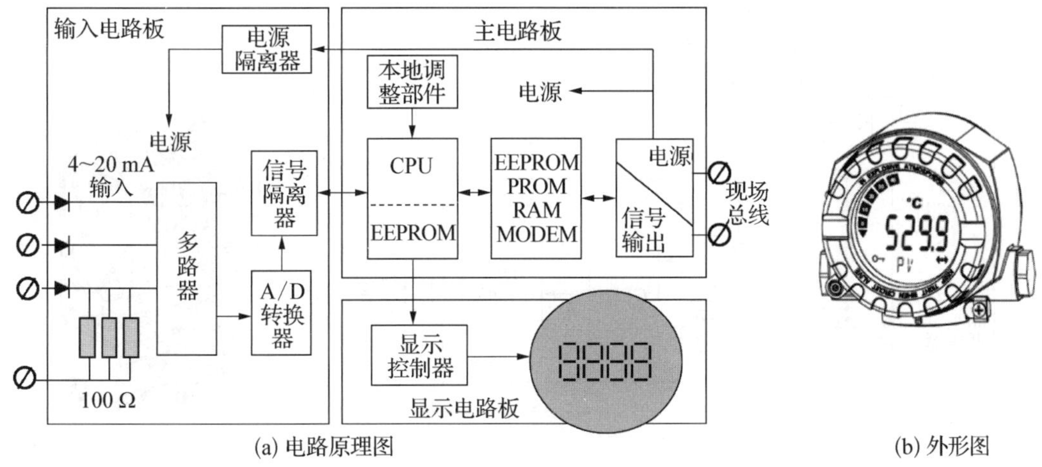

(a) 电路原理图　　(b) 外形图

图 9－11　电流-总线转换器

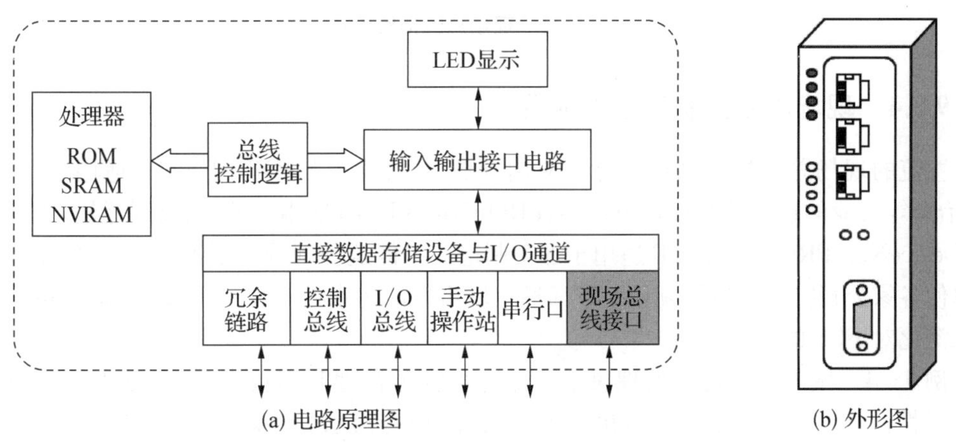

(a) 电路原理图　　(b) 外形图

图 9－12　现场总线链路设备

4. 低压电器控制设备

低压电器控制设备是挂接到 Profibus-DP 总线的一些低压断路器、电机启动器和变频器等。通常是将现场总线协议芯片植入配有微处理器的低压电器控制设备，使其升级为现场总线低压电器控制设备。现场总线软启动器如图 9－13 所示，采用基于微处理器的电子方式对晶闸管的触发角进行控制，内部集成有旁路接触系统，并对数据规范化后上传至 Profibus-DP 总线。

5. 其他现场总线设备

现场总线设备还包括离散 I/O 接口设备、现场总线电源设备、现场总线安全栅、现场总线终端器等。离散 I/O 接口设备用于将现场的开关量信号连接到总线，并运用功能块语言实现离散化控制。现场总线电源设备负责向现场总线设备提供 24 V 的标准电源。现场总线安全栅限制送入现场的电压和电流，保证现场的电功率在安全范围之内。现场总线终端器进行电阻匹配，防止信号在线路传输时产生反射。

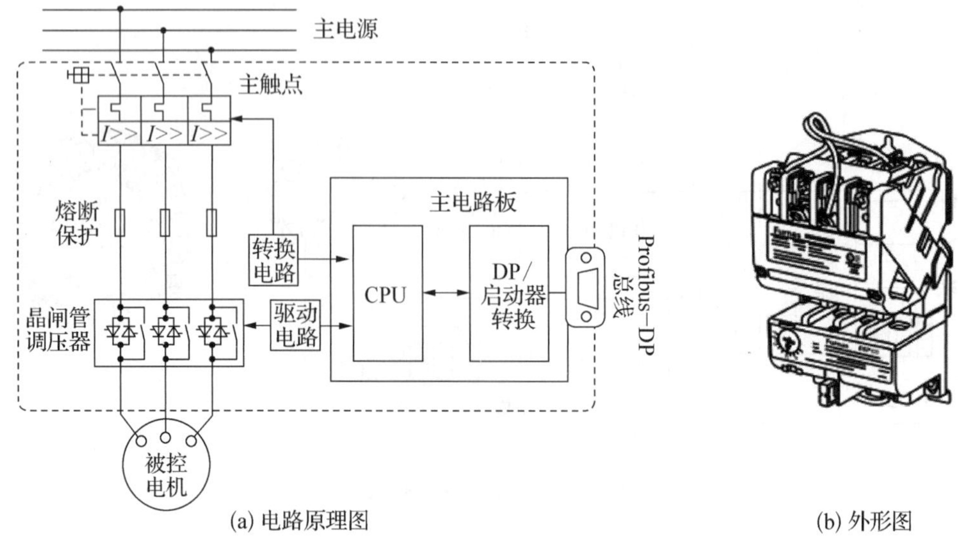

(a) 电路原理图　　(b) 外形图

图 9－13　现场总线链路设备

9.3.4　现场总线控制系统的应用

主流的现场总线控制系统都有其应用领域，比如 FF、PROFIBUS-PA 适用于石油、化工、冶金等行业的过程控制；LonWorks、PROFIBUS-FMS 适用于楼宇、交通运输、农业等领域；DeviceNet、PROFIBUS-DP 适用于加工制造业。但这种划分也不绝对，激烈的市场竞争也驱使各家公司扩展其应用领域。下面通过城市生活污水处理和干冰烟丝膨胀线的应用案例来深化对 FCS 的了解。

例 9－4　城市生活污水处理属于环保与水资源合理利用技术领域，处理工艺方法主要有活性污泥法、A2/O、SBR、氧化沟等，以解决现有污水处理耗能高、占地大、无法有效地去除可溶性无机物、难降解的有机物等问题。需要设计一个现场总线控制系统，具备在线监测及数据采集显示、远程控制和网络通信、检测数据分析、管理、系统检测及故障报警等功能。

答：设计了如图 9－14 所示的污水处理现场总线控制系统。系统由因特网连接企业管理信息系统和中央控制室，中央控制室和 PLC 控制站之间的数据通信采用高速的、实时的工业以太网。中央控制室设于综合楼中控室；现场控制站设 4 个，分别位于进水泵房（1＃PLC 控制站）、变配电间（2＃PLC 控制站）、鼓风机房（3＃PLC 控制站）、污泥浓缩脱水机房（4＃PLC 控制站）。

例 9－5　干冰烟丝膨胀系统是烟草行业的制丝工艺中的一项重要生产设备。将烟丝浸入液态 CO_2 中一段时间，待 CO_2 排出后在常压下形成干冰烟丝，随后与气流混合使烟丝瞬间膨胀。CO_2 在常温常压下即可凝结为干冰，所以在管道和贮罐中需要维持一定的压力，因此现场大量使用了高压容器，并且 CO_2 是抑制呼吸气体剂，一旦发生泄漏，将危及人身安全。要设计一个运行安全可靠、控制体系稳定的现场总线系统。

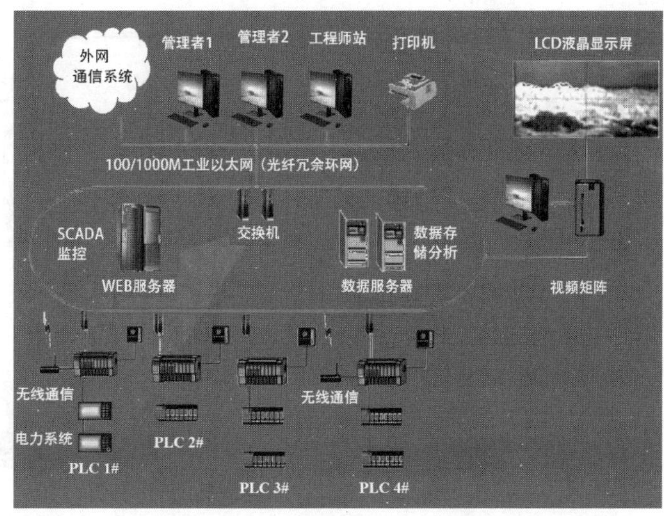

图 9－14　污水处理现场总线控制系统

答:干冰烟丝膨胀线的厂房车间为上下五层，控制在一层和三层，针对厂房布局设计了现场总线控制系统，系统整体构架如图 9－15(a)所示，平冰烟丝浸泡回收监控系统的组态界面如图 9－15(b)所示。系统包含了 NetLinx 的信息层、控制层和设备层三层网络。信息层采用光纤以太环网连接两个操作站计算机和控制器，实现计算机与控制器之间大量信息的交换，对生产过程进行监控和管理。控制层采用 ControlNet 网络，实现控制器之间的通信和现场 I/O 信号的采集和执行。设备层采用 Devicenet 网络，将限位开关、光电传感器、变频器、软启动器等设备连接起来进行本层和上层的信息交互。

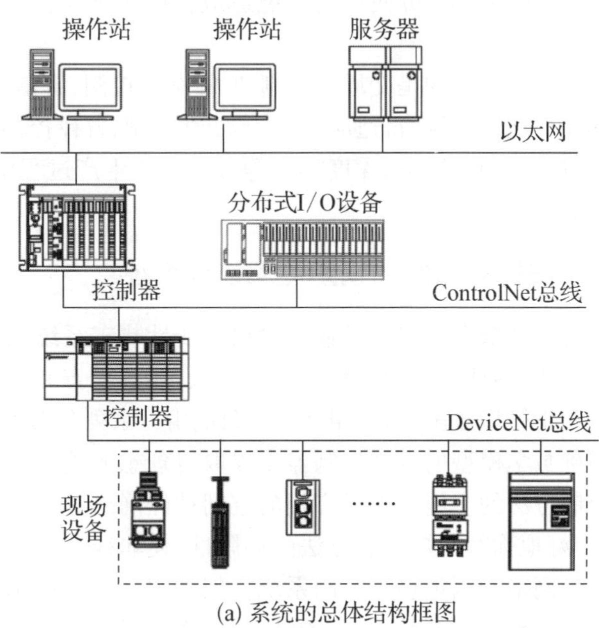

(a) 系统的总体结构框图

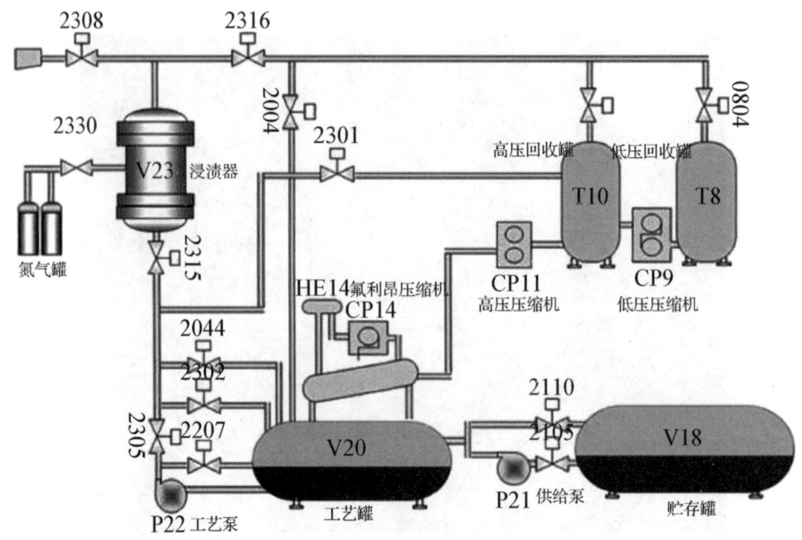

(b) 烟丝浸泡回收监控系统的组态画面

图 9－15　干冰烟丝膨胀系统的现场总线控制系统

9.4　先进过程控制方法

随着现代工业日益走向大规模、复杂化，对生产过程的控制品质要求越来越高，出现了许多过程、结构、环境和控制均十分复杂的生产系统，控制界提出了一系列行之有效的先进过程控制（APC）方法。先进过程控制目前尚无严格而统一的定义，通常是建立在常规控制之上的动态协调约束控制，可使控制系统适应实际工业生产过程动态特性和操作要求。

先进过程控制早期应用较多的是变增益控制、时滞补偿控制、解耦控制、选择性控制等，后来逐渐得到应用的模型预测控制、自适应控制、非线性控制、鲁棒控制，随着人工智能快速发展，基于学习的模糊控制、神经网络、深度学习等方法也在生产过程中得到应用。下面举两个先进过程控制的应用实例。

9.4.1　基于自回归神经网络的锅炉热工控制系统

电厂锅炉是个具有高度耦合的多变量输入输出非线性热工系统，其动态特性随着运行工况的变化而大范围变化，各环节的动态特性差异很大，还有噪音和负荷干扰、时滞等。因此要建立锅炉的精确数学模型较困难，而粗略模型只能由一系列分布参数系统描述，锅炉的复杂特性使得基于精确数学模型的常规控制器难以取得理想的控制效果，这就给不需要建立精确模型的先进控制方法的应用提供了广阔的空间神经网络具有学习、泛化以及非线性映射多种能力，可以很好地弥补常规控制方法的局限性，使非线性、时变和不确定系统的控制成为可能。基于神经网络的锅炉热工控制系统框架如图 9－16 所示，两个自回归神经网络一个充当辨识器，另一个充当控制器。前者对未知系统辨识，然后把受控对象的信息传送给后者，后者发出控制动作调整动态系统，有效地解决了热工系统中非线性受控对象的未知性和时变性问题。

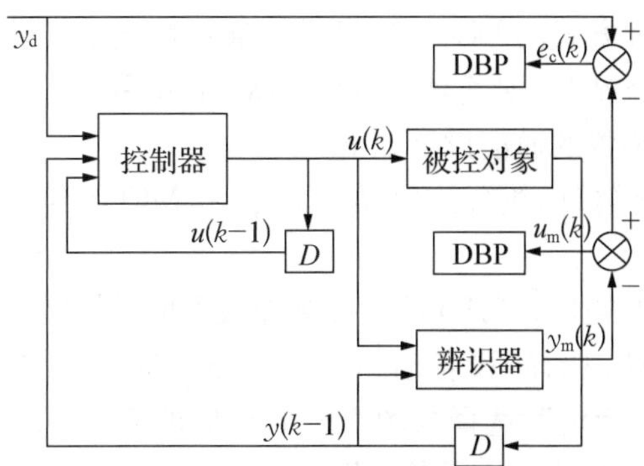

图 9－16　基于神经网络的锅炉热工控制系统框图

9.4.2　基于选择控制和广义预测的航天气化炉控制系统

航天气化炉的工艺流程主要包括原煤处理、炉内气化、灰渣处理和合成洗涤，对生产过程进行控制和优化的关键在于稳定气化过程的炉温，同时在稳定工况的前提下优化气化炉系统氧煤比。因为涉及许多复杂的化学反应过程，气化炉是一个复杂的大惯性、大滞后、时变和非线性系统，相应的控制理论和应用都尚不成熟。

考虑到航天气化炉系统的复杂性，运用传统的控制算法往往难以达到理想的控制效果。根据现场生产工况并分析了工艺原理，设计如图 9－17 所示的选择控制策略与广义预测控制算法结合的先进控制系统来稳定炉温。根据现场历史数据，分别建立了 H_2 和 CO_2 含量的模型，构建 GPC 控制器。在 H_2 含量过高时，CO_2 含量比 H_2 含量更能反映汽化温度，同时模块选择器采用继电特性，当 H_2 含量过高时切换为 CO_2 含量控制器。

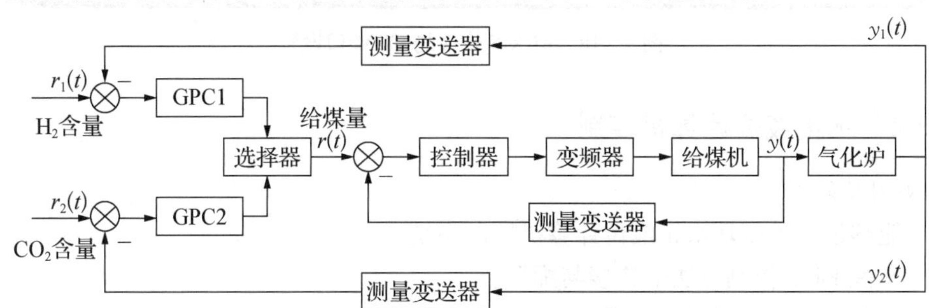

图 9－17　基于选择控制和广义预测的航天气化炉控制系统框图

9.5　计算机过控系统实训

9.5.1　计算机的 DDC 控制方式

计算机直接数字控制（DDC）一般有两种形式，一种采用外部数据采集模块的形式，其核心为带 RS-485 通信的数据采集模块和计算机算法软件，另一种采用带有 ISA 或 PCI 插槽的数据采集板卡。

外部数据采集模块由于安装方便，同时就地安装时采用通信方式向计算机送数据不存在信号衰减，本文采用第一种方式的 DDC。实训系统通过数据采集模块，利用工控软件 MCGS 组态上位机界面，构建一个提供开放算法软件的 DDC 控制系统。

DDC 控制系统实验装置的通信设置如下：

(1) 打开 MCGS 组态软件，执行该项操作命令后，MCGS 组态环境将弹出“打开文件”对话框。

(2) PC 与调节仪表的通信，打开 PC 机控制面板里的“设备管理器”，查看 COM 口。

(3) 点击 MCGS 软件，选择“设备窗口—父设备—选择串口—确定”，点击“设备 1—(ICP-7017)—设备调试—确定”，选择与图 9－18 对应的 COM 口。查看通信状态，如果通道值处显示 0 则通信成功，显示 1 则通信失败。

图 9－18　MCGS 软件的 COM 口设置

9.5.2　水箱液位计算机控制

1. 实训目的

(1) 能够设计单闭环水箱液位计算机控制系统。

(2) 掌握 DDC 控制方法的连接与配置。

(3) 掌握计算机进行 PID 参数整定。

2. 实训知识点

与常规仪表控制系统相比，计算机控制系统的最大区别就是用微型机和 A/D、D/A 转换卡来代替常规的调节器。为了使采样时间间隔内，输出保持在相应的数值，在 D/A 卡上设有零阶保持器。

水箱液位计算机控制实验系统的控制方框图和控制流程图如图 9－19 所示。水箱液位的测量值模拟量通过 A/D 模块转化成数字量，计算机根据测量值与设定值的偏差，按程序设定的算法得到控制量，经由 D/A 模块转化成模拟量送至电动阀，实现水箱液位的自动调节。

3. 实训模块与连接

该项目使用的模块包括模拟量输入模块、模拟量输出模块、直流稳压电源、智能调节仪、液位传感器和电动调节阀，模块接接线如图 9－20 所示。

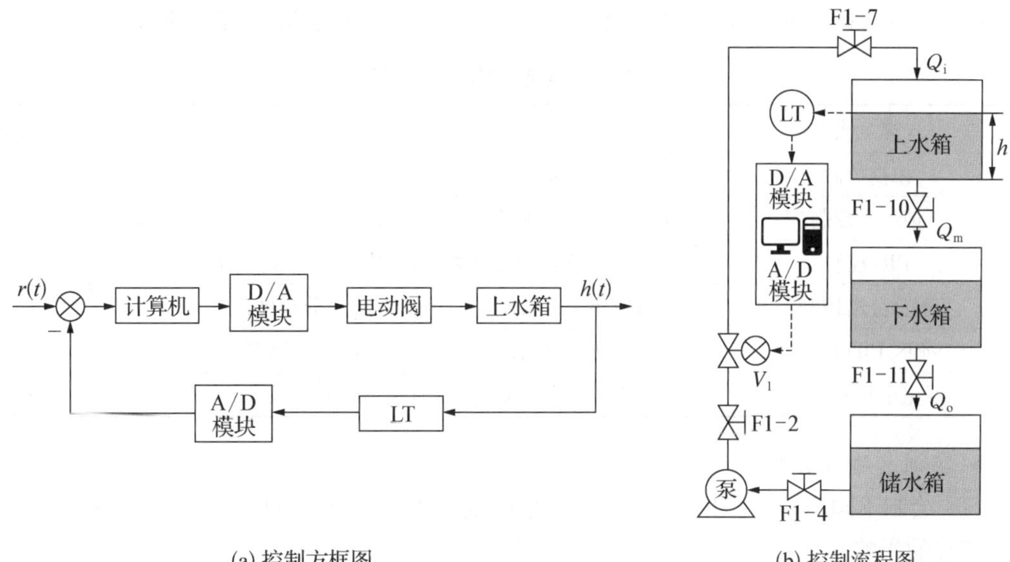

(a) 控制方框图　　　　(b) 控制流程图

图 9-19　水箱液位计算机控制实验系统

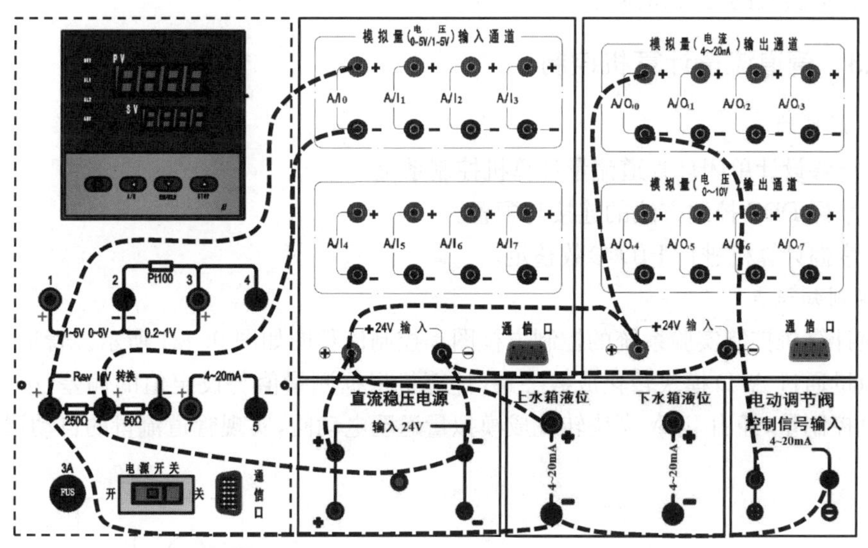

图 9-20　水箱液位计算机控制实验的模块接线图

4. 实训内容与步骤

(1) 按图 9-20 要求连接模块，接通电源，登录 MCGS 软件打开运行界面。

(2) 点击实验目录中的“水箱液位计算机控制”，出现 MCGS 组态画面。

(3) 在算法下拉框中选择控制算法，可选算法说明可查看表 9-1。若选择 PID 控制，整定 PID 参数 K_P、K_I 和 K_D，直至得到的液位控制过渡过程曲线衰减比为 4∶1。

(4) 系统的液位稳定后，令给定值发生变化，令给定值增加或减少 10%，观察并记录给定值受干扰下液位曲线的变化。

(5) 系统的液位再次稳定后，启动变频器-磁力泵支路，对系统施加干扰，观察并记录系统受干扰时液位曲线的变化。

(6) 自行选择表 9-1 的其他控制算法进行实验,了解不同算法的控制质量。

表 9-1 可选控制算法说明表

算 法	参数设置
模糊控制	只需设置给定值。
神经元控制	ω_1、ω_2、ω_3 均为神经元网络的权值系数,其值自行定义。
PID 控制	为计算机增量型控制算法,参数为 K_P、K_I 和 K_D。
积分分离控制	参数有 K_P、K_I、K_D、a,其中 a 表示分离度范围。
死区 PID 控制	参数有 K_P、K_I、K_D、e,其中 e 表示偏差阈值。
不完全积分控制	参数有 K_P、K_I、K_D、K_L,其中 K_L 表示微分的比例系数。

5. 实训总结与思考

(1) 绘制不同 K_P、K_I 和 K_D 的过渡过程曲线(每个参数至少两条),并分析各个参数对过渡过程的影响。

(2) 分别记录给定值变化和系统干扰作用下,系统的完整控制过程曲线。

(3) 谈谈实验的心得和体会。

9.5.3 管道流量计算机控制

1. 实训目的

(1) 能够设计单闭环管道流量计算机控制系统。

(2) 掌握 DDC 控制方法的连接与配置。

(3) 掌握计算机进行 PID 参数整定。

2. 实训知识点

管道计算机控制实验系统的控制方框图和控制流程图如图 9-21 所示。管道流量的测量值模拟量通过 A/D 模块转化成数字量,计算机根据测量值与设定值的偏差,按照一定的算法计算控制量,经由 D/A 模块转化成模拟量送至电动阀,实现管道流量的自动调节。

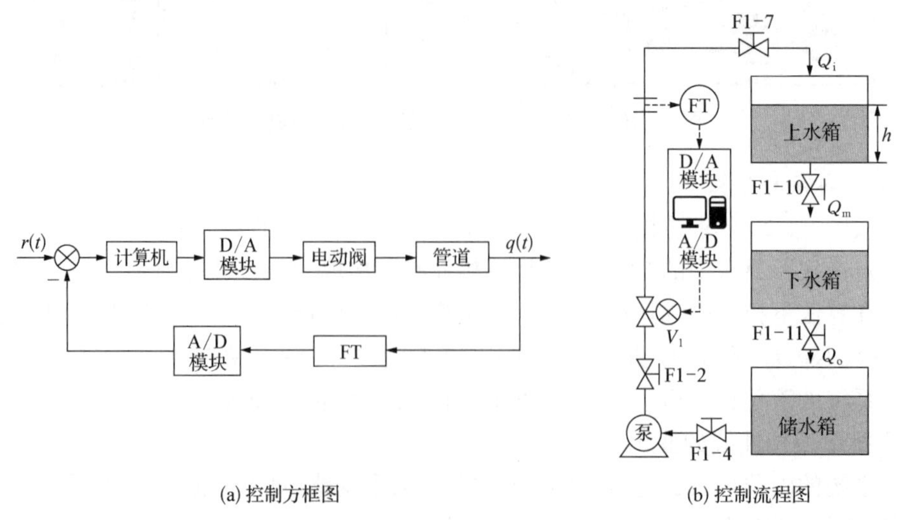

(a) 控制方框图　　(b) 控制流程图

图 9-21 管道流量计算机控制实验系统

3. 实训模块与连接

该项目使用的模块包括模拟量输入模块、模拟量输出模块、直流稳压电源、智能调节仪、流量变送器和电动调节阀，模块接接线如图 9－22 所示。

4. 实训内容与步骤

（1）按图 9－22 要求连接模块，接通电源，登录 MCGS 软件打开运行界面。

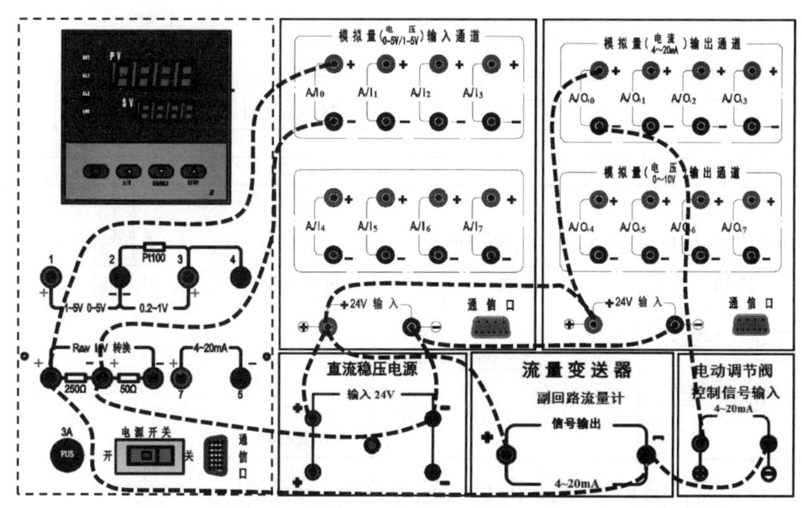

图 9－22　管道流量计算机控制实验的模块接线图

（2）点击实验目录中的“管道流量计算机控制”，出现 MCGS 组态画面。

（3）在算法下拉框中选择控制算法，可选算法说明可查看表 9－1。若选择 PID 控制，整定 PID 参数 K_P、K_I 和 K_D，直至流量控制过渡过程曲线衰减比为 4∶1。

（4）系统的流量稳定后，令给定值发生变化，令给定值增加或减少 10%，观察并记录给定值受干扰下流量响应曲线的变化。

（5）系统的流量再次稳定后，对系统施加干扰，打开副回路调节阀改变泵的出口压力，观察并记录系统受干扰时流量响应曲线的变化。

（6）自行选择表 9－1 的其他控制算法进行实验，了解不同算法的控制质量。

5. 实训总结与思考

（1）绘制不同 K_P、K_I 和 K_D 的过渡过程曲线（每个参数至少两条），并分析各个参数对过渡过程的影响。

（2）分别记录给定值变化和系统干扰作用下，系统的完整控制过程曲线。

（3）谈谈实验的心得和体会。

本章知识点

（1）计算机控制系统的硬件结构和软件组成。

（2）集散控制系统的构成和应用。

（3）现场总线系统的构成和应用。

（4）常用的现场总线设备。

（5）先进过程控制方法及其应用。

本章练习

1. 某卷烟厂的集散控制系统如图 9－23 所示，设有一个中心控制器主站和四个现场控制站。简述该系统分成几层网络，分别承担哪些工作。

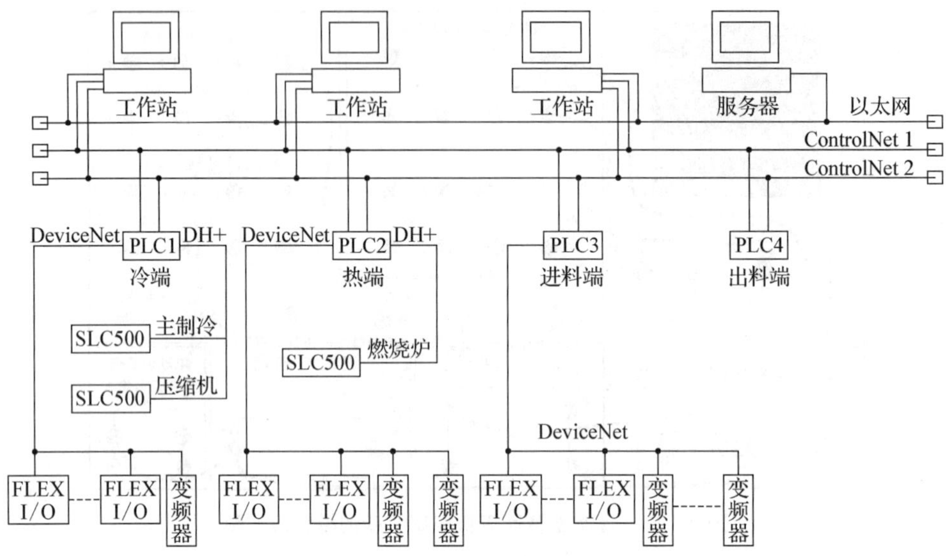

图 9－23　某卷烟厂的集散控制系统

2. 哈尔滨某大豆食品公司的大豆分离蛋白生产线如图 9－24 所示，采用了罗克韦尔自动化公司 ControlNet 为主的集散控制系统。

(1) 该系统分成几层网络？

(2) 查找资料简述该集散控制系统如何工作的。

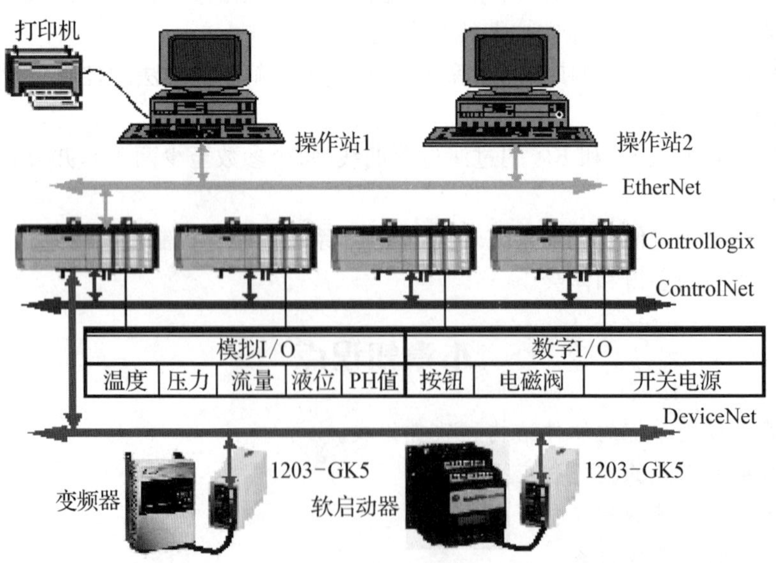

图 9－24　大豆分离蛋白生产线的集散控制系统

3. 图 9－25 所示以西门子 410 Smart PLC 为核心控制器构成的制浆造纸生产过程综合自动化系统结构示意图，查找资料简述该系统的构成。

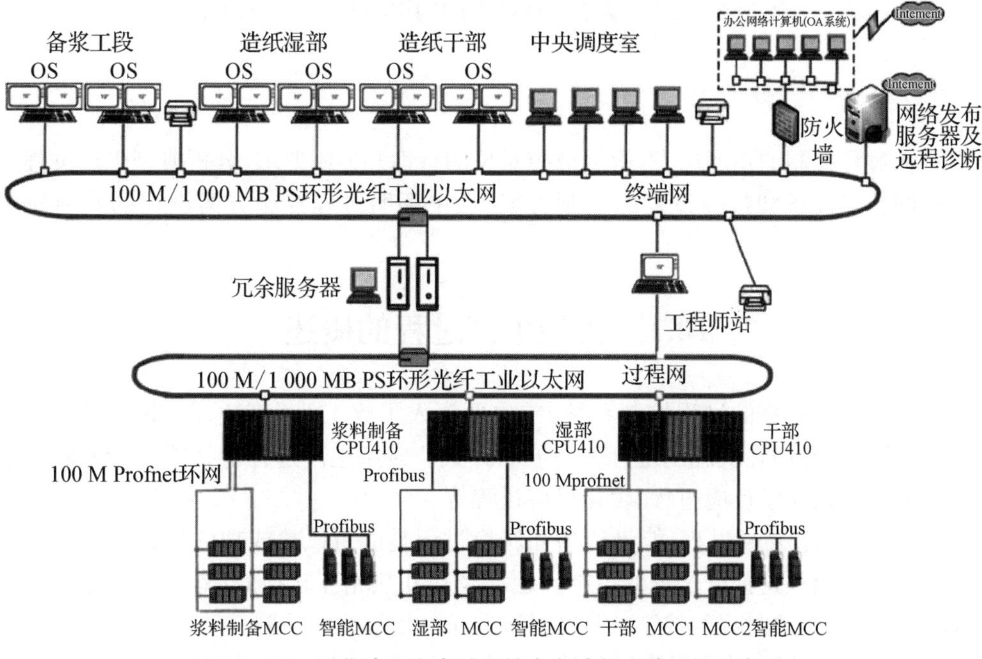

图 9－25　制浆造纸生产过程综合自动化系统结构示意图

第 10 章

典型生产过程的控制系统设计

本章从过程控制的角度出发，根据被控对象的特性和控制要求，分析典型生产过程中具有代表型的传热设备和精馏过程的控制方案，从中阐明过程控制方案设计的共通原则和方法。

10.1 典型生产过程的概述

要设计出一个合格的过程控制系统，首先要深入了解工业生产过程，分析被控对象情况，依据工艺要求和内在机理制定合理的控制方案。典型生产过程包括能量传递和转换过程、传质操作过程、化学反应过程、生化反应过程等。

(1) 能量传递和转换过程：能量传递和转换过程是能量以热或功的形式输入一个过程或从一个过程输出。这部分过程的控制问题涉及功和热相互转换效率，或者在介质中传递的效率，主要包括传热过程的控制、锅炉的控制、泵与压缩机的控制。

(2) 传质操作过程：传质操作过程是在含有两个或两个以上组分的混合体系中，由于存在浓度差，某些组分由高浓度区向低浓度区的传递过程。这部分过程的控制主要针对涉及气、液两相接触的单元间物质的转移，包括精馏、蒸发和干燥。

(3) 化学反应过程：在化学反应过程是几种物料将化合成一种或多种更有价值的生成物。工程师要根据各种反应器的结构、物流流程、反应机理和传热等方面的差异，设计控制系统抑制负荷的波动，确保化学平衡、反应速度、稳定性等处于最佳条件。

(4) 生化反应过程：生化过程是由生物参与的各种反应、分离、纯化等制备和处理过程。生化反应过程的基础是发酵，利用微生物发酵提供大量食物和药品，如啤酒、谷氨酸、抗生素等。这部分的过程控制问题主要涉及发酵罐和间歇反应器，对温度、溶解氧浓度、pH 值、转速、压力、通气流量的那个参数的检测与控制。

生产过程的操作设备种类繁多，控制方案也有很大差异，本章选取传热设备和精馏过程的控制进行展开讨论。

10.2 传热设备的控制

热量的传递方式有热传导、热辐射和热对流，传热过程通常是一种或几种热量传递方式的综合，其主要目的除了使工艺介质达到规定温度，还有吸收热量、使工艺介质改变相态。工业生产过程中，用于热量交换的设备称为传热设备，主要有换热器、再沸器、冷凝器、蒸汽加热器、加热炉、锅炉等。

10.2.1　换热器的控制

换热器是在热交换过程中两侧介质均不发生相变的传热设备，控制的目的是通过改变热负荷，保证工艺介质在换热器出口的温度恒定。

1. 调节载热体流量

最普遍的控制方案是改变载热体流量恒定出口温度，设计如图 10－1(a)所示的换热器温度单回路控制系统，被控变量为工艺介质出口温度，操纵变量为载热体流量。如果载热体自身压力波动剧烈，可设计成如图 10－1(b)所示的换热器温度-载热体流量串级控制系统，主变量为工艺介质出口温度，副变量为载热体流量。如果工艺介质流量波动频繁，可设计 8.1 节介绍的前馈-反馈复合控制系统，将工艺介质流量作为前馈信号。

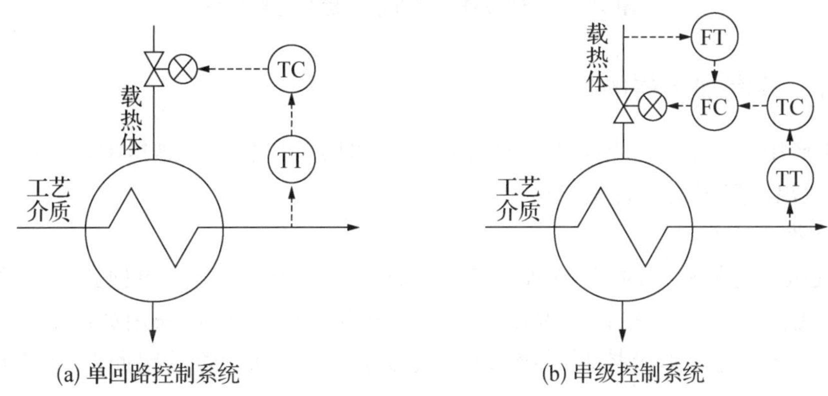

图 10－1　调节载热体流量的控制方案

2. 调节旁路

当载热体本身是一种工艺原料，流量不允许调节或总量不允许改变时，可设计如图 10－2 所示的载热体旁路控制方案，采用三通调节阀改变进入换热器的载热体流量与旁路流量的比例，这样既可以改变进入换热器的载热体流量，从而对工艺介质出口温度进行控制，又保证载热体总量不受影响。

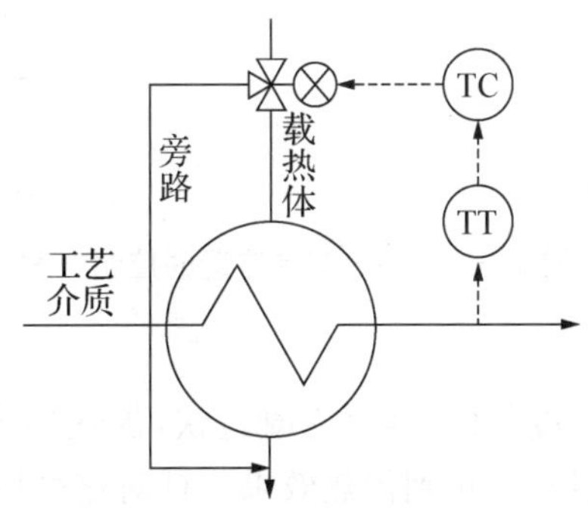

图 10－2　调节载热体旁路的控制方案

当被加热工艺介质的总量要保持稳定，而且换热器的传热面积有余量时，可将一小部分工艺介质由旁路直通出口处，通过冷、热介质的混合来控制出口温度。工艺介质旁路控制方案如图 10－3 所示，这种方案同样采用三通阀改变进入换热器的被加热介质流量与旁路流量的比例，兼顾出口温度调节和介质总量稳定。

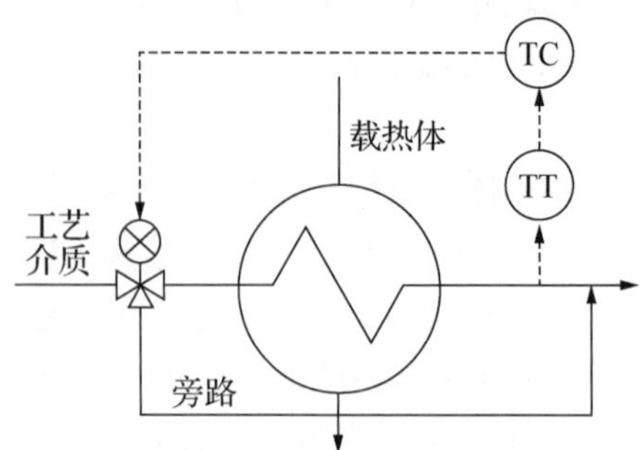

图 10－3　调节被加热介质旁路的控制方案

10.2.2　蒸汽加热器的控制

工业生产中常用蒸汽加热器对工艺介质进行加热。在蒸汽加热器中，蒸汽冷凝由气相变为液相，放出的热量通过管壁加热介质。

1. 调节蒸汽流量

当蒸汽压力比较稳定时，设计如图 10－4(a)所示加热器温度单回路控制系统，改变蒸汽流量来稳定工艺介质的出口温度。当蒸汽压力有波动时，可采用如图 10－4(b)所示加热器温度-蒸汽流量串级控制系统，以蒸汽流量为副变量，通过副回路抑制干扰、稳定压力。

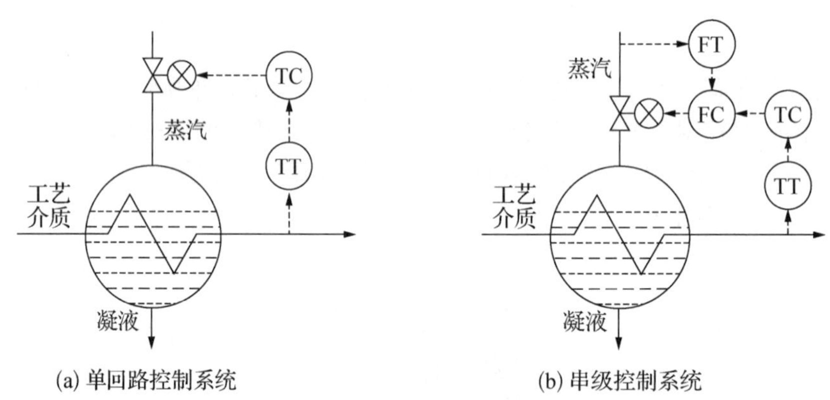

图 10－4　调节蒸汽流量的控制方案

2. 调节有效换热面积

当被加热工艺介质初始温度很低，蒸汽冷凝过快，加热器内可能形成负压，导致凝液不易排出，这样就减少了传热面积，影响到传热效果。针对这种情况设计如图 10－5(a)所示的凝液调节的单回路控制方案，通过阀门调节凝液量，改变有效传热面积，从而恒定介质出口温度。通常凝液到传热面积通道是个滞后环节，控制作用缓慢。可设计如图 10－5(b)所示的加热器温度-液位串级控制方案，以加热器液位为副变量，通过副回路改善对象特性，提高控制品质。

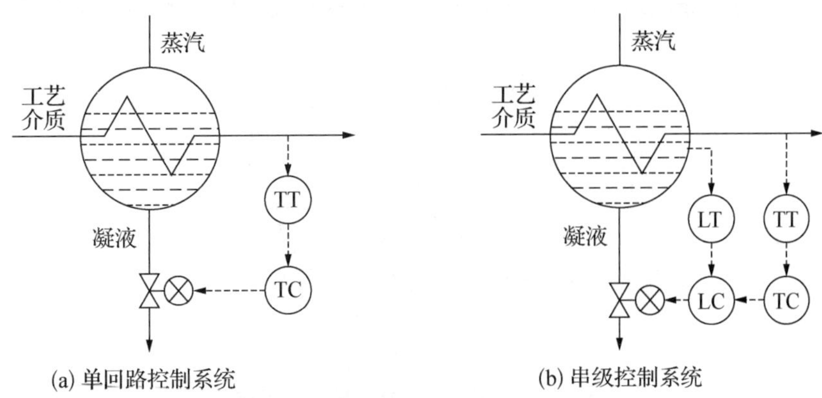

图 10-5　调节有效面积的控制方案

10.2.3　冷却器的控制

用水或空气冷却工艺介质的范围和速度都是有限的，当冷却温度不能满足要求时，可采用液氨、乙烯、丙烯等冷却剂。这些冷却剂在冷却器中由液体汽化为气体时带走大量潜热，使另一种介质得到冷却。以液氨为例，在常压下汽化，可使介质冷却到－30 ℃的低温。

1. 调节冷却剂的流量

通过改变液氨的流入量来调节被冷却介质的出口温度的控制方案如图 10-6(a)所示，当被冷却介质出口温度降低时，液氨流入量减少使冷却器内液位下降，传热面积随之减少，使被冷却介质出口温度上升，达到负反馈调节作用。当冷却器液位过高时，液氨蒸发空间不足，会造成氨气夹杂大量液氨，引起压缩机操作事故。可以采用图 10-6(b)所示的冷却器温度-液位串级控制方案，以冷却器的液位为副变量，通过副回路限制液位的上限值，保证足够的蒸发空间。

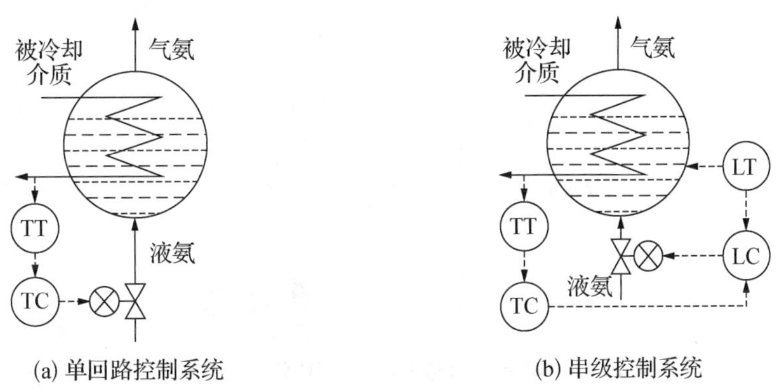

图 10-6　调节冷却剂流量的控制方案

2. 调节汽化压力

对于蒸发空间小的冷却器，依据氨的汽化温度与压力的相关性，可以设计如图 10-7 所示的调节汽化压力控制方案。为了防止液位超过上限，保证足够的传热面积和蒸发空间，控制方案中还设有辅助的液位控制系统。当被冷却介质出口温度过高时，增加氨气出口流量，使得冷却器内压力下降，液氨温度随之下降，使得被冷却温度也下降，达到负反馈调节作用。

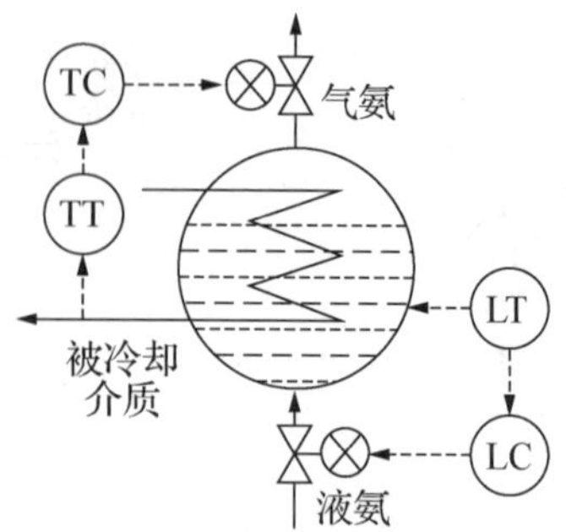

图 10-7　调节汽化压力的控制方案

10.2.4　锅炉燃烧过程的建模与仿真

锅炉燃烧过程在工业生产中应用非常普遍，下面以燃油蒸汽锅炉为例说明燃烧过程中普遍性的控制问题。

例 10-1　燃油蒸汽锅炉燃烧的控制目的是确保锅炉燃烧的经济性和安全性，并保持炉膛负压在一定范围内，要对蒸汽压力、燃料和空气的比值以及炉膛负压加以控制。设计一个燃油蒸汽锅炉燃烧控制系统，并通过仿真建模验证性能。

答：(1) 根据上述要求可设计成两个子控制系统，满足上述控制要求。

蒸汽压力子控制系统：蒸汽压力的主要干扰是蒸汽负荷，当蒸汽负荷变化导致压力波动时，通过调节供应燃料量及助燃空气的比例，对燃烧产生的热量进行调节，从而稳定蒸汽压力。可以设计如图 10-8 所示的蒸汽压力与燃料-空气比值串级控制系统，以蒸汽压力为主变量，燃料量为副变量，燃料-空气比值为调节手段。

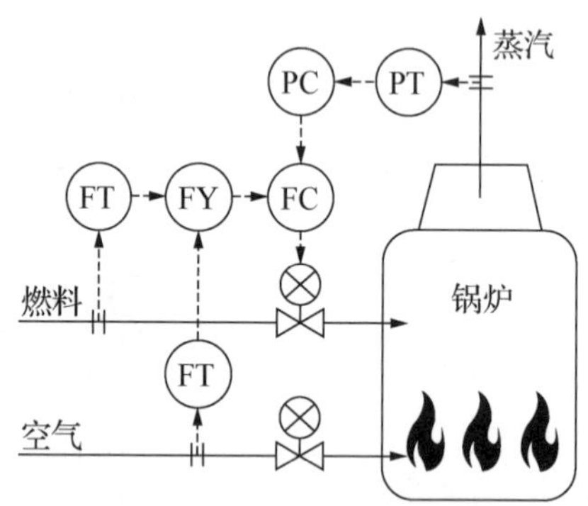

图 10-8　蒸汽压力与燃料-空气比值串级控制系统

炉膛负压控制子系统：炉膛负压直接影响锅炉的热效率和运行安全，负压过小，炉膛热烟和热气外溢，会造成热量损失、影响设备和人员安全；负压过大，会使外部大量冷空气进入炉膛，改变燃料和空气壁纸，造成燃料和热量损失。保证炉膛负压恒定的措施是平衡排风量和送风量，可以设计如图 10-9 所示的送风量前馈-负压反馈复合控制系统。以炉膛负压为被控变量，排风量为操纵变量，利用前馈控制抵消送风量波动对负压的影响。

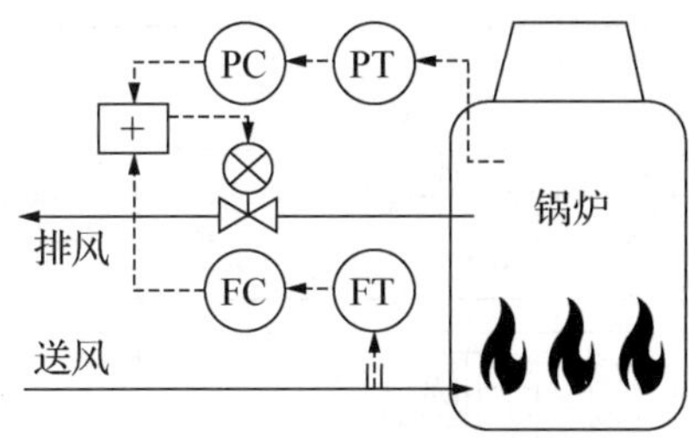

图 10-9　送风量前馈-负压反馈复合控制系统

用传递函数表示的燃油蒸汽锅炉的燃烧控制系统总体结构如图 10-10 所示，主要包含了蒸汽压力与燃料-空气比值串级子控制系统和送风量前馈-负压反馈子控制系统，R_1 和 y_1 表示蒸汽压力的给定值和当前值，Q_1 和 Q_2 表示空气流量和燃料流量，R_2 和 y_2 表示炉膛负压的给定值和当前值，Q_3 表示排风量。

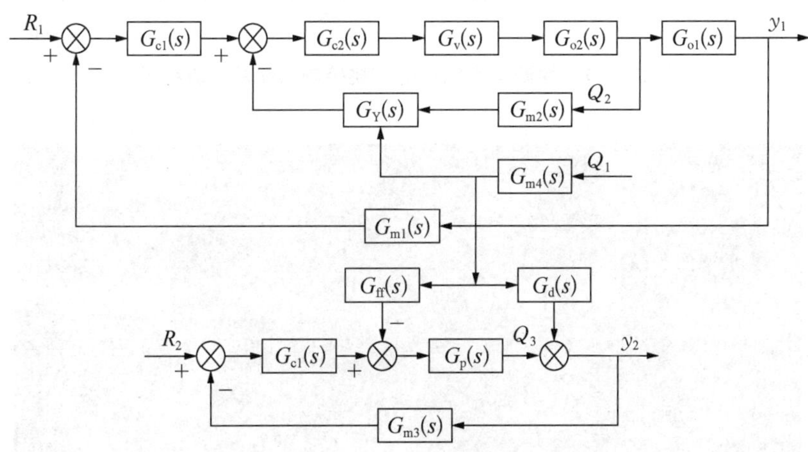

图 10-10　燃油蒸汽锅炉的燃烧总体控制系统结构框图

(2) 燃油蒸汽锅炉的燃烧控制系统的仿真框图如图 10-11 所示，蒸汽压力系统给定值 $R_1=20$，副对象传递函数 $G_{o2}(s)=\dfrac{3e^{-5s}}{10s+1}$，主对象传递函数 $G_{o2}(s)=\dfrac{3}{s+1}$，空气流量与燃料流量比值 $G_Y=4$；炉膛负压系统给定值 $R_1=8$，控制通道传递函数 $G_p(s)=\dfrac{1}{5s+1}$，干扰通道传递函数 $G_d(s)=\dfrac{3}{2s+1}$。

蒸汽压力控制器 G_{c1} 采用 PI 控制，参数整定值为 $K_{P1}=1.58$，$T_{I1}=5.21$。燃料流量控制器 G_{c2} 采用 P 控制，参数整定值为 $K_{P2}=0.05$。负压系统的前馈控制器为 $G_{ff}(s)=\dfrac{3(5s+1)}{2s+1}$，反馈控制器 G_{c3} 采用 PI 控制，参数整定值为 $K_{P3}=1.34$，$T_{I3}=1.87$。系统施加幅值为 ± 0.1 的随机干扰，输出响应曲线如图 10-12 所示。在干扰作用下，通过控制系统调节，蒸汽压力 y_1 和炉膛负压 y_2 都稳定于给定值，燃料 Q_2 和空气 Q_1 比值也保持不变。

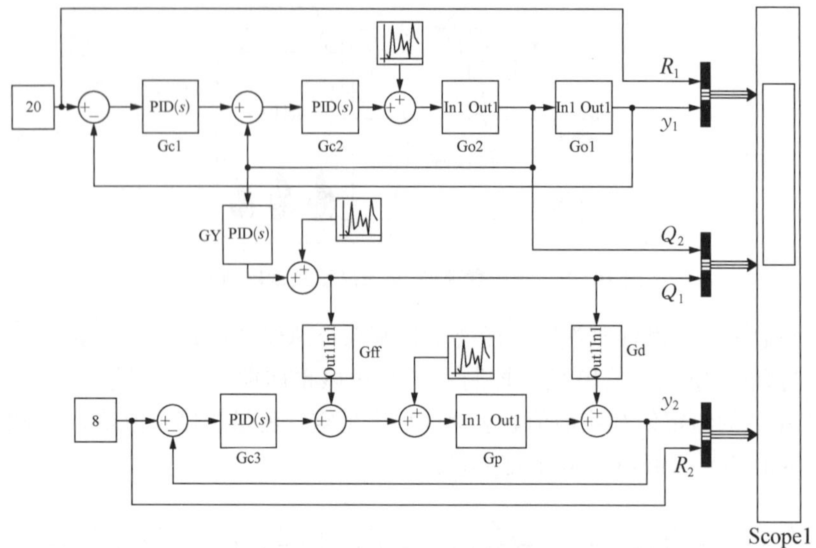

图 10-11 燃油蒸汽锅炉的燃烧控制系统的仿真框图

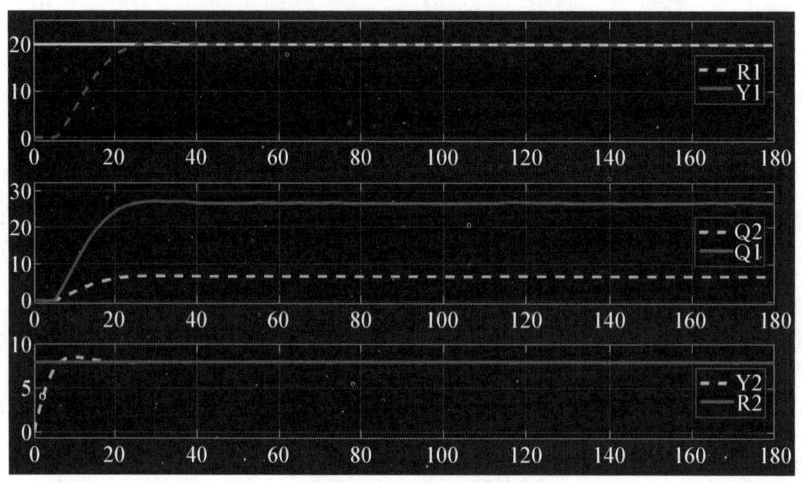

图 10-12 控制系统输出响应曲线

10.3 精馏过程的控制

10.3.1 精馏塔系统概述

精馏过程是化工生产中重要的传质过程，目的是利用混合液中各组分挥发度的不同将各组分进行分离，以达到规定的纯度要求。工艺流程如图 10-13 所示，精馏设备主要有精馏塔、再沸器、冷却器、回流罐和回流泵等，原料从精馏塔中段的进料板进入，进料板将精馏塔分为上部的精馏段和下部的提馏段。

精馏工艺过程：进入塔内的原料与蒸汽充分接触，沸点低的易挥发组分汽化上行，而沸点高的难挥发组分随液体往下流。

（1）上行过程中，蒸汽中易挥发组分浓度逐渐增大，馏出塔顶的蒸汽在冷却器中冷凝为液体，依次经过回流罐和回流泵，液体中一部分是塔顶产品流出，另一部分引回到精馏段，称为塔顶回流量。

（2）下流到塔底的液体分为两部分，一部分为塔顶产品流出，另一部分经过再沸器加热汽化后回到精馏塔，称为塔釜回流量。

在精馏过程达到稳态时，塔内状态稳定，各层塔板上的液体和蒸汽浓度均保持不变；塔外状态稳定，塔顶产品和塔釜产品的浓度和流量均保持恒定。

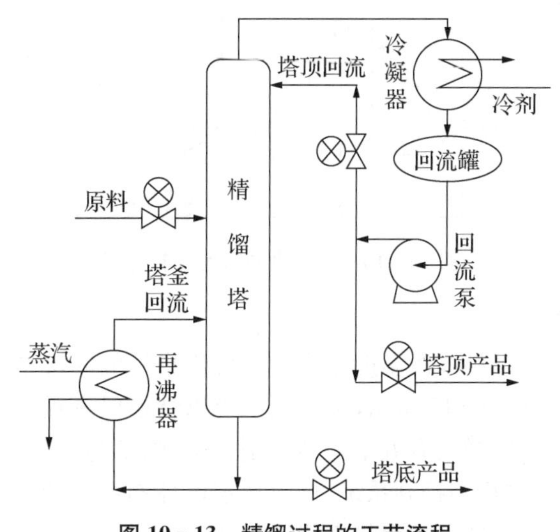

图 10－13　精馏过程的工艺流程

10.3.2　精馏过程的控制方案

精馏过程的控制要求主要包括：保证塔顶或塔底产品之一达到规定的纯度要求，另一产品纯度在规定范围内；克服或缓和干扰，满足约束条件，保证塔的平稳操作；能耗和安全问题。其中，质量指标是首要条件，但精确而及时地测量产品成分非常困难，常用与质量指标关联的温度变量进行间接参数控制。控制方案会考虑各关联参数的重要程度，进行合适的控制方式组合。

1. 提馏段的温度控制

提馏段温度控制方案以提馏段温度作为衡量质量指标的间接指标，以再沸器加热蒸汽量作为调节手段。控制方案如图 10－14 所示，主控制系统以提馏段塔板温度为被控变量，加热蒸汽量为操纵变量。此外，还设有五个辅助控制系统：按物料平衡关系在塔底与回流罐加上液位控制器，分别构成塔底均匀控制系统和回流罐均匀控制系统；防止进料波动的流量定值控制系统；维持塔顶压力恒定的压力定值控制系统；确保会流量足够大的流量定值控制系统。

这种方案采用提馏段温度作为间接质量指标，较好地保证塔底产品的质量达到规定值。当干扰首先进入到提馏段时，能够及时控制，动态过程比较快。

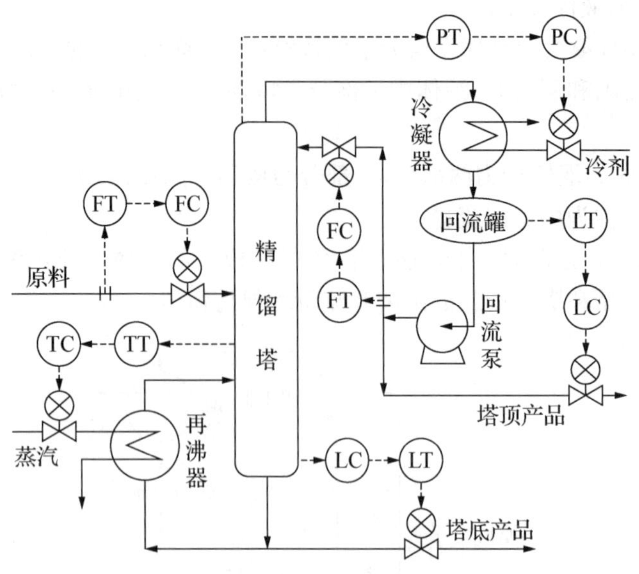

图 10-14　提馏段的温度控制方案

2. 精馏段的温度控制

精馏段温度控制方案以精馏段温度作为衡量质量指标的间接指标，以塔顶回流量作为调节手段。控制方案如图 10-15 所示，主控制系统以精馏段塔板温度为被控变量，塔顶回流量为操纵变量。该方案同样设有五个辅助控制系统，除了与提馏段温度控制方案相同的塔底均匀控制系统、回流罐均匀控制系统、进料量定值控制系统和塔顶压力定值控制系统，还有维持再沸器加热量恒定的蒸汽流量定值控制系统。

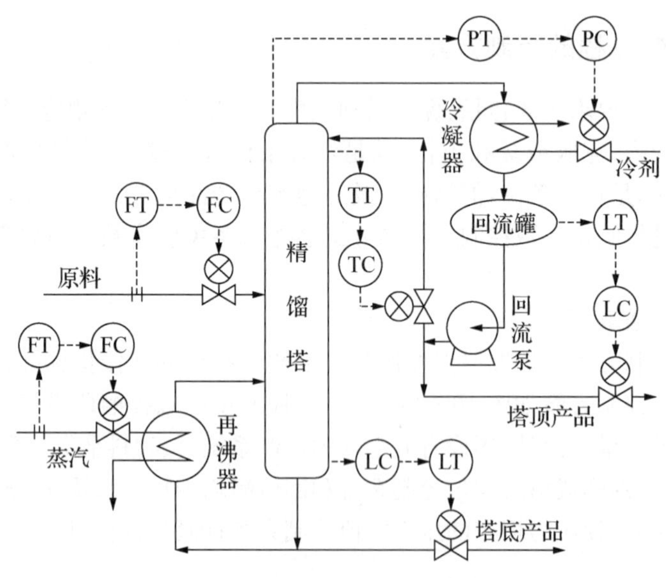

图 10-15　精馏段的温度控制方案

这种方案采用精馏段温度作为间接质量指标，可以保证塔顶产品的质量达到规定值。当精馏段频繁产生干扰时，能够及时加以遏制。

3. 精密精馏的温差控制

对于一般精馏塔，以温度为被控变量间接控制质量指标是可行的。如果要实现精密精馏，产品纯度要求较高，塔顶产品与塔底产品沸点差较小，应当采用温差控制保证产品的质量。控制方案如图 10－16 所示，分别在精馏段及提馏段上选取温差信号 ΔT_1 和 ΔT_2，然后将两者相减作为主变量，选取塔顶产品流量为副变量，构成温度—流量串级主控制系统。

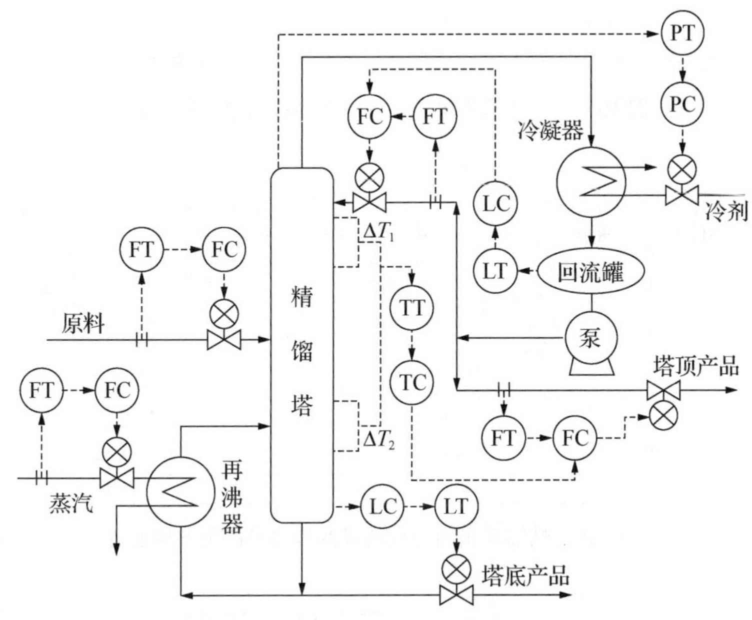

图 10－16　精密精馏的温差控制方案

辅助控制系统中，除了前面出现过的塔底均匀控制系统、进料量定值控制系统、蒸汽流量定值控制系统和塔顶压力定值控制系统，还引入了回流罐液位作为主变量、塔顶回流量为副变量的均匀串级控制系统。

10.3.3　精馏塔出料过程的建模与仿真

精馏过程广泛应用于碳酸丙烯脂、甲基叔丁基醚、氯化烯、脂肪醇等化工生产过程中，精馏塔的出料输出给下道工序的装置和设备时，需要考虑液位与流量协调的问题。

例 10－2　脱乙烷塔塔顶组分通过冷凝塔后，通过泵一部分回流道精馏塔，另一部分馏出物进入加氢反应器。设计一个精馏塔出料控制系统，需要同时保证冷凝塔液位和加氢反应器进料量的稳定，并通过仿真建模验证性能。

答：(1) 冷凝塔的出料就是加氢反应器的进料，因此冷凝塔液位和加氢反应器进料量稳定要求采用常规控制系统是矛盾的。当控制精度要求高，又不希望系统过于复杂的情况下，可以设计成双冲量均匀控制系统。精馏塔出料过程的双冲量均匀控制流程图和方框图分别如图 10－17(a)和(b)所示。双冲量均匀控制系统用加法器取代了串级控制系统的主控制器，将流量信号 Q 和液位信号 H 通过加法器后作为被控变量的测量值，结构比串级控制系统简单，参数整定也更方便。

(2) 精馏塔出料过程的双冲量均匀控制系统的仿真框图如图 10－18 所示，副对象流量

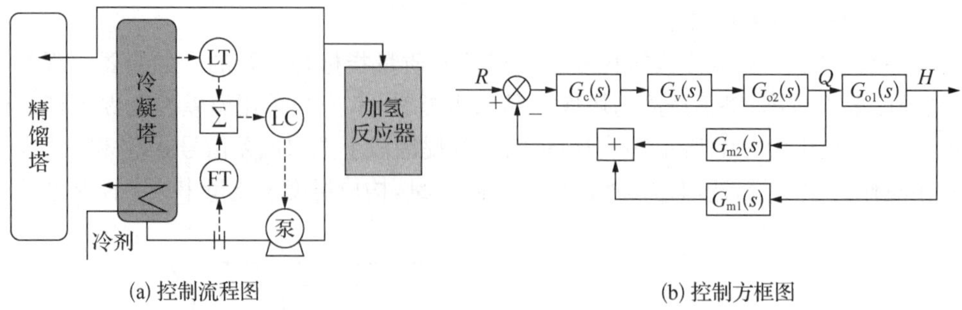

(a) 控制流程图　　(b) 控制方框图

图 10－17　精馏塔出料过程的双冲量均匀控制方案

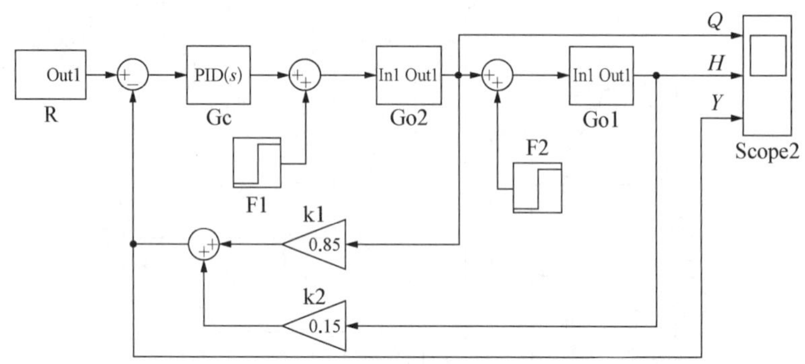

图 10－18　精馏塔出料过程的双冲量均匀控制仿真模型

传递函数 $G_{o2}(s)=\dfrac{3}{(10s+1)(2s+1)}e^{-5s}$，主对象液位传递函数 $G_{o1}(s)=\dfrac{2}{(s+1)^2}e^{-3s}$。

被控变量 Y 与流量信号 Q 和液位信号 H 换算关系式为：$Y=0.85Q+0.15H$。

控制器 G_c采用 PI 控制，参数整定值为 $K_P=0.18$，$T_I=66.67$。系统给定值为 1，受幅值 0.05 的随机干扰影响。100 s 时流量受到阶跃干扰 F1，200 s 时液位受到阶跃干扰 F1，幅值均为 0.1。输出响应曲线如图 10－19 所示，在初始阶段，流量和液位都能缓慢而平稳的趋于稳态值，当干扰作用 F1 和 F2 出现时，流量和液位也能趋于一个新的平衡状态。系统的被控变量始终恒定于给定值，且达到了流量与液位兼顾的均匀控制目的。

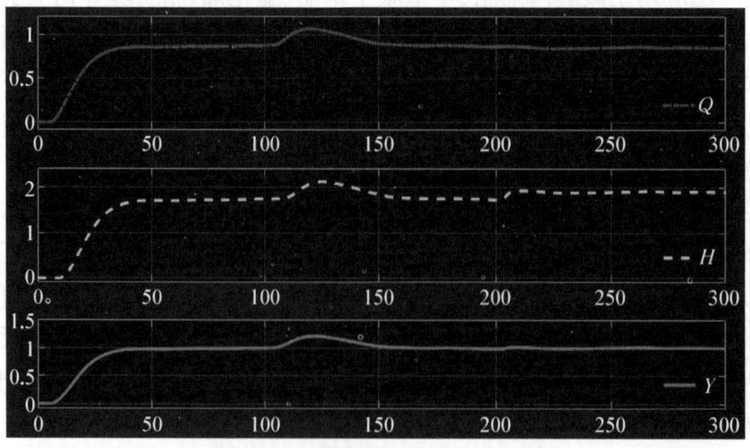

图 10－19　控制系统输出响应曲线

本章知识点

(1) 过程控制用于的典型生产过程。

(2) 传热设备的控制(换热器、蒸汽加热器和冷却器)。

(3) 精馏过程的控制。

本章练习

1. 两种传热设备的过程控制方案如图 10－20 所示,分析(a)(b)两种方案各自通过什么方法改变传热量,从而维持物料出口温度的恒定。

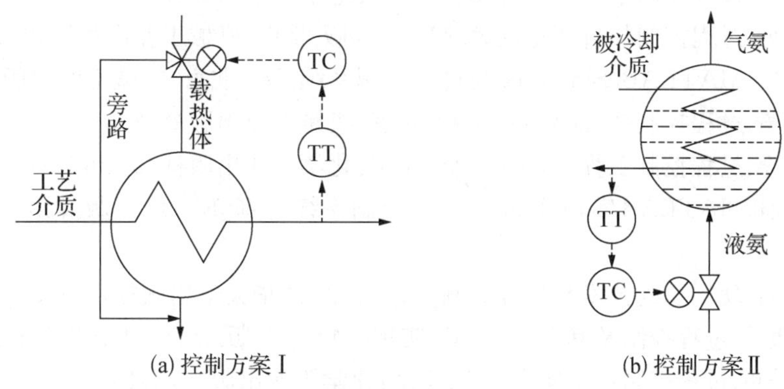

图 10－20　两种传热设备的过程控制方案

2. 某精馏塔塔顶控制方案如图 10－21 所示,试分析:(1) 该方案属于哪种控制系统,控制目的是什么?(2) 画出控制系统方框图。(3) 为保证精馏塔正常操作,回流液不允许中断,试确定控制阀的气开/气关形式。

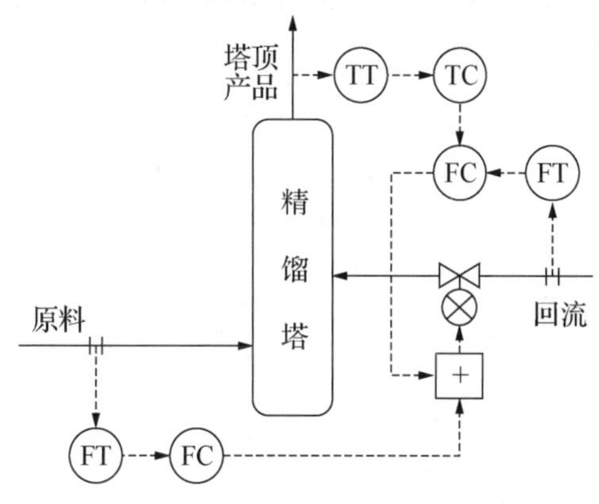

图 10－21　精馏塔塔顶控制方案

参考文献

[1] 陈夕松.过程控制系统[M].第 3 版.北京:科学出版社,2014.

[2] 厉玉鸣.化工仪表及自动化[M].第 6 版.北京:化学工业出版社,2019.

[3] 李国勇.过程控制系统[M].第 3 版.北京:电子工业出版社,2017.

[4] 杨延西.过程控制与自动化仪表[M].第 3 版.北京:机械工业出版社,2017.

[5] 刘文定.MATLAB/Simulink 与过程控制系统[M].北京:机械工业出版社,2012.

[6] 俞金寿.过程控制系统[M].第 2 版.北京:机械工业出版社,2021.

[7] 戴连奎.过程控制工程[M].第 4 版.北京:化学工业出版社,2020.

[8] 王正林.MATLAB/Simulink 与过程控制系统仿真[M].修订版.北京:电子工业出版社,2012.

[9] 朱晓青.现场总线技术与过程控制[M].北京:清华大学出版社,2018.

[10] 方康玲.过程控制及其 MATLAB 实现[M].第 2 版.北京:电子工业出版社,2013.

[11] 姜秀英.过程控制系统实训[M].北京:化学工业出版社,2013.

[12] 刘星萍.过程控制系统实践指导[M].北京:电子工业出版社,2018.

[13] 厉玉鸣.化工仪表及自动化例题习题集[M].第 2 版.北京:化学工业出版社,2011.

[14] F. G. Shinskey. 过程控制系统:应用、设计与整定[M].第 4 版.北京:清华大学出版社,2014.

[15] B. Wayne Bequette. Process Control: Modeling, Design and Simulation[M].北京:世界图书出版公司,2009.